의사결정을 위한

확률모형

STOCHASTIC MODELLING for Decision Making

HY COLLECTION 025

의사결정을 위한

확률모형

허선 지음

한양대학교 출판부

PREFACE

이 책은 저자가 20여 년간 대학에서 여러 교재를 사용하며 확률과정론 또는 확률모델링 과목을 강의할 때의 자료를 바탕으로 하였다. 통계학 가운데 특히 확률부분을 적어도 한 학기 수강한 학생이면 볼 수 있도록 구성하였으며, 저자의 경우 대학교 3학년에서 한 학기의 강의에 사용해 오고 있다.

경영과학(OR) 가운데 선형계획법, 네트워크 이론 등을 포함하는 확정적(deterministic) 모형이 특정한 시점에서 최적화를 주된 목표로 하는 반면, 마코프 과정과 대기이론 등을 바탕으로 하는 확률적(probabilistic) 모형은 시스템의 미래 상태를 확률을 사용하여 예측하는 데에 주안점을 두고 있다. 따라서 확률모형은 최적화 또는 의사결정에 직접 도움을 주는 결과물을 내기 보다는 시스템의 성능을 평가하는 척도들을 제공하는 경우가 많다. 이 책에서는 시스템의 확률적 분석에 의한 성능평가 결과를 바탕으로 이를 의사결정에 어떻게 활용할 할 것인가에 초점을 두어 기술하였다.

제 1장의 확률 기초이론은 이후 전개될 확률모형을 잘 이해하기 위한 기본적인 확률이론들을 제시한다. 이 장을 통해 이미 습득한 확률이론을 잘 환기할 수 있을 것이며, 중합이나 랜덤합, 중심극한정리 등은 처음 접할 수도 있기 때문에 꼼꼼한 공부가 필요하다.

제 2장은 확률모형의 가장 기본이 되는 지수분포와 포아송 과정을 다루는데, 수리적으로 간편하면서도 복잡한 현실 시스템을 잘 표현할 수 있는 기본도구들이다.

제 3장에서는 본격적인 확률모형의 시작으로, 이산시간 확률모형인 마코프 체인을 다루고 있으며 두 가지 흥미로운 응용 예를 소개하고 있다.

제 4장은 마코프 체인을 의사결정에 활용하는 두 가지 이론을 제시하고 있는데, 정지시간과 마코프 결정과정이다. 마코프 결정과정은 최근 인공지능 분야에서 매우 중요한 도구 가운데 하나인 강화학습의 기본 이론이며 간단한 예제를 통해 적용방법을 학습한다.

제 5장은 연속시간 확률모형인 마코프 과정을 다루고 있는데 이는 대기행렬 모형의 밑바탕을 이루지만 그 자체로도 매우 중요한 확률모형 이론이다.

제 6장의 대기행렬 모형에서는 일반적인 대기행렬 시스템의 특성에 이어서 비교적 단순한 마코비안 대기모형을 다루며, 비마코비안 모형의 경우는 이 책의 범위를 벗어나므로 아주 간단하게만 언급한다.

마지막 제 7장은 Hall(1991)을 바탕으로 정리하였다. 대기행렬 모형이 모형 수립에서의 편리함을 위해 안정상태에서의 분석에 초점을 두므로 현실 시스템에의 적용에 어려움이 다소 있다. 이 장에서는 고객 도착률과 같은 각종 모수들이 시간에 따라 변하는 현실상황을 반영하기 위해 비정상 포아송 과정을 모형에 도입하고 도착과정, 서비스 과정 등의 제어를 통해 대기성능을 향상하는 쉽고도 매우 유용한 내용들을 담고 있다.

이 책을 공부하기 위해서는 다음과 같은 기본적인 수학 지식이 필요하다.

자연로그 ln과 e를 포함하는 식의 미분과 적분
부분적분의 계산
유한 또는 무한급수의 계산
벡터의 내적
행렬의 덧셈과 곱셈, 역행렬의 연산
순열과 조합
간단한 확률과 평균의 계산

확률모형론을 어렵고 힘들어하는 학생들이 많은데, 특히 이론상으로는 이해가 되지만 막상 문제를 해결하고자 할 때는 무엇을 어떻게 해야 할지 막막해 한다. 이론을 이해할 때에는 눈으로가 아니라 직접 수식을 유도해 보면서 손으로 이해해야 한다. 또한 다양하고 많은 문제를 풀어보고, 문제를 풀 때에는 여러 서적을 함께 참고하면서 스스로 풀도록 노력하는 것이 중요하다. 그 과정에서 어느새 실력이 쌓이고 한 단계 올라선 자신을 발견할 수 있을 것이다. 실력의 향상은 연속적인 과정이 아니라 이산적이고 단계적인 과정의 결과이므로 꾸준한 노력이 필요하다.

이미 수많은 선배들이 출간한 훌륭한 관련저서들이 있음에도 불구하고 내놓은 이 졸저가 부끄럽고 걱정스럽지만 좀 더 발전하기 위해 매를 맞는 심정으로 마무리를 하니, 후학들의 공부에 티끌만큼의 도움이라도 되기를 기대한다.

2018. 12.

CONTENTS

1장 확률 기초이론

2장 지수분포와 포아송 과정

3장 마코프 체인

4장 마코프 체인의 최적화 응용

5장 마코프 과정

CONTENTS

6장 대기행렬 모형

7장 대기행렬 시스템의 운영

1장

확률 기초이론

확률론은 이 장에서 간략히 살펴볼 다섯 가지의 요소에 기초하고 있다. 첫째는 결과를 미리 알 수 없는 실험의 결과들을 모두 모은 집합인 표본공간이다. 이 표본공간의 부분집합이 사상이고 이들 사상의 집합이 둘째 기초요소인 사상공간이다. 셋째 요소는 사상에 0과 1 사이의 값을 일정한 법칙에 따라 부여하는 함수인 확률(또는 확률척도)이다. 여기서 확률은 일상생활에서 말하는 어떤 일이 발생할 '가능성(possibility)'의 의미로서의 확률과는 차이가 있는 수학의 개념이다. 표본공간과 사상공간, 그리고 확률척도 등 세 요소를 묶어서 확률공간이라고 한다.

확률론을 구성하는 넷째 요소는 표본공간의 원소인 실험 결과들에게 실수를 부여하는 함수인 확률변수이며, 마지막 다섯째 요소는 확률변수와 확률과의 연관관계를 표현해 주는 확률분포함수(또는 분포함수)이다.

이 장에서는 확률론의 각 요소들의 개념을 단일 확률변수에 대하여 구체적으로 알아본 후, 시간 진행에 따라 시스템의 상태가 변화하는 과정을 인덱스가 있는 확률변수들의 집합을 사용하여 모형으로 만드는 확률과정의 기본 개념에 대해서도 알아본다. 본 장의 내용들은 확률론의 전반을 모두 다루는 것이 아니고 이후 장에서 도입하는 여러 확률모형들을 보다 잘 이해하기 위한 최소한의 내용만을 개괄적으로 제시하는 것이므로 더 자세하고 다양한 확률론에 대해서는 확률 및 통계관련 서적을 참고하기 바란다.

1.1 확률공간

확률공간(probability space)은 표본공간, 사상공간, 확률척도로 이루어진 공간이다. 이 세 가지 개념에 대해 살펴본다.

정의 표본공간(sample space)

표본공간은 실험 또는 관찰에서 관심대상의 가능한 모든 결과(표본)들의 집합이다. 본서에서는 기호 Ω로 표시한다.

예 1.1

주사위 한 개를 던지는 실험: $\Omega_1 = \{1,2,3,4,5,6\}$
동전을 앞면이 나올 때까지만 던지는 실험: $\Omega_2 = \{H, TH, TTH, \cdots\}$
전구의 수명을 측정하는 실험: $\Omega_3 = \{x \mid x \geq 0$인 실수$\}$
부품의 불량률: $\Omega_4 = \{p \mid 0 \leq p \leq 1\}$
저수지 수량을 한 달 동안 매일 정오에 관측한 값: $\Omega_5 = \{(d_1 d_2 \cdots d_{31}) \mid$ 모든 $d_i \geq 0$, 실수$\}$.
위의 예에서 Ω_1과 Ω_2는 이산적(discrete)인 표본공간이고 $\Omega_3, \Omega_4, \Omega_5$는 연속적(continuous)인 표본공간이다. 특히 Ω_5는 다차원 표본공간이다. □

정의 사상(event, 또는 사건), 사상공간

사상은 표본공간의 부분집합이다. 주어진 표본공간 Ω의 모든 사상들의 집합을 사상공간(event space, F로 표시)이라고 한다.

예 1.2

표본공간이 Ω_1인 경우 사상의 예: $\{1\}, \{2,5\}, \{1,2,3,4,5,6\}, \cdots$, 사상의 개수는 모두 $2^6 = 64$개이다.
표본공간이 Ω_3인 경우 사상의 예: $\{36.4, 101.2\}, \{z \mid 23.5 \leq z \leq 50.0\}, \{y \mid y \leq 820.4\}, \cdots$ □

두 사상 A, B가 $A \cap B = \varnothing$이면 이들을 서로 배반사상(mutually exclusive events, disjoint events)이라고 한다. 공집합(empty set) $\varnothing$과 표본공간 Ω도 Ω의 부분집합이므로 사상이다.

두 집합 U, V가 있을 때 U의 한 원소를 V의 원소에 대응시키는 법칙(rule) f를 함수(function)라고 하며 이를 $f: U \rightarrow V$로 표시한다. 이 때, U를 정의역(domain), $f(U)$ $(\subset V)$를 치역(range)이라고 한다. 즉 함수(函數)는 수(數)가 아니라 두 집합의 원소들을 서로 연결시켜주는 '방법'이다.

일기예보에서 "비가 올 확률이 60%"라고 할 때 여기서의 확률은 가능성(possibility)이라는 의미로서 사용되며, "동전을 1,000회 던지면 앞면이 약 500회 나오므로 앞면이 나올 확률은 0.5"라고 할 때 확률은 상대빈도(relative frequency)의 의미를 가지지만, 수학적인 정의로서 확률은 다음과 같이 함수의 일종이다.

정의 확률(probability), 또는 확률척도(probability measure)

확률 P는 정의역이 사상공간이고 치역이 $[0,1]$인 함수, 즉 $P: F \rightarrow [0,1]$이며 다음 성질을 만족해야 한다.

(i) 모든 사상 $E \in F$ 에 대하여 $0 \le P(E) \le 1$,

(ii) $P(\Omega) = 1$,

(iii) 임의의 두 사상 $E_i, E_j \in F$ 이고 $E_i \cap E_j = \varnothing$ 일 때, $P(E_i \cup E_j) = P(E_i) + P(E_j)$.

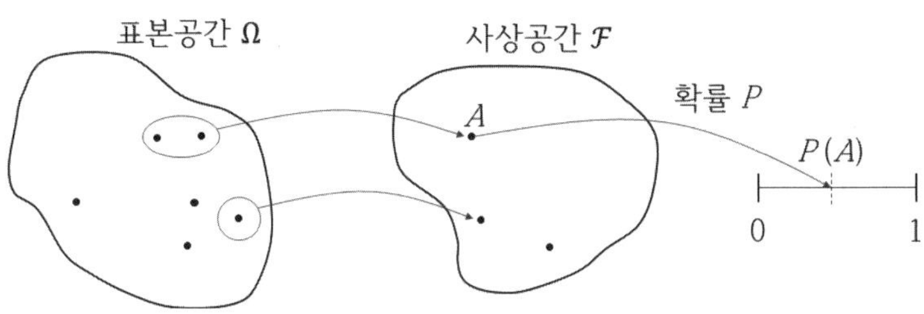

[그림 1.1] 표본공간, 사상공간, 확률척도의 관계

예 1.3

동전을 1회 던지는 실험이 있다면 $\Omega = \{H, T\}$이고, $F = \{\{H\}, \{T\}, \{H, T\}, \varnothing\}$이다. 이 때 $P_1(\{H\}) = 0.5, P_1(\{T\}) = 0.5$이라면 이 P_1은 위의 (i),(ii),(iii)을 모두 만족하므로 합당한 확률척도이다. 하지만 $P_2(\{H\}) = 0.5, P_2(\{T\}) = 0.7$인 P_2는 확률척도가 아니다. □

위 정의의 (iii)에 따르면 $P_3(\{H\}) = 0.3, P_3(\{T\}) = 0.7$인 P_3도 타당한 확률척도이지만, 우리의 상식 또는 상대빈도의 개념과 일치하는 확률척도를 사용하는 것이 합리적이므로 동전이 고르다(fair coin)는 전제하에 (예 1.3)의 확률척도 P_1에 의한 확률을 사용하는 것이 좋다.

확률의 정의에 의해 다음과 같은 성질들이 성립한다.

(i) $P(A^c) = 1 - P(A)$, 단 A^c는 A의 여집합.

(ii) $A \subset B$이면 $P(A) \le P(B)$.

(iii) $P(A \cup B) = P(A) + P(B) - P(A \cap B)$.

(iv) $P(\varnothing) = 0$.

정의 조건부 확률(conditional probability)

사상 A가 주어졌을 때 사상 B의 확률 $P(B|A)=\dfrac{P(A\cap B)}{P(A)}$을 조건부 확률이라고 한다.

따라서 $P(A\cap B)=P(B|A)P(A)=P(A|B)P(B)$이다.

참고 조건부 확률 $P(B|A)$은 '조건'에 해당하는 사상 A가 '축소된 표본공간'의 역할을 한다. 즉, 전체 표본공간 Ω가 아니라, 이보다 작게 축소된 공간인 B가 표본공간의 역할을 한다. 따라서 대부분의 경우 표본공간 전체가 관심대상인 $P(B)$ 보다는 일부만을 관심대상으로 하는 조건부 확률 $P(B|A)$의 계산이 훨씬 쉽다.

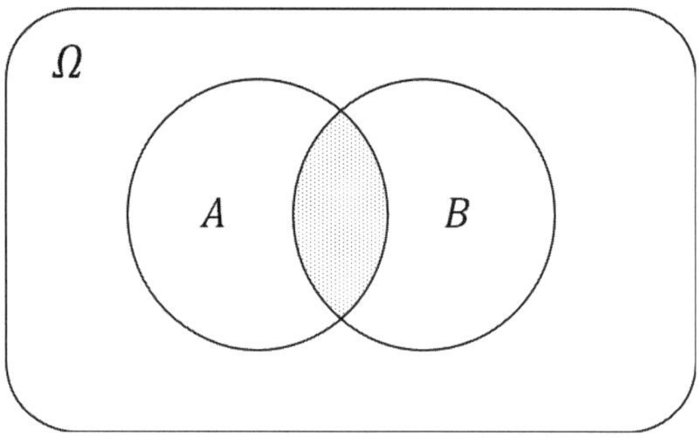

[그림 1.2] 조건부 확률

정의 독립사상(independent events)

$P(A\cap B)=P(A)P(B)$이면 두 사상 A,B는 서로 독립이라고 한다. 이 경우 $P(B|A)=P(B)$이다. 즉, A의 발생 여부가 사상 B의 확률에 아무 영향을 주지 않는다.

참고 두 사상 A,B가 서로 배반사상이어도 서로 독립이 아닐 수도 있다. 그 역도 마찬가지이다. 예를 들어 $\{H\}\cap\{T\}=\varnothing$이므로 $\{H\},\{T\}$는 서로 배반이다. 하지만 $P(\{H\}\cap\{T\})=P(\varnothing)=0$인데, 일반적으로 $P(\{H\})P(\{T\})\neq 0$이므로 두 사상은 독립이 아니다.

참고 세 사상 A,B,C 가 서로 독립이라면 $P(A\cap B\cap C)=P(A)P(B)P(C)$, $P(A\cap B)=P(A)P(B)$, $P(A\cap C)=P(A)P(C)$, $P(B\cap C)=P(B)P(C)$가 성립한다.

다음은 조건부 확률을 활용한 매우 중요한 정리이다.

정의 전체확률의 법칙(rule of the total probability)

사상 $A_1, A_2, \cdots, A_n \in F$에 대하여 $A_1 \cup A_2 \cup \cdots A_n = \Omega$이고 $A_i \cap A_j = \varnothing \ (i \neq j)$일 때, 다음이 성립한다: $P(B) = \sum_{k=1}^{n} P(B|A_k)P(A_k)$.

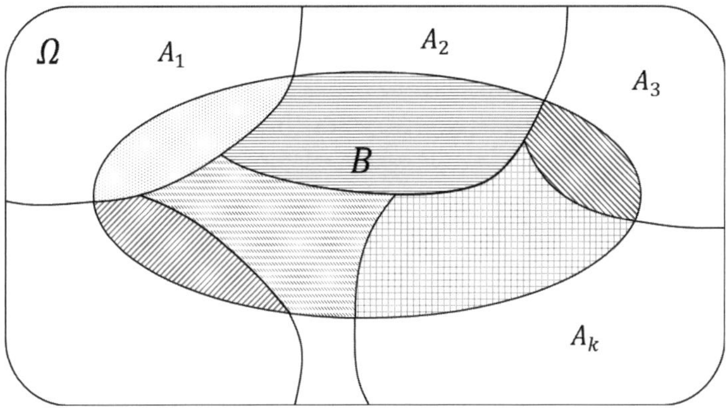

[그림 1.3] 전체확률의 법칙

전체확률의 법칙에 의하면 어떤 사상 B의 확률 $P(B)$를 구하기 위해서

(i) 특정한 조건 A_k가 주어졌을 때의 조건부 확률 $P(B|A_k)$에(conditioning),

(ii) 해당 조건이 발생할 확률 $P(A_k)$를 곱하고(multiplying),

(iii) 모든 조건의 경우를 다 고려해서 합하는 ($\Sigma_{k=1}^{n}$, summing), 세 단계의 계산방식을 적용할 수 있다.

이 법칙은 확률 계산에서뿐만 아니라 뒤에 나올 조건부 평균의 계산에서도 효과적으로 사용할 수 있는 매우 유용한 법칙이다. 예를 들어 사상 B를 어떤 기계가 '고장' 상태임을 나타내고 $A_i (i = 1, 2, \cdots, n)$는 고장을 유발하는 개별 요인들이라고 하자. 기계의 고장확률 $P(B)$을 구하기 위해서는 이를 직접 구하는 것보다는 특정 고장원인 A_i하에서의 고장확률 $P(B|A_i)$이 훨씬 구하기 쉬울 것이다. 여기에 해당 고장원인이 발생할 확률 $P(A_i)$을 곱하고 나서 모든 고장원인들을 다 고려하는 방식으로 고장확률을 구한다.

예 1.4

세 장난감 제조공장으로부터 장난감을 사들여 파는 가게가 있다. 제조공장 1에서는 15%를 공급받는데 이 가운데 1%가 불량품이다. 제조공장 2에서는 35%를 받고 이 가운데 5%가 불량품이다. 제조공장 3에서는 50%를 공급받고 이 가운데 2%가 불량품이다. 한 고객이 장난감을 구입했는데 이것이 불량품일 확률을 구하라.

풀이

$$P(\text{불량품}) = \sum_{i=1,2,3} P(\text{불량품}|\text{공장}\,i)P(\text{공장}\,i)$$
$$= (0.01)(0.15) + (0.05)(0.35) + (0.02)(0.50) = 0.029,$$

즉, 고객이 구입한 장난감이 불량일 확률은 2.9%이다. □

1.2 확률변수와 확률분포

확률공간을 이루는 표본공간, 사상공간, 확률척도(Ω, F, P) 등 세 가지 개념에 더해 확률변수와 확률분포는 확률론을 구성하는 핵심요소(building blocks)들이다.

정의 확률변수(random variable)

확률변수는 실험에서 관심대상의 결과들에게 적절한 방법에 의해 실수를 대응하는 함수이다. 즉 확률변수 X는 $X : \Omega \to R$인 함수이다.

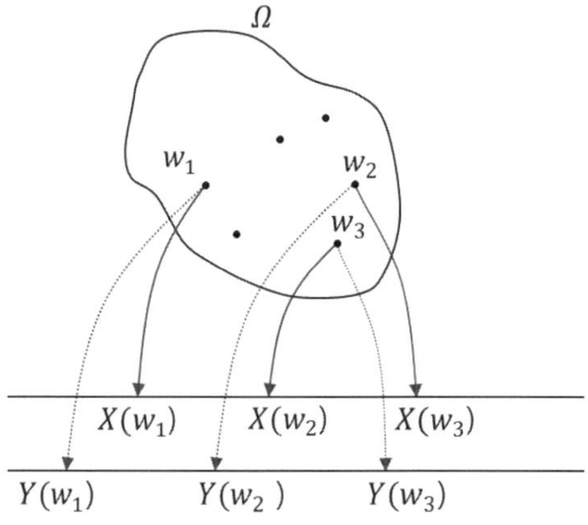

[그림 1.4] 두 확률변수 X와 Y

확률변수는 그 자체는 '확률'의 값이 아니고 또 '변수'가 아닌 '함수'이지만 불확실성을 띠고 있고 변수처럼 사용되므로 확률변수라는 용어를 쓴다.

예 1.5

주사위 던지기 실험에서 표본공간은 $\Omega_1 = \{1,2,3,4,5,6\}$이다. 이제 확률변수 X와 Y를 다음과 같이 정의하자.

$$X(\omega) = \begin{cases} 0, \omega = 1,2,3(\text{눈금이}3\text{이하}), \\ 1, \omega = 4,5,6(\text{눈금이}4\text{이상}), \end{cases} \quad Y(\omega) = \begin{cases} 0, \omega = 1,3,5(\text{눈금이홀수}), \\ 1, \omega = 2,4,6(\text{눈금이 짝수}). \end{cases}$$

따라서 $X(2) = 0, X(5) = 1$이며 $Y(2) = 1, Y(5) = 0$이다.

또한 다음과 같이 쓸 수 있다.

$\{\omega | X(\omega) = 0\} = \{1,2,3\}$, $\{\omega | Y(\omega) = 1\} = \{2,4,6\}$, $\{\omega | X(\omega) = 1, Y(\omega) = 1\} = \{4,6\}$.

주사위가 고르다면 (즉, 여섯 면이 고르게 나올 수 있다면),

$P(\{\omega | X(\omega) = 0\}) = P(\{1,2,3\}) = P(\{1\}) + P(\{2\}) + P(\{3\}) = 1/6 + 1/6 + 1/6 = 1/2$,
$P(\{\omega | X(\omega) = 1, Y(\omega) = 1\}) = P(\{4,6\}) = 1/3$.

여기서 $P(\{\omega | X(\omega) = 0\}) \equiv P(X=0)$, $P(\{\omega | X(\omega) = 1, Y(\omega) = 1\}) \equiv P(X=1, Y=1)$와 같이 줄여서 쓴다. □

예 1.6

부품의 불량률의 표본공간 $\Omega_4 = \{p | 0 \le p \le 1\}$에서, 확률변수 W를 불량률, Z는 다음과 같다고 하자. $Z = \begin{cases} 0, \text{불량률이 } 0.1 \text{ 미만}, \\ 1, \text{불량률이 } 0.1 \text{ 이상}. \end{cases}$

그러면 $W(0.12) = 0.12$, $Z(0.12) = 1$이다. □

참고 독자들은 확률변수($X, Y, \cdots$ 등 대개 영문 대문자로 표기)와 변수($x, y, \cdots$ 등 영문 소문자로 표기)를 구분할 수 있어야 한다. 확률변수는 실험이나 관찰에 의한 결과를 아직 확인하지 않은 상태에서 결과값을 하나의 문자로 표시한 것으로, 표본공간 내의 어떠한 값도 가능하며 그 가능성의 높고 낮음을 확률로 표시한다. 하지만 영문 소문자로 표기된 변수는 해당 확률변수의 확정된 결과값을 나타내며, 불확실성을 가지지 않는다. 따라서 $P(x=3)$라고 쓴다면 이 값은 0 또는 1일 수 밖에 없다.

확률변수의 치역, 즉 확률변수가 가질 수 있는 값들의 집합을 그 확률변수의 상태공간(state space)이라고 하고 주로 E로 표시한다. (예 1.6)에서 확률변수 W의 상태공간은 $E = \{x | 0 \le x \le 1\}$이고, 확률변수 Z의 상태공간은 $E = \{0,1\}$이다.

어떤 확률변수의 상태공간이 이산적인 집합이면 그 확률변수를 이산확률변수, 연속적인 집합이면 연속확률변수라고 한다. 따라서 (예 1.5)와 (예 1.6)에서 X, Y, Z는 모두 이산확률변수이고 W는 연속확률변수이다.

확률변수 X가 상태공간내 각각의 값일 확률들을 열거한 것을 X의 확률분포라고 한다. 확률분포는 확률분포함수, 확률밀도함수, 확률질량함수, z-변환(또는 확률발생함수), 라플라스변환, 모멘트발생함수 등 다양한 방법으로 표현할 수 있으나, 이 모든 함수들의 출발점은 다음에 설명할 확률분포함수이다.

정의 분포함수(distribution function, df) 또는 확률분포함수

확률변수 X의 확률분포함수 $F_X : R \to [0,1]$는 다음과 같다: $F_X(x) = P(\{\omega \mid X(\omega) \le x\})$, 줄여서 $F_X(x) = P(X \le x)$.

참고 $F_X(x)$의 아래첨자 X는 생략할 수 있다.

X의 df $F(x)$는 실수 x가 주어졌을 때, X에 의해 x보다 작거나 같은 값으로 보내어지는 표본공간내 결과들의 집합에 부여된 확률이다. 확률분포함수의 정의에 따르면 df는 다음과 같은 중요한 성질을 가진다.

(i) F는 비감소(non-decreasing) 함수이다. 즉, $x_1 < x_2$이면 $F(x_1) \le F(x_2)$이다.

(ii) F의 값은 확률이므로 $\lim_{x \to -\infty} F(x) = 0$이고 $\lim_{x \to +\infty} F(x) = 1$이다.

이제 확률론의 다섯 가지 요소들의 연관관계가 다음 그림과 같이 완성된다.

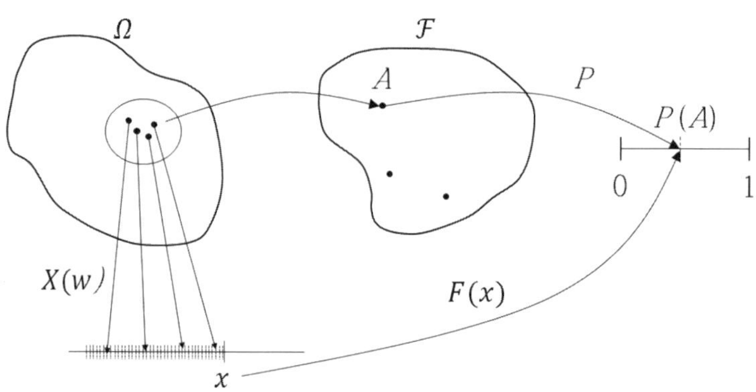

[그림 1.5] 확률론의 다섯 가지 요소들의 연관성

예 1.7

X를 각 면이 고른 주사위를 던졌을 때의 눈금이라고 하자. 이산확률변수 X의 df는 다음 그림 1.6(a)와 같은 계단 형태이다. (예 1.6)에서 부품의 불량률을 나타내는 연속확률변수 W의 df는 그림 1.6(b)와 같은 비감소 연속함수의 형태를 가진다. □

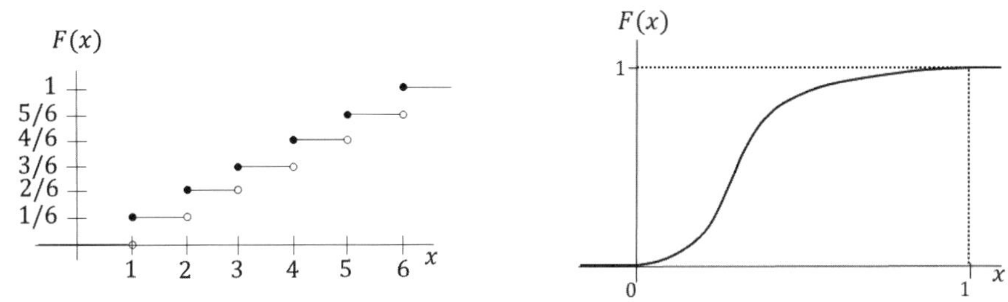

(a) 이산확률변수의 df (b) 연속확률변수의 df

[그림 1.6] 확률분포함수

확률변수 X의 확률분포함수 F는 X의 확률적 특성을 나타내는 함수이지만 확률분포를 보다 더 간편하게 표현하는 함수들이 다음 설명할 확률질량함수와 확률밀도함수이다.

정의 확률질량함수(probability mass function, pmf)

상태공간이 $\{x_1, x_2, \cdots\}$인 이산확률변수 X의 확률 $p_i \equiv P(X = x_i)$, $i = 1, 2, \cdots$ 를 X의 확률질량함수라고 한다. df와 pmf 사이에는 다음의 식이 성립한다:

$p_i = F(x_i) - F(x_{i-1})$, 그리고 $F(x) = \sum_{\text{all } x_i \le x} p_i$이다.

정의 확률밀도함수(probability density function, pdf)

연속확률변수 X의 확률 $P(a \le X \le b) = \int_a^b f(t)dt$를 만족하는 함수 f가 존재한다면 이를 확률밀도함수라고 한다. X의 상태공간 내의 모든 x에 대하여 $f(x) \ge 0$이고, $\int_{x \in E} f(x)dx = 1$이며, $f(x) = F'(x) = dF(x)/dx$, $F(x) = \int_{-\infty}^{x} f(t)dt$의 관계가 있다.

예 1.8

그림 1.6(a)와 (b)에 해당하는 확률변수들의 pmf와 pdf는 각각 다음 그림 1.7(a), (b)와 같다. □

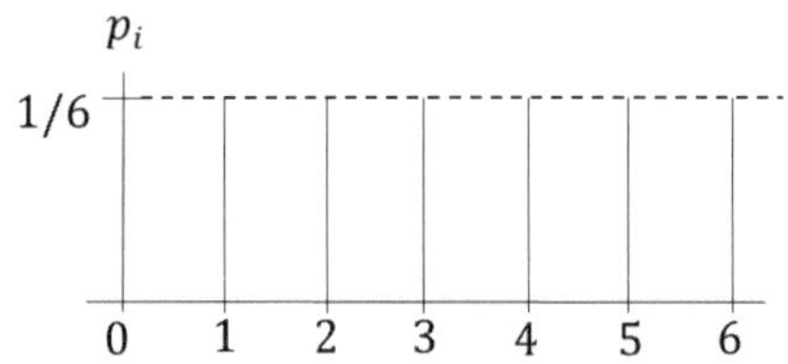

(a) 이산확률변수의 pmf

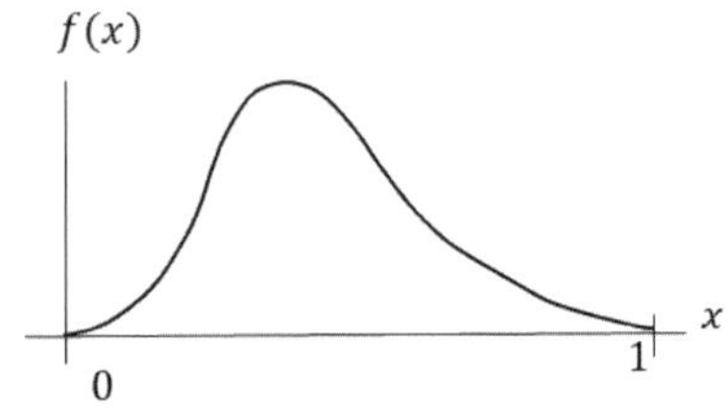

(b) 연속확률변수의 pdf

[그림 1.7] 확률질량함수와 확률밀도함수

참고 pmf p_i는 확률이지만 pdf $f(x)$는 확률이 아니다. 그러나 확률밀도 $f(x)$와 확률 사이에는 다음과 같은 해석이 가능하다. 즉, 도함수의 정의에 의해 $f(x)=F'(x)=dF(x)/dx$ $=\lim_{\Delta x \to 0} \frac{F(x+\Delta x)-F(x)}{\Delta x}$이므로, 충분히 작은 Δx에 대해서는 $f(x)\Delta x \approx F(x+\Delta x)-F(x)$ $=P(x<X\le x+\Delta x)$이다. 따라서 정의상으로는 $P(X=x)=P(x\le X\le x)=\int_x^x f(t)dt=0$이지만 그림 1.8에서 보는 것과 같이 $f(x)dx$은 확률변수 X가 x일 확률이라고 근사적으로 해석할 수 있다.

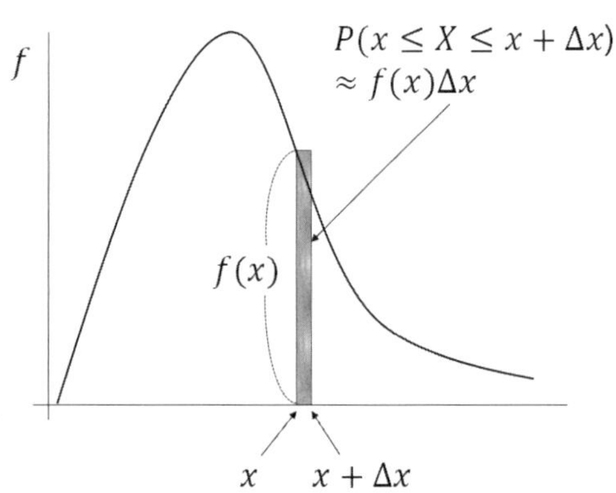

[그림 1.8] pdf와 확률의 관계

참고 어떤 확률변수가 있을 때, 이 확률변수가 가질 수 있는 모든 값의 범위, 즉 상태공간을 확인하는 것이 매우 중요하다. 독자들은 어떤 확률변수의 df나 pmf, pdf를 고려할 때, 반드시 이 상태공간을 함께 생각하는 습관을 가져야 한다.

확률변수의 확률분포를 표시하는 함수로서 df, pmf(이산확률변수의 경우), 또는 pdf (연속확률변수의 경우)를 정의하였으나 이들은 복잡한 구조의 확률변수의 경우 사용하기가 불편하고 특히 중합(convolution) 확률변수의 경우에는 계산량이 많아지는 단점이 있다. 이에 비해 z-변환(이산확률변수)과 라플라스변환(연속확률변수)은 이와 같은 단점을 보완해 주는 확률분포 함수이다. 이에 대한 본격적인 설명은 이 책의 범위를 넘어서므로 생략하며 연습문제에서 간략히 그 개념만을 설명한다.

1.3 알려진 확률분포들의 예

(1) 이산확률변수의 확률분포

(i) 베르누이(Bernoulli) 확률변수: $Bern(p)$

pmf가 $P(X=k)=p^k q^{1-k}$, $k=0,1$이다. 단 $q \equiv 1-p$이며, 상태공간이 $E=\{0,1\}$이다.

참고 상태공간은 서로 다른 두 수의 집합이기만 하면 되지만 $\{0,1\}$로 두는 것이 편리하다.

예 동전을 1회 던지는 실험의 결과 앞면(H)을 1, 뒷면(T)을 0으로 표시

(ii) 이항(binomial) 확률변수: $B(n,p)$

pmf는 $P(X=k)=\binom{n}{k}p^k q^{n-k}$, $k=0,\ 1,\ \cdots,\ n$, $q \equiv 1-p$이며, 상태공간이 $E=\{0,\ 1,\ \cdots,\ n\}$이다.

예 동전을 n번 던졌을 때 앞면이 나온 횟수

(iii) 기하(geometric) 확률변수: Geo(p)

pmf가 $P(X=k)=q^{k-1}p$, $k=1,2,\cdots$, $q \equiv 1-p$이다.

참고 상태공간이 1부터 시작함에 유의한다. 만약 $Y=X-1$로 치환하면 pmf는 $P(Y=k)=q^k p$, $k=0,1,2,\cdots$로서 상태공간이 $\{0,1,2,\cdots\}$이고 이 역시 기하확률변수이다.

예 동전을 앞면이 나올 때까지 던졌을 때 던진 횟수(X의 경우) 또는 동전을 앞면이 나올 때까지 던졌을 때 뒷면의 총 횟수(Y의 경우)

(iv) 균일(uniform) 확률변수: $Unif[x_1, \cdots, x_n]$

pmf가 $P(X=k)=1/n,\ k=x_1, x_2, \cdots, x_n$, 즉 모든 상태에서 확률이 동일하다. 상태공간이 유한함에 유의한다.

예 번호 1,2,⋯,45 중에서 6개의 번호를 뽑는 로또 추첨에서 첫 번째 나온 번호

(v) 포아송(Poisson) 확률변수: $Po(\lambda)$

pmf가 $P(X=k)=\dfrac{e^{-\lambda}\lambda^k}{k!},\ k=0,1,2,\cdots$ 인 확률변수이다. $\lambda > 0$은 모수(parameter)이다.

참고 포아송 확률변수는 뒤에 나오게 될 포아송 과정(Poisson process)의 기본이 되며 확률모형론에서 매우 중요한 확률변수이므로 그 형태를 잘 기억해야 한다.

예 12시에서 1시 사이에 콜센터에 걸려오는 전화의 수, 오염된 물 1cc에 있는 박테리아 수

(vi) 음이항(negative binomial) 확률변수: $NB(n,p)$

pmf가 $P(X=k)=\begin{pmatrix} k-1 \\ n-1 \end{pmatrix} p^n q^{k-n},\ k=n, n+1, \cdots$ 인 확률변수이다.

참고 음이항 확률변수의 pmf는 이항확률변수의 경우와 유사해 보이지만 그 차이를 잘 확인해야 하며, 상태공간의 형태도 다른 확률변수와는 많이 다름에 유의해야 한다.

예 동전을 앞면이 n번 나올 때까지 던진 횟수

(2) 연속확률변수의 확률분포

(i) 균일(uniform) 확률변수: $Unif[a,b]$

확률밀도함수 pdf가 $f(x)=\dfrac{1}{b-a},\ a \le x \le b$인 확률변수이다.

(ii) 정규(normal) 확률변수: $N(\mu, \sigma^2)$

pdf는 $f(x)=\dfrac{1}{\sigma\sqrt{2\pi}}e^{-(x-\mu)^2/2\sigma^2}$이다. 상태공간, 즉 x의 범위가 $-\infty < x < \infty$이므로 음의 값이 존재하지 않는 실제 모형에서는 적용되기 어렵다. 하지만 중심극한정리에 의해 현실 모형에서 가장 널리 사용되는 매우 중요한 확률변수이다.

예 생산된 부품의 평균규격으로부터의 편차

(iii) 지수(exponential) 확률변수: $\text{Exp}(\lambda)$

확률모형론에서 널리 쓰이는 매우 중요한 확률변수중 하나이며, pdf는 $x \geq 0$에서 $f(x) = \mu e^{-\mu x}$이다. 지수 확률변수는 기억상실성질(memoryless property)이라고 하는 중요한 성질을 가지고 있다. 이산확률변수 중에서는 기하확률변수가 기억상실성질을 가진다.

예 콜센터에 걸려오는 문의전화의 도착 간격

(iv) 얼랑(Erlang) 확률변수: $Er(n, \lambda)$

$X_1, X_2, \cdots$ 가 모두 모수 λ의 지수 확률변수이고 서로 독립일 때, $Y = X_1 + X_2 + \cdots + X_n$는 얼랑 확률변수이다. pdf는 $f(x) = \dfrac{\lambda(\lambda x)^{n-1} e^{-\lambda x}}{(n-1)!}$이며 n은 자연수이고 $x \geq 0$이다. $Er(n, \lambda)$에서 $n = 1$이면 지수 확률변수이다.

예 콜센터에 걸려오는 문의전화의 도착 간격이 지수 확률변수일 때, n개의 문의전화가 올 때까지의 시간

(v) 감마(gamma) 확률변수: $\text{Gamma}(\alpha, \beta)$

얼랑 확률변수에서 n을 실수로 일반화한 경우이다. pdf는 $x \geq 0$에서 $f(x;\alpha,\beta) = \dfrac{1}{\beta^{\alpha}\Gamma(\alpha)} x^{\alpha-1} e^{-x/\beta}$ 이다. 단, $\Gamma(\alpha)$는 감마함수이다.

(3) 혼합형 확률변수

연속확률변수 가운데 일부 구간 또는 일부 점에서 이산적인 형태를 띠는 확률변수를 혼합형(mixed type) 확률변수라고 한다. 다음의 예를 보자.

예 1.9

기계장치의 수명이 확률변수 X이며 이의 df는 F_X이다. 기계장치의 수명이 다해서 고장이 나면 동일한 새 기계로 교체(고장교체)하며, 수명이 다하지 않아도 시간 τ(상수)가 지나면 역시 새 기계로 교체(예방교체)한다. 이 때 기계의 교체 간격 Y는 다음과 같이 표현할 수 있다.

$$Y = \min(X, \tau) = \begin{cases} X, & X < \tau, \\ \tau, & X \geq \tau. \end{cases}$$

Y의 df는 다음과 같다.

$$F_Y(y) = \begin{cases} F_X(y), & y < \tau, \\ 1, & y \geq \tau. \end{cases}$$

이 df F_Y를 그래프로 그려보면 아래 그림에서 보는 것과 같이 $0 \leq y < \tau$에서는 연속확률변수와 동일한 모습이지만 시점 $Y = \tau$에서 미분 불가능하며 $P(X > \tau) = 1 - F_X(\tau)$ 만큼 점프하는 등 이산

확률변수와 같은 모양을 한다. □

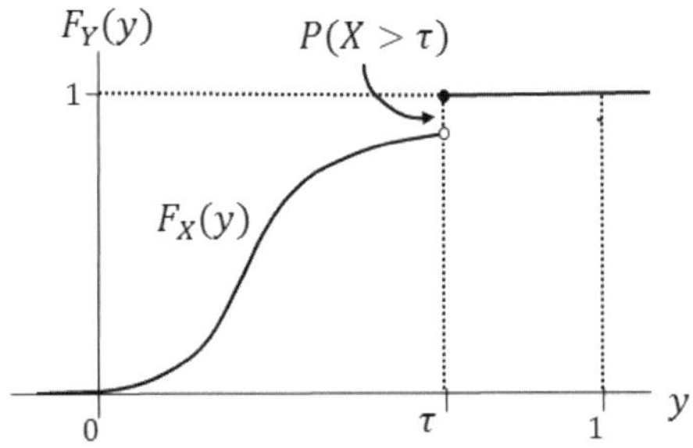

[그림 1.9] (예 1.9)의 df F_Y의 그래프

1.4 기댓값

(1) 이산확률변수와 연속확률변수의 기댓값

확률변수의 기댓값은 확률분포를 하나의 대표숫자로 나타낸 것이라고 할 수 있다.

정 의

확률변수 X의 함수 $g(X)$가 있을 때, $g(X)$의 기댓값(expected value) $E(g(X))$은 다음과 같다.

$$E(g(X)) = \begin{cases} \sum_{\forall k} g(x_k) P(X = x_k) & (\text{이산확률변수의 경우}), \\ \int_{-\infty}^{\infty} g(x) f(x) dx & (\text{연속확률변수의 경우}). \end{cases}$$

참고 혼합형 확률변수의 기댓값을 구하기 위해서는 스틸제스(Stieltjes) 적분의 개념을 사용해야 하며 뒤에 설명한다.

함수 $g(\cdot)$의 형태에 따라 다음과 같이 부른다.

$E(X)$ 평균 (μ로 표시)

$E((X-\mu)^2)$	분산 (σ^2 또는 $Var(X)$로 표시)
$E(X^n)$	n차 모멘트(moment)
$E(z^X)$	z−변환(transform) 또는 확률생성함수(probabability generating function, pgf), 단 X가 이산형이고 $\|z\| \le 1$인 상수
$E(e^{tX})$	모멘트생성함수(moment generating function, mgf)
$E(e^{-sX})$	라플라스변환(Laplace transform, LT), 단 X가 연속형이고 $s > 0$

참고 어떤 확률변수에서 평균을 빼고 표준편차로 나누어 주는 것을 표준화(standardization) 또는 정규화(normlization)라고 한다. 즉, $Z \equiv \dfrac{X-E(X)}{\sqrt{Var(X)}}$는 확률변수 X를 정규화한 새로운 확률변수이며, $E(Z)=0$, $Var(Z)=1$이다.

참고 조건부 기댓값은 확률 부분에 조건을 표현하면 된다. 즉, 어떤 사상 A가 조건으로 주어졌을 때 연속확률변수 $g(X)$의 조건부 기댓값 $E(g(X)\,|A)$은 다음과 같다.

$$E(g(X)\,|A) = \int_E g(x)P(X=x\,|A) = \int_E g(x)\frac{P(X=x, X\in A)}{P(A)}$$
$$= \frac{1}{P(A)}\int_{E\cap A} g(x)P(X=x) = \frac{1}{P(A)}\int_{E\cap A} g(x)f(x)dx.$$

여기서는 $f(x)dx \approx P(X=x)$라는 개념상의 등식을 사용하였다. X가 이산확률변수이라면 적분기호 대신에 합(Σ) 기호를 사용한다.

참고 베르누이 확률변수와 유사하게 보이는 다음의 지시(indicator) 확률변수는 유용하게 쓰이는 경우가 많다

$$I(A) = \begin{cases} 1, A\text{가 발생한 경우}, \\ 0, A\text{가 발생하지 않은 경우}. \end{cases}$$

지시확률변수의 기댓값은 $E(I(A)) = 0\times(1-P(A)) + 1\times P(A) = P(A)$이고 분산은 $Var(I(A)) = 0^2\times(1-P(A)) + 1^2\times P(A) - P(A)^2 = P(A)(1-P(A))$이다.

참고 확률변수 X의 변동계수(coefficient of variation) $CV(X)$는 다음과 같다.

$$CV(X) = \sqrt{Var(X)}\,/E(X).$$

변동계수도 분산 또는 표준편차와 같이 확률변수의 변동성(variability)의 많고 적음을 나타내는 척도인데, 분산이나 표준편차와는 달리 단위가 없다는 점에서 유용하다. 예를 들어 어떤 집단의 키의 데이터와 체중의 데이터의 퍼짐의 정도는 두 데이터의 단위가 다르기 때문에 직접 비교가 어려우나 변동계수를 이용하면 비교가 가능하다.

예 1.10

모수가 λ인 포아송 확률변수 N의 pmf가 $P(N=k)=\frac{e^{-\lambda}\lambda^k}{k!}$, $k=0,1,2,\cdots$이므로
$E(N)=\sum_{k=0}^{\infty}k\frac{e^{-\lambda}\lambda^k}{k!}=\sum_{k=1}^{\infty}\frac{e^{-\lambda}\lambda^k}{(k-1)!}=\lambda\sum_{k=1}^{\infty}\frac{e^{-\lambda}\lambda^{k-1}}{(k-1)!}=\lambda$이다. 여기서 마지막 등식에서는
$\sum_{k=1}^{\infty}\frac{e^{-\lambda}\lambda^{k-1}}{(k-1)!}=\sum_{k=0}^{\infty}\frac{e^{-\lambda}\lambda^k}{k!}=1$임을 활용하였다. □

예 1.11

모수가 μ인 지수 확률변수 S의 기댓값과 분산은 부분적분을 활용하여 다음과 같이 구할 수 있다.

$E(S)=\int_0^{\infty}x\mu e^{-\mu x}dx=\cdots=1/\mu$,

$E(S^2)=\int_0^{\infty}x^2\mu e^{-\mu x}dx=\cdots=2/\mu^2$,

$Var(S)=E(S^2)-(E(S))^2=2/\mu^2-1/\mu^2=1/\mu^2$. □

예 1.12

확률변수 X가 모수가 λ인 지수분포를 따를 때 X의 라플라스변환(LT)은 다음과 같다.

$E(e^{-sX})=\int_0^{\infty}e^{-st}\lambda e^{-\lambda t}dt=\cdots=\frac{\lambda}{s+\lambda}$. □

예 1.13

확률변수 M이 모수 p의 기하확률분포, 즉 $M\sim$Geo(p)이라고 할 때, $E(M|M>t)$를 구해보자.

$$E(M|M>k)=\sum_{m=1}^{\infty}mP(M=m|M>k)=\sum_{m=1}^{\infty}m\frac{P(M=m,M>k)}{P(M>k)}$$
$$=\frac{1}{P(M>k)}\sum_{m=k+1}^{\infty}mP(M=m),$$

단, $P(M>k)=\sum_{m=k+1}^{\infty}q^{m-1}p=q^k$이고 $\sum_{m=k+1}^{\infty}mq^{m-1}p=\cdots=\frac{q^k(1+kp)}{p^{k-1}}$,

따라서 $E(M|M>k)=\frac{1+kp}{p^{k-1}}$이다. □

(2) 혼합형 확률변수의 기댓값

연속확률변수의 경우 df가 미분가능하여 pdf $f(x)$가 존재한다면 이를 적분함으로써 확률이나 기댓값들을 계산할 수 있다. 이 때 통상 우리가 사용하는 적분이 리만(Riemann) 적분인데, 그 정의는 다음과 같다.

구간 $[a,b]$를 n개의 소구간 $[a(=x_0),x_1),[x_1,x_2),\cdots,[x_{n-1},b(=x_n)]$으로 나눌 때,

$$\int_a^b f(x)dx = \lim_{n\to\infty}\sum_{k=1}^{n} f(x_k)(x_k - x_{k-1})$$

이다. $\lim + \sum \to \int$이 되고 소구간들을 잘게 나눌수록$(n\to\infty)$ x_{k-1}과 x_k는 가까워지므로 $x_k - x_{k-1} = \Delta x = dx$라고 쓸 수 있다.

한편 스틸제스(Stieltjes) 적분은 리만 적분에서 x축의 구간내 모든 값들에 또 다른 함수를 적용한다. 함수 F에 대한 연속함수 g의 구간 $[a,b]$에서의 스틸제스 적분은 다음과 같다.

$$\int_a^b g(x)dF(x) = \lim_{n\to\infty}\sum_{k=1}^{n} g(x_k)(F(x_k) - F(x_{k-1})).$$

우변에서 달라진 점은 $x_k - x_{k-1}$ 대신에 $F(x_k) - F(x_{k-1})$를 쓴 점이다. 역시 $\lim +$ $\sum \to \int$이 되고 소구간들이 잘게 나누어질수록 $F(x_k) - F(x_{k-1}) = \Delta F(x) = dF(x)$라고 쓴다.

이처럼 pdf가 존재하지 않는 연속확률변수 또는 혼합형 확률변수(심지어는 이산확률변수)의 확률이나 기댓값을 구하기 위해서는 pdf 대신 df를 사용하여 스틸제스 적분을 하면 된다. 예를 들면 F가 확률분포함수일 때, 스틸제스 적분의 정의에 의해

$$\int_a^b dF(x) = \lim_{n\to\infty}\sum_{k=1}^{n}(F(x_k) - F(x_{k-1})) = \lim_{n\to\infty}\sum_{k=1}^{n} P(x_{k-1} \le X \le x_k)$$

이 되고, 이는 다시 $\left(\lim + \sum\right)P(X=x)$으로 생각할 수 있으므로, 결국 구간내 모든 점들에 대한 확률들을 더하는 것이니 $\int_a^b dF(x) = P(a \le X \le b)$로 생각할 수 있다. 따라서 pdf가 존재하지 않아도 df를 사용하여 확률을 구할 수 있다.

스틸제스 적분의 계산은 다음과 같은 방법으로 한다. df가 구간 $[a,b]$ 내에서 $x=x'$점에서 높이 h'의 점프를 하고 나머지 구간에서는 미분가능하여 $(d/dx)F(x) = f(x)$라고 한다면 $dF(x) = f(x)dx$이므로 다음과 같다.

$$\int_a^b g(x)dF(x) = \int_a^{x'-0} g(x)f(x)dx + g(x')h' + \int_{x'+0}^b g(x)f(x)dx.$$

예 1.14

위의 (예 1.9)에서 도입한 혼합형 확률변수 Y의 기댓값을 구해보자. 기계장치의 수명 X가 평균이 100인 지수 확률변수라고 가정하면 이의 df는 $F_X(x) = 1 - e^{-0.01x}$이다. 예방교체를 하는 시점이 $\tau = 80$이면 교체간격 Y와 Y의 df $F_Y(y)$는 각각 다음과 같다.

$$Y = \min(X, 80) = \begin{cases} X, & X < 80, \\ 80, & X \geq 80. \end{cases} \qquad F_Y(y) = \begin{cases} F_X(y), & y < 80, \\ 1, & y \geq 80. \end{cases}$$

$y = 80$에서 $P(X > 80) = 1 - F_X(80)$ 만큼 점프하므로, 구하는 평균은

$$\begin{aligned} E(Y) = \int_0^{\infty} y\, dF_Y(y) &= \int_0^{80} y\, f_Y(y)\, dy + \tau \times (1 - F_Y(\tau)) + \int_{80}^{\infty} y\, f_Y(y)\, dy \\ &= \int_0^{80} y\,(0.01e^{-0.01y})\, dy + 80 \times e^{-0.01 \times 80} + \int_{80}^{\infty} y \cdot 0\, dy \\ &= \cdots = 55.07. \end{aligned}$$

□

예 1.15

이산확률변수의 기댓값도 스틸제스 적분으로 계산이 가능하다. 다음과 같은 이산확률변수를 생각하자: $P(X=1) = 0.2,\ P(X=2.5) = 0.5,\ P(X=3) = 0.3$.

이를 확률분포함수로 표시하면

$$F(x) = \begin{cases} 0, & x < 1, \\ 0.2, & 1 \leq x < 2.5, \\ 0.7, & 2.5 \leq x < 3, \\ 1, & 3 \leq x. \end{cases}$$

확률변수 X는 1, 2.5, 3에서 각각 높이 0.2, 0.5, 0.3의 점프가 이루어지므로, 스틸제스 적분에 의하면

$$\begin{aligned} E(X) &= \int_{-\infty}^{1} (x \cdot 0)dx + 1 \times 0.2 + \int_1^{2.5} (x \cdot 0)dx + 2.5 \times 0.5 + \int_{2.5}^{3} (x \cdot 0)dx + 3 \times 0.3 \\ &= 1 \times 0.2 + 2.5 \times 0.5 + 3 \times 0.3 = 2.45, \end{aligned}$$

이다. □

참고 (예 1.15)에서와 같이 스틸제스 적분을 사용하면 df가 F인 (이산형이든 연속형이든 혼합형이든) 확률변수 X의 함수 $g(X)$의 기댓값은 다음 한 가지의 식으로 나타낼 수 있다.

$$E(g(X)) = \int_{-\infty}^{\infty} g(x)dF(x).$$

1.5 여러 확률변수들의 확률분포

두 개 이상의 확률변수를 동시에 고려하는 경우를 살펴본다.

정의 결합확률분포

두 개 이상의 확률변수를 동시에 고려하면 결합(joint) 확률분포를 얻는다. X, Y의 결합확률분포함수는 $F(x,y) = P(X \le x,\ Y \le y)$이며, 특히 X, Y가 모두 연속확률변수이면 $f(x,y) = \dfrac{\partial^2 F(x,y)}{\partial x \partial y}$이 결합확률밀도함수이고 $F(x,y) = \int_{-\infty}^{x} \int_{-\infty}^{y} f(s,t)dtds$이다.

두 개 이상의 확률변수의 기댓값은 결합확률분포를 이용하여 구할 수 있다. 즉,

$$E(g(X,Y)) = \begin{cases} \sum_{\forall i,j} g(x_i, y_j) P(X = x_i, Y = y_j), & (\text{이산확률변수의 경우}) \\ \int_{\forall x} \int_{\forall y} g(x,y) f(x,y) dydx. & (\text{연속확률변수의 경우}) \end{cases}$$

참고 기댓값을 나타내는 $E(\cdot)$는 선형연산자(linear operator)로서, 확률변수 X_i와 상수 a_i에 대하여 다음이 성립한다: $E(a_1X_1 + \cdots + a_nX_n) = a_1E(X_1) + \cdots + a_nE(X_n)$. 하지만 분산의 경우 $Var(aX \pm bY) = a^2 Var(X) + b^2 Var(Y) \pm 2ab\, Cov(X,Y)$이므로 $Var(\cdot)$은 선형연산자가 아니다.

정의 주변확률분포

결합확률분포에서 $y \to \infty$이면 X의 주변(marginal) 확률분포가 된다. 즉, $F(x,\infty) = P(X \le x,\ Y \le \infty) = P(X \le x) \equiv F_X(x)$가 X의 주변확률분포함수이다. X의 주변확률밀도함수는 $f_X(x) = \int_{-\infty}^{\infty} f(x,y)dy$이다.

$x \to \infty$를 함으로써 Y의 주변확률분포함수 $F_Y(y)$와 주변확률밀도함수 $f_Y(y)$를 얻을 수 있다. 이산확률변수의 경우도 유사하게 구한다.

정의 조건부확률분포

확률변수 Y가 특정값으로 주어진 조건, 즉 $Y=y$인 조건하에서의 X의 확률분포함수는 $F_{X|Y}(x|y)=P(X\le x|Y=y)$이다. X가 연속확률변수라면 조건부 확률밀도함수는 $f_{X|Y}(x|y)=\dfrac{dF_{X|Y}(x|y)}{dx}$이며 이는 다시 $f_{X|Y}(x|y)=\dfrac{f(x,y)}{f_Y(y)}$임을 알 수 있다. 이산확률변수의 경우도 유사하다.

정의 조건부 기댓값

$Y=y$로 주어졌을 때의 확률변수 X의 기댓값 $E(X|Y=y)$은 조건부 확률분포를 사용하여 다음과 같이 정의한다.

$$E(X|Y=y)=\begin{cases}\sum_k x_k P(X=x_k|Y=y), & (\text{이산확률변수의 경우})\\ \int_x xf_{X|Y}(x|y)dx, & (\text{연속확률변수의 경우})\end{cases}$$

조건부 기댓값 $E(X|Y=y)$은 $Y=y$로 고정된 상태에서 X에 대해 기댓값을 취하므로 y의 함수이다. 이를 일반화하여 다음의 식이 성립한다.

$$E(X)=\int_{\forall y} E(X|Y=y)f_Y(y)dy=E(E(X|Y)).$$

이는 1.1절에서 설명한 전체확률의 법칙의 세 단계 계산방법과도 일치한다. 즉, 확률변수 X의 기댓값 $E(X)$를 구하기 위해 조건을 만들고($Y=y$), 그러한 조건이 만들어질 확률 ($P(Y=y)\approx f_Y(y)dy$)을 곱하고, 모든 조건에 대해 더해주는($\int_{\forall y}$) 세 단계를 거친다.

정의 확률변수의 독립

모든 x,y에 대하여 $F(x,y)=F_X(x)F_Y(y)$ 또는 $f(x,y)=f_X(x)f_Y(y)$이면 확률변수 X,Y는 서로 독립이라고 한다.

참고 이 식은 "모든" x,y에 대해 성립하여야 한다. 따라서 두 확률변수가 독립이 아님을 보이려면 위의 등식이 성립하지 않은 x,y의 예, 즉 반예(counterexample)를 보인다.

예 1.16

두 연속확률변수 X, Y의 결합밀도함수가 다음과 같다. 이들이 서로 독립인가?

$$f(x,y)=\begin{cases} e^{-(x+y)}, & x,y \geq 0, \\ 0, & \text{기타의 경우}. \end{cases}$$

풀이

모든 $x,y \geq 0$에 대하여 $f(x,y)=f_X(x)f_Y(y)$이 성립함을 보이면 된다.

$$f_X(x)=\int_0^\infty f(x,y)dy=\int_0^\infty e^{-(x+y)}dy=e^{-x}\int_0^\infty e^{-y}dy=e^{-x},$$

$$f_Y(y)=\int_0^\infty f(x,y)dx=e^{-y}.$$

이 두 등식에는 x,y에 제한이 없다. $f(x,y)=f_X(x)f_Y(y)$이므로 X, Y는 서로 독립이다. □

확률변수 $X_1, X_2, \cdots$들이 모두 "동일한 확률분포"이며 "서로 독립"이라면 이들을 iid (independent and identically distributed)하다고 한다. 두 확률변수 X_1과 X_2가 동일한 확률분포를 가진다고 해서 $X_1 = X_2$라고 쓰면 안 된다. 예를 들어 동전을 두 번 연속해서 던질 때, 앞면이 나올 확률은 처음과 두 번째 모두 동일하지만, 처음 던진 결과와 두 번째 던진 결과가 항상 같다고 볼 수 없다.

정의 두 확률변수의 동일함

두 확률변수 X_1, X_2가 서로 같다(즉 $X_1 = X_2$)는 것에는 다음과 같이 여러 의미가 있으므로 잘 구분해야 한다.

(i) "거의 확실히 (almost surely 또는 almost everywhere) 같다": 이는 $X_1 =^{a.s.} X_2$ 라고 표시하며, $P(\{\omega | X_1(\omega) \neq X_2(\omega)\})=0$임을 의미한다.

(ii) "확률변수의 값이 같다": 이 경우에는 모든 $\omega \in \Omega$에 대하여 $X_1(\omega)=X_2(\omega)$이다.

(iii) "확률분포가 (in distribution) 같다": 이는 $X_1 =^d X_2$ 라고 표시하는데, 이산형이면 모든 $i \in E$에 대하여 $P(X_1 = i)=P(X_2 = i)$인 경우, 연속형이면 모든 x에 대하여 $F_{X_1}(x)=F_{X_2}(x)$인 경우이다.

1.6 중합

두 개 이상의 확률변수의 합을 중합(convolution)이라고 한다. 중합은 확률모형에서 자주 사용하는 개념이다. 비음(nonnegative)이면서 서로 독립인 두 연속확률변수 X, Y의 확률분포함수들을 각각 $F_X(x)$, $F_Y(y)$라고 하면 이들의 중합인 $W \equiv X+Y$의 확률분포함수는 다음과 같다.

$$\begin{aligned} F_W(w) &= P(X+Y \le w) = \int_0^{\infty} P(X \le w-y | Y=y) P(Y=y) \\ &= \int_0^w F_X(w-y) f_Y(y) dy = \int_0^w F_Y(w-x) f_X(x) dx. \end{aligned}$$

두 번째 등식에서는 $Y=y$의 조건을 달고(conditioning), 해당 조건의 발생확률을 곱하고(multiplying), 모든 경우의 조건을 다 고려하는(summing, 여기서는 적분) 전체확률의 법칙을 적용하였다. 세 번째 등식에서는 X, Y가 서로 독립이라는 점과 $P(Y=y) \approx f_Y(y)dy$라는 개념적 등식을 사용하였다. 또한 $X \ge 0$이기 때문에 적분 범위도 0에서 w까지 제한하였다. 마지막 등식은 X와 Y의 역할을 바꿔줌으로써 얻을 수 있다.

위 식의 양변을 w에 대해 미분함으로써 다음을 얻는다.

$$f_W(w) = \int_0^w f_Y(w-x) f_X(x) dx.$$

$Y = X_1 + X_2 + \cdots + X_n$과 같이 중합하는 확률변수의 개수가 n개이면 $n-1$회의 적분을 해야 한다. 이산형 확률변수의 중합에 대해서는 다음의 예제로 알아보자.

예 1.17

$X_1 \sim B(n,p)$이고 $X_2 \sim Bern(p)$이고 서로 독립이다. 이들의 중합 $X_1 + X_2$이 어떤 확률분포인지 확인해 보자.

풀이

X_1의 상태공간은 $0,1,2,\cdots,n$이고 X_2의 상태공간은 $0,1$이므로 X_1+X_2는 $0,1,2,\cdots,n+1$의 값을 가진다. $i=0,1,2,\cdots,n+1$에 대하여 $P(X_1+X_2=i)$를 구해 보자.

$i=0$일 때에는 $P(X_1+X_2=0) = P(X_1=X_2=0) = P(X_1=0)P(X_2=0) = q^n \times q = q^{n+1}$,

$i=1,2,\cdots,n+1$인 경우에는

$$P(X_1+X_2=i)=\sum_{k=0}^{i}P(X_1+X_2=i|X_2=k)P(X_2=k)=\sum_{k=0}^{1}P(X_1=i-k)P(X_2=k)$$
$$=\binom{n}{i}p^iq^{n-i}\times q+\binom{n}{i-1}p^{i-1}q^{n-i+1}\times p$$
$$=\binom{n}{i}p^iq^{n-i+1}+\binom{n}{i-1}p^iq^{n-i+1}=\binom{n+1}{i}p^iq^{n-i+1},$$

따라서 $P(X_1+X_2=i)=\binom{n+1}{i}p^iq^{n+1-i},\ i=0,1,2,\cdots,n+1$이고 $X_1+X_2\sim B(n+1,p)$이다. □

일반적으로 중합에 의해 다음이 성립함을 보일 수 있다. $X_1, X_2, \cdots$가 iid이면서:

X_i의 확률분포가 ~이면	중합 $X_1+X_2+\cdots+X_n$의 확률분포는 ~이다
모수 p의 베르누이 확률변수	모수 n,p의 이항 확률변수
모수 p의 기하 확률변수	모수 n,p의 음의이항 확률변수
모수 λ의 지수 확률변수	모수 n,λ의 얼랑 확률변수
모수 λ의 포아송 확률변수	모수 $n\lambda$의 포아송 확률변수
모수 (μ_i,σ_i^2)의 정규 확률변수	모수 $(\mu_1+\cdots+\mu_n,\sigma_1^2+\cdots+\sigma_n^2)$의 정규 확률변수

1.7 랜덤합

정의 랜덤합

확률변수 $X_1,X_2,\cdots$가 iid이고 이들과 독립이면서 상태공간이 $\{0,1,2,\cdots\}$인 이산확률변수 N을 고려하자. 확률변수 Z를 다음과 같이 정의하면 이를 랜덤합(random sum)이라고 한다.

$$Z=\begin{cases}0, & N=0\text{ 일 때},\\ X_1+\cdots+X_N, & N\geq 1\text{ 일 때}.\end{cases}$$

Z는 확률변수를 확률변수 개수만큼 중합한 것이며, $N=n$(상수), 즉 상수 개수만큼 중합한 $X_1+\cdots+X_n$과는 다르다. $E(X_i)=a, E(N)=b$라고 할 때,

$$E(Z) = E(X_1 + \cdots + X_N) = \sum_{n=1}^{\infty} E(X_1 + \cdots + X_N | N = n) P(N = n)$$
$$= \sum_{n=1}^{\infty} E(X_1 + \cdots + X_n) P(N = n) = \sum_{n=1}^{\infty} (E(X_1) + \cdots + E(X_n)) P(N = n)$$
$$= \sum_{n=1}^{\infty} naP(N = n) = a \sum_{n=1}^{\infty} nP(N = n) = ab = E(X_i)E(N)$$

이다. 두 번째 등식은 전체확률의 법칙을 사용하였으며, 세 번째 등식은 X_i가 N과 독립이라는 가정을 활용하였다. 또는 더 간단하게,
$E(Z) = E(E(Z|N)) = E(E(X_1 + \cdots + X_N | N)) = E(Na) = ab$ 와 같이 해도 된다.

참고 독자들은 $E(Z) = E(X_1 + \cdots + X_N) = E(X_1) + \cdots + E(X_N) = Na$라고 잘못 해석하는 일이 없어야 한다.

예 1.18

어떤 부품을 가공하기 위한 시간 S는 모수가 μ인 지수 확률변수이다. 가공후 품질 검사를 해서 불량으로 판정되면 (불량확률 p) 다시 가공을 하고, 양품이라고 판정되면 다음 단계로 이동한다. 한 부품이 받게 되는 총 가공시간 Z의 평균 $E(Z)$를 구하라.

풀이

부품이 양품 판정을 받을 때까지 가공을 하는 횟수 N은 동전을 앞면(=양품판정)이 나올 때까지 던질 때 총 던진 횟수와 동일한 개념이므로 모수가 p인 기하확률변수이다. 따라서 평균은 $E(N) = 1/p$이다. 한편 k번째 가공시간을 확률변수 S_k라고 하면 $S_1, S_2, \cdots$는 모두 모수가 μ인 지수 확률변수이며 서로 독립이다. 따라서 Z는 $Z = S_1 + \cdots + S_N$ 와 같이 랜덤합으로 표시할 수 있으며 $E(Z) = E(S)E(N) = 1/\mu \times 1/p = 1/(p\mu)$이다. □

참고 $Z = S + p(2S) + p^2(3S) + \cdots + p^{N-1}(NS)$ 는 틀린 식이다.

예 1.19

하루에 슈퍼마켓에 오는 총 고객 수 N은 평균이 λ인 포아송 분포이고, 각 고객이 물건을 구입할 확률은 p인데, 구입하는 금액 X는 평균이 c인 iid 확률변수라고 하자. 이 때 하루 매출액 Z의 모형을 수립하고 평균 매출액을 구하라.

풀이

각 고객이 구입하는 금액을 다음과 같이 다시 정의하자.

$$Y = \begin{cases} X, & \text{확률 } p, \\ 0, & \text{확률 } 1-p. \end{cases}$$

그러면 $E(Y)=pE(X)=pc$이다. 매출액 Z를 나타내는 랜덤합은 다음과 같이 표현할 수 있다: $Z=Y_1+\cdots+Y_N$. 따라서 $E(Z)=E(Y)E(N)=\lambda(pc)$이다. □

참고 $Z=pX_1+pX_2+\cdots+pX_N$으로 쓴다면 틀린 식이다.

랜덤합에서는 X_i가 N과 독립이라는 가정이 있었다. 만약 X_i가 N과 독립이 아닌 경우의 랜덤합의 기댓값도 $E(Z)=E(X_i)E(N)$과 같은 식을 따를 것인가? 이를 이해하기 위해서는 우선 다음 개념이 필요하다.

정의 정지시간

확률변수 $X_1, X_2, \cdots$와 확률변수 N에 대해서, 사상 $\{\omega : N(\omega)=k\}$의 발생여부가 $\{\omega : X_1(\omega), \cdots, X_k(\omega)\}$에만 의존하고 $\{\omega : X_{k+1}(\omega), X_{k+2}(\omega), \cdots\}$에는 영향을 받지 않는다면 N을 $X_1, X_2, \cdots$의 정지시간(stopping time)이라고 한다.

예 1.20

정지시간과 정지시간이 아닌 예를 들면 다음과 같다.

(a) 동전을 i번째 던진 결과를 X_i라고 하면, 앞면이 3번 나올 때까지 던진 횟수 N은 정지시간이다. 예를 들어 $N=6$인지 아닌지는 $X_1,\cdots,X_6$의 결과만 보면 알 수 있으며, $X_7, X_8\cdots$에는 영향을 받지 않는다.

(b) 백팩에 물건을 집어넣는데, 각 물건의 부피는 iid 확률변수 X_i이며 백팩의 용량은 상수 D이다. 백팩에 넣을 수 있는 물건의 개수를 N이라 할 때, N은 정지시간이 아니다. $N=10$인지 아닌지는 $X_1+\cdots+X_{10}$에 더해 X_{11}의 값도 알아야 하기 때문이다.

(c) 고객들이 가져오는 일감의 양 X_i의 합이 일정한 값 D를 넘으면 그 때 비로소 서버가 서비스를 제공하기 시작한다. N번 째 도착고객에 의해 서비스가 개시된다면 N은 정지시간이다. □

위의 예 (c)에서 N은 최초로 D를 초과할 때까지의 합의 개수이며 N은 정지시간이지만 X_i와 N은 독립이 아니다. 예를 들어 $X_1, X_2, \cdots$가 큰 값이면 N이 작아질 것이기 때문이다. 따라서 $Y=X_1+\cdots+X_N$의 랜덤합의 경우 $E(Y)=E(X)E(N)$의 유도과정에서의 가정을 만족하지 않는다. 하지만 다음의 왈드(Wald)의 방정식에 의하면 X_i와 N이 독립이 아니어도 N이 정지시간이면 다음의 식이 성립한다.

정 의 왈드의 방정식(Wald's equation):

확률변수 N이 $E(N) < \infty$이고 확률과정 $X_1, X_2, \cdots$의 정지시간이면 다음이 성립한다.

$E(X_1 + \cdots + X_N) = E(X)E(N)$.

왈드의 방정식을 활용한 예는 연습문제를 참고하기 바란다.

1.8 확률과정

확률과정은 시간, 거리, 또는 순서의 진행에 따라 변화하는 어떤 시스템의 상태를 확률변수들에 의해 표현하는 것이다. 시스템의 특성에 따라서, 또는 시스템의 표현 방법에 따라서 이 확률과정의 확률구조는 간단하기도 하고 매우 복잡하기도 하다. 복잡할수록 현실에 가까운 모형이 될 수 있으나 분석이 어려워지는 반면, 간단한 모형은 수리분석이 용이하지만 현실을 지나치게 단순화해서 활용성이 떨어질 수 있으므로 적절한 복잡도의 확률과정을 선택하여 모형으로 만들고 이를 분석하여 실제로 적용한 후 그 결과를 해석해야 한다.

확률과정은 시간적으로 변화하는 시스템을 분석하기 위한 훌륭한 도구이지만, 분석한 결과를 바탕으로 최적의, 또는 적절한 의사결정을 할 수 있어야 한다. 최적 의사결정의 목표의 예로는 비용의 절감 또는 이익의 극대화 등이 있으며 의사결정의 형태는 최적의 설계(예 서버의 수), 최적의 시점 (예 정지시간), 최적의 정책 (예 시스템 상태에 따른 행동기준) 등이 있다.

정 의 확률과정(stochastic process, 또는 random process)

상태공간이 E인 다음의 확률변수들의 집합을 생각하자: $\chi = \{X(t), t \in T\}$. 여기서 괄호 안의 변수 t는 시간이나 거리, 순서 등을 나타내는 인덱스이다. $X(t)$가 아니라 X_t와 같이 쓸 수도 있다. 이 집합 χ를 확률과정이라고 한다. 확률과정은 상태공간 E와 인덱스 집합 T의 이산형 또는 연속형에 따라 다음의 네 가지로 나눌 수 있다.

(i) 이산상태-이산시간 확률과정:

예 텍스트의 n번째 문자가 자음이면 $X_n = 1$, 모음이면 0

예 $X_n (n = 1, 2, \cdots)$이 19줄 표준바둑판의 바둑에서 n번째 바둑돌의 위치라고 하면, 상태공간은

$E = \{(n_1, n_2) : n_1 = 1,2,\cdots,19,\ n_2 = 1,2,\cdots,19\}$.

(ii) 이산상태-연속시간 확률과정:

예 $X_t(t \geq 0)$가 조립작업 개시후 시점 t에서 작업 대기중인 부품의 개수. $E = \{0,1,2,\cdots\}$.

예 미사일 발사후 매 km마다 미사일의 상태. E={정상, 궤도약간이탈, 궤도이탈}.

(iii) 연속상태-이산시간 확률과정:

예 $X_n(n = 1,2,\cdots)$이 콜세터에 도착한 n번째 문의전화의 통화시간. $E = \{x | x \geq 0\}$.

(iv) 연속상태-연속시간 확률과정:

예 $X_t(-\infty < t < \infty)$이 시점 t에서 작업 대기중인 부품들의 총 작업량. $E = \{v | v \geq 0\}$.

이와 같이 확률과정은 본질적으로 여러 확률변수들의 집합이며 각 확률변수들이 갖는 결과값들의 집합이 하나의 표본이 된다. 이들 결과값들을 시간(또는 거리나 순서 등)에 따라 늘어놓으면 하나의 경로가 만들어지므로 이를 표본경로(sample path)라고 한다. 아래 그림은 위에서 예시한 확률과정 가운데 (ii)와 (iii)의 표본경로의 예를 보여주고 있다.

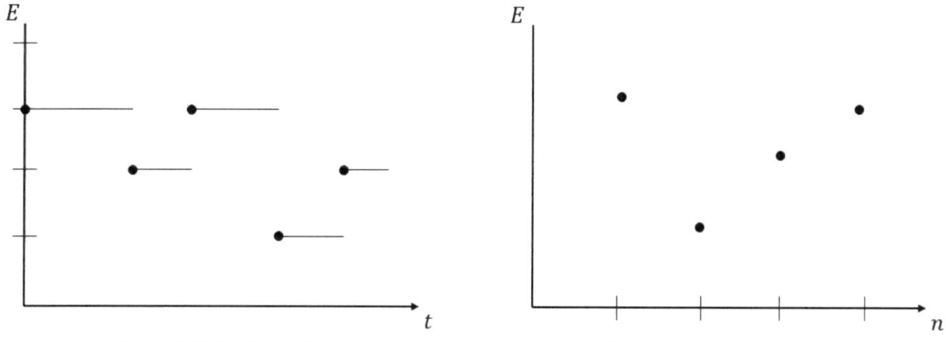

(a) 이산상태-연속시간 (b) 연속상태-이산시간

[그림 1.10] 표본경로의 예

다음의 확률과정은 베르누이 확률변수를 바탕으로 한 확률과정들이다. 제 3장부터는 보다 복잡하고 현실 모형에 적합한 확률과정들을 소개한다.

(i) 베르누이 시행

$X_k(k = 1,2,\cdots)$들이 $P(X_k = 0) = 1 - p \equiv q$, $P(X_k = 1) = p$인 iid 베르누이 확률변수이

다. 이 때, $\{X_1, X_2, \cdots\}$를 베르누이 시행(Bernoulli trials)이라고 한다. $E(X_k)=p$이다. 동일한 동전을 반복적이고 독립적으로 던진 결과를 예로 들 수 있다.

(ii) 베르누이 계수과정

$N_n = X_1 + \cdots + X_n$일 때 $\{N_1, N_2, \cdots\}$를 베르누이 계수과정이라고 한다. $E(N_n)=np$이며, 예를 들어 동전을 n회 던졌을 때 앞면이 나온 횟수이다.

(iii) 성공 시행회차

$T_k(k=1,2,\cdots)$은 베르누이 시행 중에서 k번째로 "1"이 나타난 위치이다. 예를 들어 동전을 던질 때 k번째로 앞면이 나온 시행 회차를 의미하며 음의이항 분포를 따른다. $E(T_k)=k/p$이다.

(iv) 증분 베르누이 과정

확률과정 $\{T_{k+1}-T_k, k=1,2,\cdots\}$를 증분 베르누이 과정(incremental Bernoulli process)이라고 한다. 베르누이 시행의 독립성을 고려하면 $T_{k+1}-T_k =^d T_k - T_{k-1} =^d = \cdots =^d = T_1$이며 따라서 $E(T_{k+1}-T_k)=1/p$이다.

1.9 중심극한정리

여러 가지 실험에서의 오차, 여론조사에서 나타난 찬반의견의 분포 등 현실의 많은 확률분포를 정규분포로 가정하고 사용하는 이론적인 근거는 중심극한정리이다. 이 정리는 통계학과 확률론에서 매우 중요한 정리이며, 확률분포를 알지 못하는 모집단으로부터 추출한 표본의 평균은 정규분포로 근사할 수 있음을 나타낸다.

정의 중심극한정리(central limit theorem, CLT)

$X_1, X_2, \cdots$들이 iid 하고 $E(X_i) \equiv \mu < \infty$, $Var(X_i) \equiv \sigma^2 < \infty$라고 하자. X_i의 확률분포는 정규분포일 수도 있고 아닐 수도 있으며 알지 못할 수도 있다. 이 때 $S_n = X_1 + \cdots + X_n$

이라고 하면 $E(S_n)=n\mu$, $Var(S_n)=n\sigma^2$이다. 이제 다음과 같이 S_n을 정규화한 새로운 확률변수를 정의하자: $Z_n \equiv \dfrac{S_n - n\mu}{\sigma\sqrt{n}}$. 이 때 $n\to\infty$이면 Z_n은 표준정규분포를 따른다. 즉 n이 크다면 S_n은 근사적으로 정규분포 $N(n\mu, n\sigma^2)$를 따른다. 이를 약간 변형하면, 평균 $\overline{X}_n \equiv S_n/n$은 근사적으로 $N(\mu, \sigma^2/n)$를 따른다.

예 1.21

나눔로또번호는 $1,2,\cdots,45$로부터 랜덤하게 추출하므로 개별 로또번호($X_1, X_2, \cdots$)는 iid이며 이산형 균일분포를 따른다고 할 수 있다. 따라서 $\mu=23$이고 $\sigma^2=13.134^2=172.5$이다. 하지만 로또복권 한 장에 적힌 6개($=n$)의 번호를 더한 숫자($=S_6$)는 근사적으로 평균이 $6\times 23=138$, 표준편차가 $\sqrt{6\times 172.5}=32.17$인 정규분포에 근사할 수 있다.
다음 그림 1.11은 나눔로또 1~816회차까지의 1등 당첨번호의 출현 횟수이며, 120회 부근에서 고르게 출현하고 있다(실제로 적합도 검정을 하면 균일분포임을 통계적으로 보일 수 있다). 하지만 그림 1.12의 당첨번호 6개의 합의 분포는 정규분포와 흡사한 모습을 띠고 있다. n이 커질수록 이 분포는 정규분포 모양에 더욱 근접한다. □

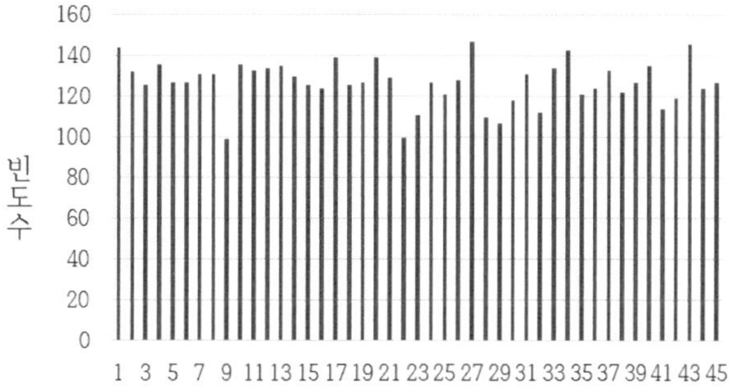

[그림 1.11] 로또 당첨번호의 출현 횟수

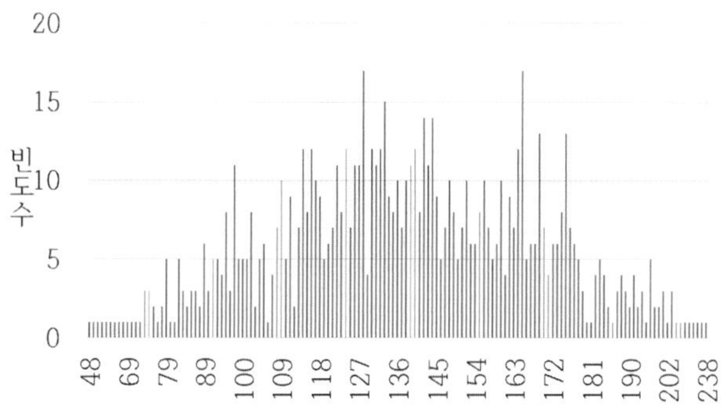

[그림 1.12] 1등 당첨 6개 번호의 합의 분포

예 1.22

어떤 사안에 대해 전 국민에게 찬반을 묻고 찬성률을 알고자 하는 여론조사를 실시하는 경우를 생각하자. 개개인의 의견은 찬성 1, 반대 0으로 표시한다. 크기 1,000명의 표본을 추출하는 경우 찬반 의견은 찬성률 p를 모수로 하며 서로 독립인 베르누이 확률변수 $X_1, X_2, \cdots, X_{1000}$로 표시할 수 있다. 여기서 $E(X_i) = p$, $Var(X_i) = p(1-p)$이다.

이제 $X \equiv (X_1 + X_2 + \cdots + X_{1000})/1000$라고 하면 이는 표본에서의 찬성률이다. 중심극한정리에 의해 X는 근사적으로 $N(p, p(1-p)/1000)$을 따른다. p는 미지의 값이므로, 표본에서 실제로 조사된 찬성률을 $\hat{p}$라고 하고 다시 $X \sim N(p, \hat{p}(1-\hat{p})/1000)$라고 근사한다. 이로써 미지의 값인 모집단에서의 찬성률 p의 $100(1-\alpha)\%$ 신뢰구간을 다음과 같이 구한다.

$\hat{p} - z_{\alpha/2}\sqrt{\hat{p}(1-\hat{p})/1000} < p < \hat{p} + z_{\alpha/2}\sqrt{\hat{p}(1-\hat{p})/1000}$. □

1.10 연습문제

01 세 후보 A, B, C 중에서 누구를 지지하는가에 대한 조사를 하였다. 표본공간 $\Omega = \{A, B, C\}$에 대해 다음에 답하라.

(a) 사상집합을 구하라.
(b) 세 후보 A, B, C의 지지율은 각각 40%, 50%, 10%이다. (a)에서 쓴 모든 사상의 확률들을 써라.
(c) 표본공간 Ω에 대해 각자 확률변수 X를 정의하라.
(d) (c)에서 정의한 확률변수 X의 확률분포함수를 써라.

02 다음을 증명하라.

(a) $P(\varnothing) = 0$.
(b) 두 사상 E, F에 대하여 $E \subset F$ 이면 $P(E) \leq P(F)$이다.
(c) $P(A^c) = 1 - P(A)$, 단 A^c는 A의 여집합이다.
(d) 두 사상 A, B가 서로 독립이며 $P(A) > 0$, $P(B) > 0$이면 A, B는 서로 배반이 아니다.
(d) 확률분포함수 F는 비감소함수이다. 즉 $x_1 < x_2$이면 $F(x_1) \leq F(x_2)$이다.

03 확률변수 X_1, X_2가 서로 독립이며 $P(X_i = 1) = p$, $P(X_i = 0) = 1 - p$, $i = 1, 2$인 베르누이 확률변수이다. 전체확률의 법칙을 사용하여 $P(X_1 \leq X_2)$를 구하라.

04 선반의 계기판에 모터상태의 이상유무를 알려주는 경고등이 있다. F(fail)를 "모터에 이상 발생", W(warning)를 "경고등이 켜짐"을 나타낸다고 하자. $P(W|F) = a$이고 $P(W^c|F^c) = b$이며 $P(F) = 0.01$일 때, 다음을 a, b로 나타내어라.

(a) $P(F \cap W)$
(b) $P(F|W)$
(c) $P(F|W^c)$

05 어느 대학교의 학생가운데 20%는 각종 장학금을 받고 있다. 이들 가운데 40%가 A학점을 받으며, 장학금을 받지 못하는 학생 중에서는 25%가 A학점을 받는다. 어떤 학생의 성적이 A이라면 그 학생이 장학금을 받고 있을 확률을 구하여라.

06 3개의 주사위 가운데 하나를 임의로 선택하는데, 주사위 $i\,(i=1,2,3)$는 눈금 6이 나올 확률이 $i/5$ 이다. 선택된 주사위를 던지는데, 눈금 6이 나오면 멈춘다. 던진 횟수를 N이라고 하면 $P(N=n), n=1,2,\cdots$를 구하라.

07 ㅎ교수는 학생에게 난이도 3가지 중 하나의 퀴즈를 지속적으로 내고 학생은 이 퀴즈를 통과해야 한다. 가장 난이도가 높은 퀴즈에서 학생이 통과할 확률은 0.3이고 중간 난이도의 퀴즈는 0.5, 가장 쉬운 퀴즈를 통과할 확률은 0.8이다. 이 학생이 하나의 퀴즈를 통과하면 그 다음 퀴즈의 난이도는 세 난이도 가운데 하나가 동일한 확률로 출제되며, 통과하지 못하면 그 다음 퀴즈는 항상 가장 난이도가 높은 퀴즈가 출제된다. 이전 퀴즈가 가장 쉬운 난이도의 퀴즈이었다면 다음번 퀴즈가 중간 난이도의 퀴즈일 확률은 얼마인가? (힌트: $X_n=i,\ i=1,2,3$을 n번째 퀴즈의 난이도라고 정의하고 조건부 확률을 구한다)

08 X는 $B(3,\ Y)$의 이항확률변수이고 Y는 다음의 확률질량함수(pmf)를 가지는 확률변수이며 X와는 독립이다. $P(X=1)$를 구하라.

$$P(Y=0.2)=0.2,\ P(Y=0.4)=0.1,\ P(Y=0.6)=0.1,\ P(Y=0.8)=0.5,\ P(Y=0.9)=0.1$$

09 확률변수 X의 확률밀도함수(pdf)가 다음과 같다.

$$f(x)=\begin{cases} c(4x-2x^2), & 0<x<2, \\ 0, & \text{기타.} \end{cases}$$

(a) 상수 c의 값을 정하라.

(b) $P(1/2<X<1)$를 구하라.

10 두 연속확률변수 X, Y의 결합밀도함수가 다음과 같을 때, 이들이 독립인지 아닌지 밝혀라.

$$f(x,y)=\begin{cases} xe^{-x(y+1)}, & x,y \ge 0, \\ 0, & \text{기타}. \end{cases}$$

11 X, Y는 결합밀도함수가 $f(x,y)=e^{-y}, 0 \le x \le y$인 연속확률변수이다.

(a) X, Y의 주변밀도함수를 구하여라.

(b) X, Y가 서로 독립인가? 설명하라.

12 X, Y의 결합확률밀도함수가 다음과 같다. 이 때 $P(X+Y>1/2)$를 구하라.

$$f_{XY}(x,y)=\begin{cases} 1/y, & 0<x<y<1, \\ 0, & \text{기타}. \end{cases}$$

13 확률변수 X, Y의 결합확률질량함수(joint pmf) $P(X=i, Y=j), i=0,1,2,\ j=0,1,2$가 다음과 같다.

x \ y	0	1	2
0	1/12	2/12	2/12
1	4/12	0	0
2	0	2/12	1/12

(a) $E(X|Y=0), E(X|Y=1), E(X|Y=2)$를 계산하라.

(b) (a)를 이용하여 $E(X)$를 구하라.

(c) $F_Y(0), F_Y(0.00001), F_Y(1.99999), F_Y(72)$를 구하라. 단, $F_Y(\cdot)$는 Y의 주변확률 분포함수이다.

14 중심이 (0,0)이고 반지름이 1인 원을 생각하자. 원주의 제 1사분면에서 임의로 한 점을 선택하고 그 좌표를 (X, Y)라고 할 때, 이 점의 y좌표의 확률밀도함수(pdf) $f_Y(y)$ 또는 분포함수(df) $F_Y(y)$를 구하라.

15 양궁 과녁판의 크기는 반지름이 61cm인 원이다. 랜덤하게 쏜 화살이 이 원 안에 와서 꽂히는데, 화살이 꽂힌 중심으로부터의 거리를 X라고 할 때, 이 확률변수 X의 분포함수 $F_X(x) = P(X \le x)$와 이의 평균 $E(X)$를 구하라. 10점 과녁의 반지름은 6.1cm일 때, 랜덤하게 쏜 화살이 10점일 확률을 구하라.

16 앞면이 나올 확률이 1/2인 동전을 앞이 나올 때까지 던진다. 첫 번째에서 앞이 나오면 2원을 받고 두 번째에서 앞면이 나오면 4원을 받는다. k번째에서 처음 앞면이 나오면 2^k원을 받는다. 이 게임에서 받는 돈의 평균은 얼마인가? (이를 상트페테르부르크의 역설(St. Petersburg's paradox)이라고 하며, 대부분의 경우 기댓값을 의사결정의 지표로 삼는다는 믿음에 문제가 있음을 보이는 예이다)

17 X_1, X_2는 각각 평균이 λ_1, λ_2인 포아송 확률변수이다.

(a) 중합 $X_1 + X_2$의 확률질량함수를 구하라.
(b) $P(X_1 = m | X_1 + X_2 = n), m \le n$을 구하라.

18 앞뒤가 고른 동전을 두 번 던진다. 확률변수 X는 첫 번째 던졌을 때 앞면(H)이 나온 횟수이고 Y는 두 번 던진 가운데 앞면(H)이 나온 횟수이다. 따라서 $X=0$ 또는 1이고 $Y=0, 1,$ 또는 2이다.

(a) X, Y의 결합확률분포함수 $F_{X,Y}(x, y)$의 표를 만들어라.
(b) 주변분포함수 $F_X(x)$, $F_Y(y)$를 써라.
(c) X, Y는 독립인가? 설명하라.

19 X_1, X_2, X_3를 비음(nonnegative)의 iid 확률변수라고 하고 $f(x)$가 확률밀도함수라고 하자. $Y = X_1 + X_2 + X_3$의 확률밀도함수를 $f(x)$로 표현하라.

20 $X_i, i = 1,2,3$이 평균이 $1/\lambda$인 iid 지수 확률변수이다. $Y = X_1 + X_2 + X_3$이고 $Z = X_1 + X_1 + X_1 = 3X_1$이다. $E(Y)$, $Var(Y)$, $E(Z)$, $Var(Z)$을 각각 구하라.

21 X_1, X_2가 서로 독립이며 모수가 각각 (n,p)와 (m,p)인 이항 확률변수이다. 이 때 $X_1 + X_2$는 모수가 $(n+m,p)$인 이항분포임을 보여라. 단, 다음의 공식을 이용하라: $\sum_{i=0}^{k} \binom{n}{k-i}\binom{m}{i} = \binom{n+m}{k}$.

22 X_1, X_2가 서로 독립이며 모수가 각각 λ_1과 λ_2인 포아송 확률변수라고 하자. $X_1 + X_2$는 모수가 $\lambda_1 + \lambda_2$인 포아송 확률변수임을 보여라.

23 다음을 증명하라.

(a) 비음의 이산확률변수 N에 대하여 $E(N) = \sum_{i=1}^{\infty} P(N \geq i)$

(b) 비음의 연속확률변수 X에 대하여 $E(X) = \int_0^{\infty} (1 - F(s))ds$, 단 F는 X의 분포함수이다(힌트: 부분적분을 하라).

24 X의 분포함수가 다음과 같다. 평균 $E(X)$를 구하라.

$$F(x) = \begin{cases} 0, & x < 1, \\ 0.1, & 1 \leq x < 2, \\ 0.4, & 2 \leq x < 4, \\ 0.7, & 4 \leq x < 5, \\ 1, & x \geq 5. \end{cases}$$

25 다음을 풀어라.

(a) 앞면이 나올 확률이 1/3, 뒷면이 나올 확률은 2/3인 동전을 5번 던지는 실험이 있다. 5번 던지는 동안 앞면이 1번 나왔음을 알고 있다. 앞면이 4번째에서 나왔을 확률을 구하라.

(b) 성공확률이 p인 베르누이 시행을 10회 실시하여 이 가운데 단 1번만 성공하였다. 그 성공이 $k(k=1,2,\cdots,10)$ 번째 시행에서 있었을 확률을 구하라.

26 매우 많은 양의 카드가 있고 여기서 카드를 하나씩 꺼내어 수집하는데, 꺼낸 카드의 형태가 $i\ (i=1,2,\cdots,m)$일 확률은 $1/m$으로 동일하다. 각 형태별로 적어도 하나씩 모든 형태의 카드를 다 수집할 때까지 계속해서 카드를 꺼낸다면 평균적으로 몇 장의 카드를 꺼내야 하는가? (힌트: X를 꺼내야 하는 카드의 수라고 하고 X_i는 이전에 수집한 형태와는 다른 형태의 카드를 수집할 때까지 모아야 하는 카드의 수라고 하면 $X=\sum_{i=1}^{m} X_i$라고 쓸 수 있으며, X_i는 기하확률변수이다)

27 다음을 풀어라.

(a) 확률변수 X는 10개의 정수 $1,2,\cdots,10$ 가운데 임의로 선택한 숫자이다. 확률변수 Y는 정수 $1,\cdots,X$ 가운데 임의로 선택한 숫자이다. $Y=y$라는 조건하에서 X의 확률질량함수를 구하라.

(b) 확률변수 X는 구간 $[0,1]$ 내에서 임의로 선택한 숫자이다. 확률변수 Y는 구간 $[0,X]$내에서 임의로 선택한 수이다. $Y=y$라는 조건하에서 X의 확률밀도함수를 구하라.

28 앞면이 나올 확률이 $P(H)=p$인 동전 1개를 던진다. 확률변수 T_k를 앞면이 k번 나올 때까지 던진 횟수라고 하자.

(a) T_k의 확률질량함수를 써라.

(b) $E(T_k)$를 구하라.

(c) 확률변수 $X_1, X_2, \cdots$를 앞면이 처음으로 나올 때까지 던진 횟수를 나타내는 iid 확률변수라고 하자. $T_k = X_1 + \cdots + X_k$라고 할 수 있는가? 설명하라.

29 (랜덤보행) 크게 취한 사람이 정수공간 $\{\cdots, -2, -1, 0, 1, 2, \cdots\}$에서 랜덤보행을 한다. 오른쪽으로 움직일 확률이 p, 왼쪽으로 갈 확률은 $1-p$이다. 최초의 위치는 0이다. 이 사람이 평균이 λ인 포아송 분포를 따르는 확률변수 N회의 걸음을 옮겼다. 이 사람의 마지막 위치 Y를 표현하는 식을 랜덤합으로 쓰고, 이를 이용하여 $E(Y)$를 구하라.

30 하루 중 택시승객수 N은 모수 p의 기하확률변수이다. 요금 X는 지수 확률변수이며 N과는 독립이다. 하루 총 수입 Y를 나타내는 랜덤합의 식을 쓰고 평균 $E(Y)$를 구하라.

31 관광지에 있는 선물가게에 하루 중 도착하는 버스의 수 N은 평균이 λ인 포아송 분포이다. 각 버스에 타고 있는 승객수 M은 평균이 μ인 포아송 분포를 따른다. 각 고객들은 물건을 살수도 있고 사지 않을 수도 있는데 살 확률이 p이며, 산다면 그 구매액 X는 평균이 $1/\nu$인 지수 확률변수이다. 이 가게의 하루 총 매상액 Y를 구하기 위한 모형을 랜덤합으로 쓰고 $E(Y)$를 구하라.

32 백팩에 물건을 집어넣는데, 각 물건의 부피는 iid 확률변수 X_i이며 백팩의 용량은 상수 D이다. 백팩에 넣을 수 있는 물건의 개수를 N이라 할 때, N을 다음과 같이 쓸 수 있다.
$N = \min\{k : X_1 + \cdots + X_k \le D, X_1 + \cdots + X_{k+1} > D\}$.
다음에 답하여라.

(a) N은 정지시간이 아니지만 $N+1$은 정지시간인 이유를 설명하라.
(b) X_N과 X_{N+1}은 동일한 분포를 따르는 확률변수인지 아닌지 설명하라.

33 앞뒤가 나올 확률이 동일한 동전을 반복적으로 던져서 i번째 결과를 다음과 같이 정의한다.

$$X_n = \begin{cases} +1, & \text{앞면}, \\ -1, & \text{뒷면}. \end{cases}$$

$Y_0 = 0$이라고 하고 $Y_n = X_1 + \cdots + X_n$으로 정의하자. Y_n이 처음으로 1이 되는 n을 확

률변수 N이라고 하자. 즉 $Y_1 \neq 1, Y_2 \neq 1, \cdots, Y_{N-1} \neq 1, Y_N = 1$이다. 따라서 $E(Y_N) = E(1) = 1$이다. 다음에 답하라.

(a) X_i는 iid 인가? $E(X_i)$를 구하라.
(b) N은 정지시간인가?
(c) $E(Y_N) = E(X_1 + X_2 + \cdots + X_N) = E(X_i)E(N)$인가?
(d) 왜 이런 결과가 나오는지 추측을 하고 설명하라.

34 이산확률변수 X의 확률분포 $P(X=i), i=0,1,2,\cdots$가 있다. 이 때 다음의 z $(|z|<1)$에 관한 다항식 $\phi_X(z)$를 X의 확률발생함수(probability generating function, pgf)라고 한다. $\phi_X(z) = E(z^X) = \sum_{i=0}^{\infty} z^i P(X=i) = P(X=0) + zP(X=1) + z^2 P(X=2) + \cdots$.

(a) $\phi_X(z)|_{z=1}$은 얼마인가?
(b) $\phi_X{}'(z)|_{z=1}$, $\phi_X{}''(z)|_{z=1}$ 는 무엇을 나타내는가?
(c) 다음의 식이 성립함을 보여라. 단, $\phi_X^{(k)}(z)$는 k차 도함수를 의미한다.

$P(X=0) = \phi_X(z)|_{z=0}$,
$P(X=1) = \phi_X{}'(z)|_{z=0}$,
$P(X=2) = (1/2)\phi_X{}''(z)|_{z=0}$,
$\cdots$
$P(X=k) = (1/k!)\phi_X^{(k)}(z)|_{z=0}$,
$\cdots$

35 어떤 이산확률변수 N의 pgf가 다음과 같다. 이 확률변수의 $P(N=k)$를 구하고 k의 범위를 밝혀라. N은 무슨 확률변수인가?

(a) $\phi_N(z) = 1 - p + pz$
(b) $\phi_N(z) = (1 - p + pz)^n$
(c) $\phi_N(z) = e^{\lambda(z-1)}$

36 서로 독립인 k개의 이산확률변수 $N_i, i=1,2,\cdots k$가 있다. 이들은 각각 모수가 λ_i인 포아송 분포를 따른다. 이들의 중합인 $N_1+\cdots+N_k$는 무슨 분포를 따르는지 pgf를 써서 보여라.

37 비음의 연속확률변수 T의 확률밀도함수 $f_T(t)$가 있다. 이 때 다음의 $s\,(s>0)$에 관한 식 $L_T^*(s)=E(e^{-sT})=\int_0^\infty e^{-st}f_T(t)dt$를 $f_T(t)$의 라플라스변환(Laplace transform, LT)이라고 한다.

(a) $L_T^*(0)$은 무엇인가?

(b) $(d/ds)L_T^*(s)|_{s=0}$과 $(d^2/ds^2)L_T^*(s)|_{s=0}$은 각각 무엇을 나타내는가?

(c) $T_1 \sim \mathrm{Exp}(\lambda)$, $T_2 \sim Er(3,\lambda)$일 때, 이들의 LT를 각각 구하라.

38 서로 독립인 k개의 연속확률변수 $T_i, i=1,2,\cdots k$가 있다. 이들은 모두 모수가 λ인 지수 확률분포를 따른다. 이들의 중합인 $T_1+\cdots+T_k$는 무슨 분포를 따르는지 LT를 써서 보여라.

39 다음은 표본공간, 확률변수, 확률과정, 표본경로 등의 개념을 정리하기 위한 문제이다. 주사위를 무한정 반복해서 던지는 실험을 생각하자. 매번 나온 주사위의 눈금은 미리 예측할 수 없을 것이다. 이러한 실험을 확률적 실험(random experiment)이라고 한다. 이 확률적 실험의 가능한 모든 실험결과의 집합을 나타내는 표본공간은 실험의 목적에 따라 여러 방법으로 나타낼 수 있다. 예를 들면 $\Omega_1=\{(x_1,x_2,x_3,\cdots): x_n=1,2,3,4,5,6,\ n=1,2,\cdots\}$이 하나의 표본공간일 수 있다. 이제 우리의 실험목적이 다음과 같다고 하자.
주사위를 던져서 눈금을 확인하고 승패 또는 비김을 결정하는 게임이 있다. 주사위의 눈금이 1,2 이면 ㅎ씨는 이기고 3,4면 비김, 5,6이면 진다. 이러한 게임을 무한히 반복한다. 매 게임은 독립적이고 똑같은 환경하에서 시행된다. 이 경우에는 표본공간을 굳이 위의 Ω_1과 같이 정할 필요가 없고 (물론 Ω_1으로 정해도 되지만 다만 불편할 따름이다). 즉, $\Omega_2=\{(x_1,x_2,x_3,\cdots): x_n=\text{승 또는 무 또는 패},\ n=1,2,\cdots\}$로 해도 된다.

(a) 게임의 결과에 대한 전형적인 예를 두 개 들어라 (즉, Ω_2의 두 원소). 이를 각각 ω_1, ω_2라 하자.

(b) 이제 게임에 돈을 걸자. 매번 게임에서 ㅎ씨가 이기면 1을 따고 지면 1을 잃는다. 물론 비기면 돈의 왕래는 없다. 판돈의 크기는 100이다. ㅎ씨는 돈 40을 가지고 게임을 시작한다. 매번 게임이 끝난 뒤 남은 돈을 표현하기 위해, 확률변수 X_n을 n번째 게임이 끝난 뒤 ㅎ씨가 가지고 있는 돈의 액수라고 정의하자. 이들의 집합 $\{X_n, n=1,2,\cdots\}$은 확률과정이다. 이 확률과정의 상태공간 E를 써라.

(c) (a)에서 정한 ω_1, ω_2를 가지고 $X_1(w_1),\cdots,X_5(w_1)$와 $X_1(w_2),\cdots,X_5(w_2)$를 써라. 이를 각각 ω_1, ω_2의 표본경로(sample path 또는 realization)라고 한다.

2장

지수분포와 포아송 과정

현실을 수리적으로 표현하기 위해서는 수리모형이 현실의 복잡다단한 상황을 잘 표현할 수 있어야 하지만 이를 분석할 때에 단순하고 용이해야 하는 상호 모순적인 필요조건을 가진다. 지수분포와 포아송 과정은 이같이 이율배반적인 요구조건을 잘 만족하는 매우 유용한 도구이다. 지수분포와 포아송 과정은 확률모형론에서 핵심 역할을 하는 매우 중요한 두 가지 모형인데, 동일한 상황을 서로 다른 관점에서 설명하는 것으로써 아주 밀접하게 관련되어 있다. 본 장에서는 확률모형의 기본이 되는 이 두 가지 모형의 개념과 그 활용에 대해 알아본다.

2.1 지수분포

확률변수 X가 모수 λ의 지수(exponential) 분포를 따른다면 이를 $X \sim \mathrm{Exp}(\lambda)$라고 표현하기로 한다. 지수 확률변수의 pdf, df, 평균과 분산은 아래와 같다.

pdf $f(x) = \lambda e^{-\lambda x}$, $x \geq 0$,

df $F(x) = 1 - e^{-\lambda x}$, $x \geq 0$,

$E(X) = 1/\lambda$, $Var(X) = 1/\lambda^2$.

평균이 모수의 역수임에 유의하라. 따라서 $X \sim \mathrm{Exp}(\lambda)$가 어떤 사건들이 발생하는 시간의 간격이라고 하면 $E(X) = 1/\lambda$는 평균 발생간격이며, λ는 그 사건의 발생률이라고 해석할 수 있다.

확률변수 X의 변동계수(coefficient of variation)는 $CV(X) = \sqrt{Var(X)}/E(X)$이다. 따라서 지수분포의 변동계수는 $(1/\lambda)/(1/\lambda) = 1$이다. 변동계수가 1인 확률변수는 지수 확률변수가 유일하다. 따라서 데이터의 적합도 검정(test of goodness-of-fit)에서 어떤 데이터의 CV가 1과는 많이 차이나는 값이라면 그 데이터는 지수분포를 후보 분포군에서 우선 배제할 수 있다.

예 2.1

콜센터에 걸려온 문의전화 하나의 통화 시간 X가 평균이 1분 30초인 지수 확률분포를 따른다.
(i) 한 통화 시간이 1분 30초 이상 2분 이내일 확률
(ii) 한 통화 시간이 3분을 넘을 확률

풀이

$1/\lambda = 1.5$분이므로, $\lambda = 2/3$(분$^{-1}$)이다. 따라서

(i) $P(1.5 \le X \le 2) = \int_{1.5}^{2} \frac{2}{3} e^{-(2/3)x} dx = -e^{-(2/3)\times 2} + e^{-(2/3)\times 1.5} = 0.1043$

(ii) $P(X \ge 3) = 1 - F(3) = e^{-(2/3)\times 3} = 0.1353.$ □

(1) 기억상실 성질

$X \sim \text{Exp}(\lambda)$일 때, $P(X > x) = e^{-\lambda x}$ 이므로 모든 $t, s > 0$에 대하여 다음이 성립한다.

$$P(X > t+s \mid X > s) = \frac{P(X > t+s, X > s)}{P(X > s)} = \frac{P(X > t+s)}{P(X > s)} = \frac{e^{-\lambda(t+s)}}{e^{-\lambda s}} = e^{-\lambda t}$$

$= P(X > t)$,

즉, $P(X > t+s) = P(X > t)P(X > s)$.

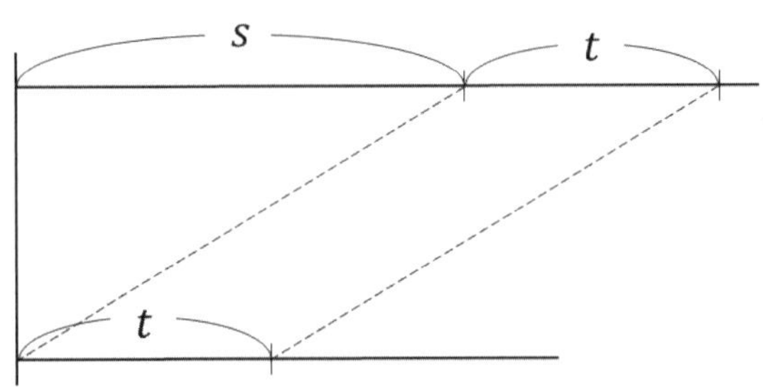

[그림 2.1] 지수 확률변수의 기억상실 성질(1)

이 등식은 다음과 같이 해석할 수 있다: 예를 들어 X를 전화통화 시간을 나타내는 확률변수라고 한다면,

(i) 이미 시간 s 동안 통화가 진행중인 상태에서(조건부의 $X > s$), 향후 추가로 시간 t가 지나도 통화가 지속될 $(X > t+s)$ 확률은, 처음 통화를 시작하여 통화시간이 시간 t 이상 지속될 확률과 같다.

(ii) 즉, 시점 s에서 통화가 다시 처음 시작된 것과 같은 효과이다.

(iii) 이와 같은 현상이 모든 s, t에 대해서 성립하므로, 통화는 매 순간마다 다시 개시되

는 것과 확률적으로 같다.

(iv) 즉, 매 순간마다 이전의 기억을 상실하고 다시 출발하는 것과 같다.

이와 같은 특성을 기억상실 성질 (memoryless property)이라고 한다. 그림에서 X가 지수 확률분포를 따른다면, $X_1, X_2, \cdots$들도 모두 X와 동일한 모수의 지수 확률변수이다.

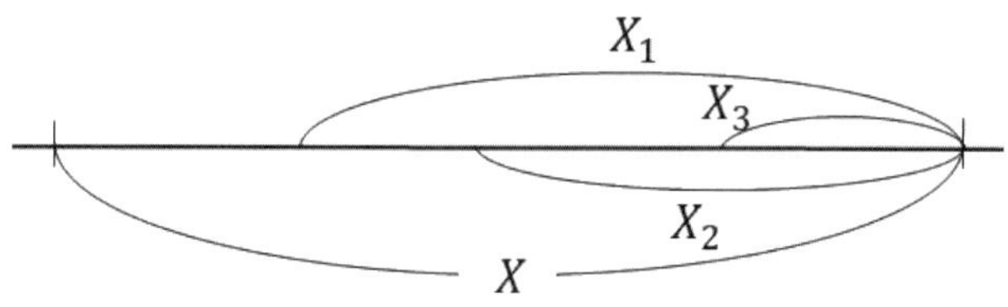

[그림 2.2] 지수 확률변수의 기억상실 성질(2)

(v) '오랜 시간을 통화했으니 곧 통화가 끝날 것이다'라거나, '방금 통화가 시작되었으니 좀 시간이 걸린 후에 끝나겠지'라는 '경험', 즉 기억이 없으므로, 통화시간의 길이는 완전히 예측불가이다. 따라서 지수 확률변수는 완전한 '랜덤성'을 가진 어떤 사건의 발생간격을 모형화할 수 있다.

(vi) 역으로, 어떤 연속확률변수가 기억상실 성질을 가진다면 이 확률변수는 지수 확률변수이다. 이산확률변수 가운데 기억상실성질을 가지는 확률변수는 기하확률변수이다.

예 2.2

전구의 수명 X가 $X \sim \text{Exp}(\lambda)$이다. 첫째 전구는 1년 전부터 켜 두었고 둘째 전구는 1달 전부터 켜 두고 있다. 이제 셋째 전구를 막 켰다. 셋째 전구가 가장 먼저 끊어질 확률은 얼마인가?

풀이

기억상실 성질에 의해서 셋째 전구를 막 켠 시점부터 세 전구의 수명은 모두 동일한 지수분포를 따르므로, 대칭성에 의해 가장 먼저 끊어질 확률은 세 전구 모두 동일하게 1/3이다. □

예 2.3

$E(X|X>c) = c + 1/\lambda$. 즉 상수 c 시점부터의 시간도 $X \sim \text{Exp}(\lambda)$이다. □

(2) 여러 지수 확률변수들의 확률적 성질

여기서는 두 개 이상의 지수 확률변수들의 성질을 살펴본다. 이하 $X_i \sim \mathrm{Exp}(\lambda_i)$, $i = 1, 2, \cdots$ 이고 서로 독립이라고 가정한다.

(i) $\min(X_1, X_2, \cdots, X_n)$의 확률분포

$P(\min(X_1, X_2) > t) = P(X_1 > t, X_2 > t) = P(X_1 > t)P(X_2 > t) = e^{-(\lambda_1 + \lambda_2)t}$, 따라서 $P(\min(X_1, X_2) \le t) = 1 - e^{-(\lambda_1 + \lambda_2)t}, t \ge 0$ 이므로 $\min(X_1, X_2) \sim \mathrm{Exp}(\lambda_1 + \lambda_2)$임을 알 수 있다.

한편, $\min(X_1, X_2, \cdots, X_n) = \min(X_1, \min(X_2, \cdots, X_n))$ 임을 이용하여 이를 확장하면 일반적으로 $\min_{k=1,\cdots,n}(X_k) \sim \mathrm{Exp}(\lambda_1 + \cdots + \lambda_n)$이다.

예 2.4

콜센터에 가입(=1) 및 탈퇴(=2) 요청 등 두 가지 종류의 문의전화가 온다. 전화의 도착간격이 각각 $X_i \sim \mathrm{Exp}(\lambda_i)\,(i = 1, 2)$이고 서로 독립일 때, (종류를 불문한) 문의전화의 도착 간격은 $\min(X_1, X_2) \sim \mathrm{Exp}(\lambda_1 + \lambda_2)$이며 도착률은 시간당 $\lambda_1 + \lambda_2$이다. □

(ii) $P(X_1 < X_2)$의 값

$$
\begin{aligned}
P(X_1 < X_2) &= \int_0^\infty P(X_1 < X_2 | X_1 = x)\lambda_1 e^{-\lambda_1 x} dx \\
&= \int_0^\infty P(X_2 > x)\lambda_1 e^{-\lambda_1 x} dx \\
&= \int_0^\infty e^{-\lambda_2 x}\lambda_1 e^{-\lambda_1 x} dx = \frac{\lambda_1}{\lambda_1 + \lambda_2}.
\end{aligned}
$$

이를 확장하면 다음과 같이 일반화할 수 있다.

$$P(X_j = \min_{k=1,\cdots,n}(X_k)) = P(X_j < \min_{j \ne k}(X_k)) = \frac{\lambda_j}{\lambda_1 + \cdots + \lambda_n}.$$

예 2.5

(예 2.4)에서 콜센터가 업무를 개시한 후 첫 번째 문의전화가 가입요청 문의일 확률은 $\lambda_1/(\lambda_1 + \lambda_2)$이다. □

(iii) $\max(X_1, X_2) - \min(X_1, X_2)$**의 기댓값**

$Y \equiv \max(X_1, X_2) - \min(X_1, X_2)$라고 하자. 전체확률의 법칙을 사용하면 $E(Y) = E(Y|X_1 < X_2)P(X_1 < X_2) + E(Y|X_1 \geq X_2)P(X_1 \geq X_2)$, 여기서 기억상실 성질에 의해 $E(Y|X_1 < X_2) = E(X_2) = 1/\lambda_2$, $E(Y|X_1 \geq X_2) = E(X_1) = 1/\lambda_1$ 이므로

$$E(Y) = \frac{1}{\lambda_2} \cdot \frac{\lambda_1}{\lambda_1 + \lambda_2} + \frac{1}{\lambda_1} \cdot \frac{\lambda_2}{\lambda_1 + \lambda_2}.$$

예 2.6

집토끼와 산토끼가 경주를 하는데, 결승지점까지의 도착시간의 확률분포는 집토끼가 $\mathrm{Exp}(\lambda_1)$이고 산토끼는 $\mathrm{Exp}(\lambda_2)$이다. 집토끼가 이길 확률은 $\lambda_1/(\lambda_1 + \lambda_2)$이며, 같은 경주를 되풀이할 때, 집토끼가 n번 만에 처음으로 이길 확률은 $\left(1 - \frac{\lambda_1}{\lambda_1 + \lambda_2}\right)^{n-1}\left(\frac{\lambda_1}{\lambda_1 + \lambda_2}\right)$이다. 이처럼 집토끼가 처음으로 이길 때까지 필요한 경주횟수는 기하분포를 따른다. □

예 2.7

업무가 과중한 콜센터 직원이 있다. 하나의 문의전화의 통화시간은 $Y \sim \mathrm{Exp}(\mu)$인데 각 문의전화의 도착간격은 $X \sim \mathrm{Exp}(\lambda)$이며 이 둘은 서로 독립이다.

(a) 직원이 하나의 문의전화를 응대하는 동안 다른 문의전화가 하나도 걸려오지 않았을 확률은 $P(X > Y) = \mu/(\lambda + \mu)$이다.

(b) 하나의 문의전화를 응대하는 동안 다른 문의전화가 한 개만 걸려왔을 확률을 구하는 것은 다음 그림과 같이 생각하자. 첫 번째 길이다툼에서는 Y가 X보다 길었다(문의전화 1회 도착). 나머지 통화시간을 나타내는 Y'도 기억상실성질에 의해 $Y' \sim \mathrm{Exp}(\mu)$이다. 두 번째 길이다툼에서는 Y'이 X보다 짧아야 한다. 이 두 사상은 서로 독립이므로, 구하는 확률은 $\lambda/(\lambda + \mu) \times \mu/(\lambda + \mu)$이다.

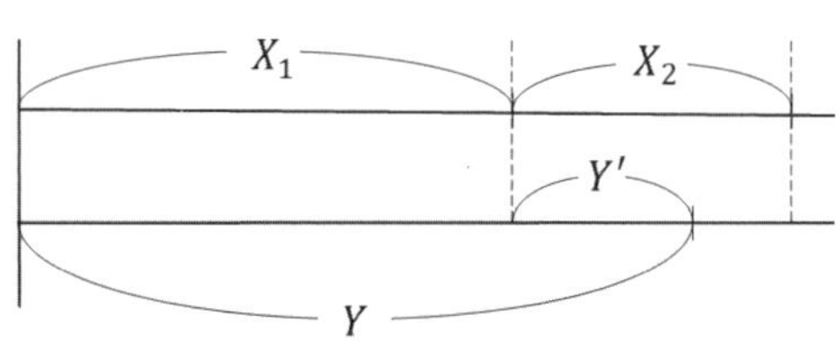

[그림 2.3] 하나의 문의전화 통화시간 동안 다른 문의전화가 한 개만 걸려왔을 확률

이와 같은 방법을 적용하면 하나의 문의전화를 응대하는 동안 다른 문의전화가 $k(k = 1, 2, \cdots)$개 걸려왔을 확률은 $(\lambda/(\lambda + \mu))^k \times \mu/(\lambda + \mu)$이다. □

(3) 검사시점의 역설

다음의 예를 생각하자: 버스 정류장에 도착하는 버스들의 시간간격 τ_k, $k=1,2,\cdots$ 이 평균 10분인 지수분포를 따른다. ㅎ씨가 버스 정류장에 도착한 뒤 버스를 탈 때까지의 시간(즉, 잔여시간 R)도 지수 확률변수의 기억상실 성질에 의해 평균이 10분인 지수분포이므로 ㅎ씨의 대기시간은 평균 10분이다.

그런데 ㅎ씨가 정류장에 도착하기 전에 이전 버스가 정류장에서 떠난 이후 ㅎ씨의 도착시점까지의 시간(경과시간 S)도 평균이 10분인 지수분포를 따른다는 것이 알려져 있다(이 부분은 본서의 범위를 벗어나므로 설명은 생략한다). (버스의 도착간격) = (경과시간) + (잔여시간), 즉 $\tau=S+R$ 일 텐데 그렇다면 (평균 10분) = (평균 10분) + (평균 10분) 이라는 이상한 결론에 도달한다.

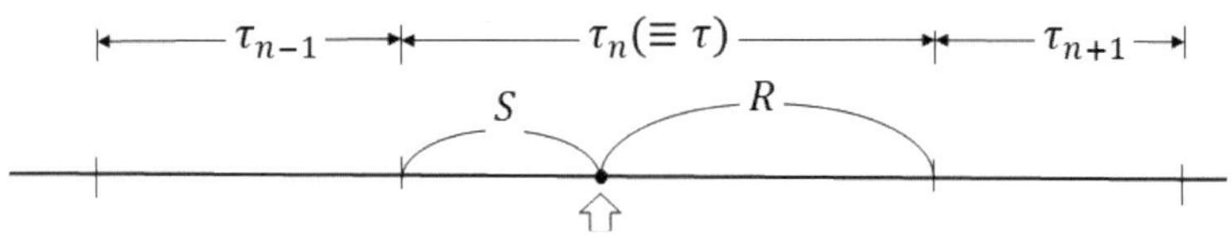

[그림 2.4] 검사시점의 역설

이 현상을 검사시점의 역설(inspection paradox)이라고 한다. 이와 같은 역설적인 현상의 원인은 도착간격 τ가 시간 간격들 $\tau_{n-1},\tau_{n+1},\cdots$과는 다른 확률분포를 가지기 때문이다. 즉 ㅎ씨의 도착시점을 포함하는 시간 간격 τ는 도착시점을 포함하기 위해서 다른 시간 간격들보다 확률적으로 길어지려는 경향이 있다.

제 1장에서 연속확률변수 X의 확률밀도함수를 f_X라고 할 때, $X=x$일 확률을 $f(x)dx$라고 근사적으로 해석할 수 있다고 했다. 이를 이용하여 τ의 확률분포함수 $F_\tau(x)$와 평균값 $E(\tau)$를 구해보자.

다음과 같은 추론이 가능하다. 도착시점을 포함하는 시간간격 τ의 값이 x일 확률은:

✓ x의 크기에 비례(예를 들어 x가 두 배가 되면 그 구간이 '선택'될 가능성도 두 배)하며

✓ 전체 시간 구간의 개수 가운데 구간의 길이가 x인 구간의 출현횟수, 즉 구간의 길이가 x일 확률(지수분포이므로 $\lambda e^{-\lambda x}dx$)에 비례한다.

따라서

$P(\tau=x)\approx f_\tau(x)dx \propto x\times(\lambda e^{-\lambda x}dx)$, 즉 $f_\tau(x)dx=C\cdot x(\lambda e^{-\lambda x}dx)$

라고 할 수 있으며(C는 비례상수), $\int C\cdot x\lambda x e^{-\lambda x}dx=1$ 임을 활용하여 $C=\lambda$를 얻는

다. 결론적으로 특별한 시점을 포함하는 시간간격 τ의 확률분포와 평균은 다음과 같다.

$$f_\tau(x) = \lambda^2 x e^{-\lambda x},$$

$$F_\tau(x) = 1 - e^{-\lambda x} - \lambda x e^{-\lambda x},\ x \ge 0,$$

$$E(\tau) = 2/\lambda.$$

즉 일반적인 버스 도착 간격이 지수분포를 따를 때 특정한 시점(검사시점)을 포함하는 버스 도착간격의 평균길이는 일반 도착간격의 두 배이다.

2.2 포아송 과정

모수가 λ인 포아송 확률변수 X의 pmf, 평균과 분산은 다음과 같다.

$$P(X=n) = \frac{e^{-\lambda}\lambda^n}{n!},\ n = 0,1,2,\cdots, \qquad E(X) = \lambda, \quad Var(X) = \lambda.$$

포아송 과정은 포아송 분포와 형태가 유사하지만 개념은 전혀 다르다.

(1) 포아송 과정의 의미

$N(t)$를 시점 $t(\ge 0)$까지 발생한 어떤 사건의 누적 회수라고 하자. $N(0)=0$이라고 가정한다. 사건의 발생이 확률적이라면 $N(t)$는 확률변수이고 $N=\{N(t), t \ge 0\}$은 상태공간이 $\{0,1,2,\cdots\}$인 계수(counting) 확률과정이다. 그리고 $N(t+s)-N(s)$는 길이가 t인 구간 $(s, t+s]$ 동안 발생한 사건수를 나타내는 확률변수이다.

이와 같은 확률과정의 예로는 시점 t까지 콜센터에 걸려온 전화의 수, 교환기에 도착한 트래픽의 수, 온라인 쇼핑사이트에 접속한 고객수, 톨게이트를 통과하는 차량의 수 등등이다.

포아송 과정은 계수과정의 일종으로서, 다음과 같이 정의한다.

정의 포아송 과정(Poisson process)

다음 가정을 만족하는 확률과정 $N=\{N(t), t \ge 0\}$ 은 모수가 λ인 포아송 과정이다.

(i) (독립증분) 겹치지 않는 두 구간에서 각각 발생한 사건의 개수들은 서로 독립이다.

(ii) (정상증분) 구간내에서 발생한 사건수는 그 구간의 길이에만 영향을 받고 구간의 시간적

위치와는 무관하다.

(iii) (단일증분) 충분히 작은 값 Δt에 대하여 다음이 성립한다.

(a) $P(N(t+\Delta t)-N(t)=0)\approx 1-\lambda\Delta t,$

(b) $P(N(t+\Delta t)-N(t)=1)\approx \lambda\Delta t,$

(c) $P(N(t+\Delta t)-N(t)\geq 2)\approx 0.$

참고 (iii)의 세 근사식은 Δt가 0에 가까울수록 정확하다.

가정 (i)은 독립증분(independent increment)의 가정이라고 한다. 예를 들어 15:00~15:30의 30분 동안 콜센터에 걸려온 문의전화의 개수는 15:30~15:45 동안의 문의전화 개수와는 무관하다. 시스템에 발생하는 사건들은 서로 독립적인 경우가 많으므로 독립증분의 가정은 많은 시스템에서 타당하다. 아래 그림에서 구간 A와 구간 B에서의 사건 수는 서로 독립이나, 구간 B와 구간 C에서의 사건 수는 독립이 아니다.

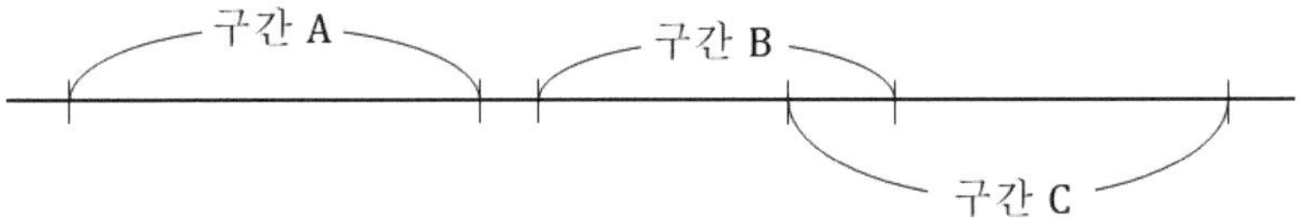

[그림 2.5] 독립증분의 가정

가정 (ii)는 정상증분(stationary increment)의 성질이다. 예를 들어 24시간 부품을 생산하는 기계에서 15:00~15:30까지 30분 동안 생산한 부품에서의 불량품의 개수에 대한 확률분포는 07:00~07:30 까지 30분 동안의 것과 동일하다는 의미이다. 아래 그림에서 보는 세 구간은 길이가 모두 t이므로 구간의 위치와 무관하게 사건 발생의 개수에 대한 확률분포가 같다. 즉 구간 1에서 $k\,(k=0,1,2,\cdots)$개의 사건이 발생할 확률은 구간 2,3에서도 모두 동일하다.

하지만 콜센터에 걸려온 문의전화의 개수에 대한 확률분포의 경우처럼 시간대에 따라 사건발생의 빈도가 현저하게 달라지는 시스템에서는 이 정상증분의 가정은 적합하지 않을 수 있다. 이 가정을 없앤 경우는 비정상(nonstationary) 또는 비균질(nonhomogeneous) 포아송 과정이라고 하며, 이 장의 후반부에서 다룬다.

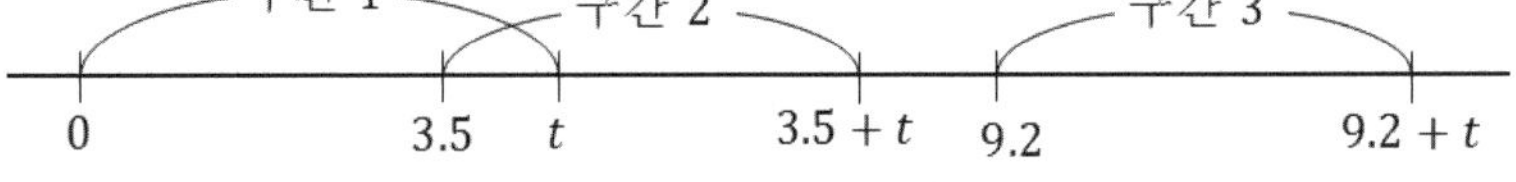

[그림 2.6] 정상증분의 가정

가정 (iii), 즉 단일증분(single increment)의 성질이 의미하는 것은 사건은 하나씩만 발생하며, 구간의 길이가 매우 짧은 경우 해당 구간에서 하나의 사건이 발생할 확률은 그 구간의 길이에 비례한다. 비례상수 λ는 단위시간당 사건의 발생률을 나타낸다. 이 단일증분 가정을 이완하여 둘 이상의 사건발생도 허용하는 경우에는 복합(compound) 포아송 과정이라고 하며 뒤에서 논의한다.

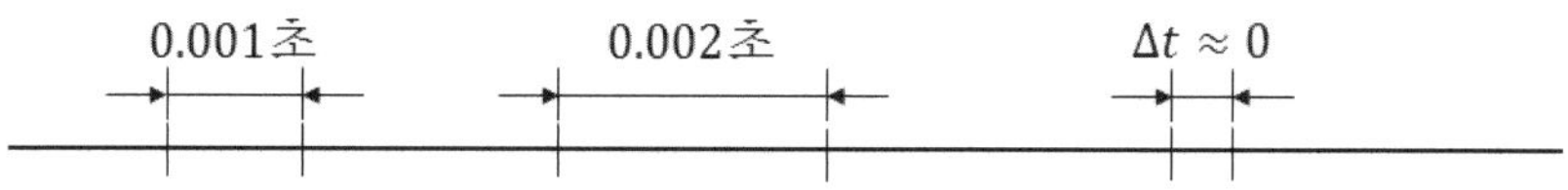

[그림 2.7] 단일증분의 가정

$\{N(t), t \geq 0\}$ 이 모수 λ인 포아송 과정임을 $N(t) \sim PP(\lambda)$로 표시하기로 한다. 포아송 과정의 정의의 세 가정들로부터 다음의 성질을 유도할 수 있으며 이를 포아송 과정의 정의라고 하기도 한다. 유도과정은 본서의 범위를 넘어서므로 생략한다.

정 의

$N(t) \sim PP(\lambda)$이면 $N(t)$는 모수 λt의 포아송 확률변수이다. 즉, $N(t)$는 다음과 같은 확률분포를 가진다.

$$P(N(t) = k) = \frac{e^{-\lambda t}(\lambda t)^n}{n!},\ n = 0, 1, 2, \cdots.$$

그러므로 $E(N(t)) = \lambda t$, $Var(N(t)) = \lambda t$이다.

이로부터 모수 λ의 의미를 다음과 같이 해석할 수 있다. 시간 t에 따라 $N(t)$의 표본경로를 그려보면 다음 그림과 같다. t가 충분히 크다면 표본경로 $N(t)$의 대략적인 기울기도 λ라고 볼 수 있다. 따라서 근사적으로 $N(t) \approx \lambda t$, 즉 $\lambda \approx N(t)/t$ 이므로 모수 λ는 총 사건발생수를 시간으로 나눈 값으로, 단위시간당 사건발생건수, 즉 사건의 의미에 따라 발생률, 도착률, 출생률, 사멸률, 전이율 등으로 해석할 수 있다.

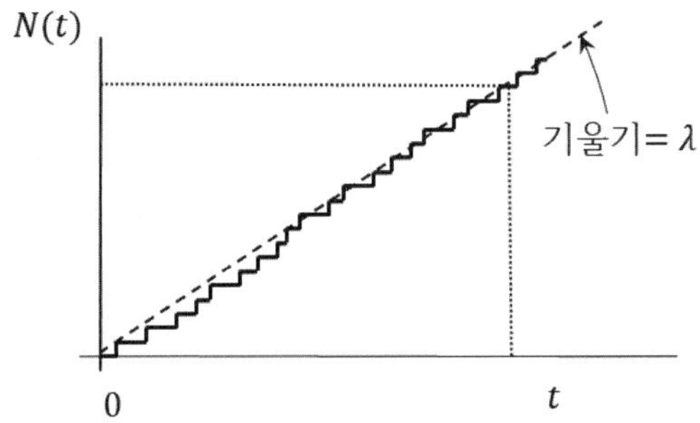

[그림 2.8] 모수 λ의 의미

참고 $\lambda \approx \dfrac{N(t)}{t}$임은 대수의 법칙(law of large numbers)에 의해서도 증명할 수 있다.

다음의 예제들은 포아송 과정의 여러 성질들을 설명하고 있다. $s, t \geq 0$이고 $m, k = 0, 1, 2, \cdots$이라고 하자.

예 2.8

$N(t) \sim PP(\lambda)$일 때,

$$P(N(t+s) = m+k \mid N(s) = m) = P(N(t+s) - N(s) = k) = P(N(t) = k) = \frac{e^{-\lambda t}(\lambda t)^k}{k!}.$$

두 번째 등식은 $N(0) = 0$과 정상증분에 의해 성립한다. □

예 2.9

$$\begin{aligned} P(N(t+s) = m+k,\ N(s) = m) &= P(N(t+s) - N(s) = k,\ N(s) = m) \\ &= P(N(t+s) - N(s) = k)\ P(N(s) = m) \\ &= P(N(t) = k)\ P(N(s) = m) \\ &= \frac{e^{-\lambda t}(\lambda t)^k}{k!} \frac{e^{-\lambda s}(\lambda s)^m}{m!}. \end{aligned}$$

첫 번째와 두 번째 등식은 독립증분의 성질을 이용한 것이며, 세 번째 등식은 정상증분에 의한 것이다. 만약에 아래와 같이 잘못 쓴다면 두 번째 등식과 세 번째 등식에서 두 번의 실수를 저지르는 셈이다.

$$\begin{aligned} P(N(t+s) = m+k,\ N(s) = m) &= P(N(t+s) - N(s) = k,\ N(s) = m) \\ &= P(N(t) = k,\ N(s) = m) \\ &= P(N(t) = k)\ P(N(s) = m) = \cdots. \end{aligned}$$

두 번째 등식에서 $N(t+s) - N(s)$와 $N(t)$는 확률분포가 같지만 $N(s)$와 결합된 확률분포는 다르다. 또 세 번째 등식에서는 $N(t)$와 $N(s)$가 서로 독립이라는 잘못된 추론을 하였다. □

예 2.10

$N(t) \sim PP(10)$일 때, $P(N(0.4)=2, N(0.7)=5, N(1.2)=5)$를 계산해 보자.

$$
\begin{aligned}
&P(N(0.4)=2, N(0.7)=5, N(1.2)=5) \\
&= P(N(0.4)=2, N(0.7)-N(0.4)=3, N(1.2)-N(0.7)=0) \\
&= P(N(0.4)=2)\,P(N(0.7)-N(0.4)=3)\,P(N(1.2)-N(0.7)=0) \\
&= P(N(0.4)=2)\,P(N(0.3)=3)\,P(N(0.5)=0) \\
&= \frac{e^{-0.4\times 10}(0.4\times 10)^2}{2!}\cdot\frac{e^{-0.3\times 10}(0.3\times 10)^3}{3!}\cdot\frac{e^{-0.5\times 10}(0.5\times 10)^0}{0!} = 0.00022.
\end{aligned}
$$
□

예 2.11

$N(t) \sim PP(\lambda)$일 때, 다음과 같다.

(a) $E(N(5)) = 5\lambda$.

(b) $E(N(5)-N(2)) = E(N(3)) = 3\lambda$.

(c) $E(N(5)-N(2) \mid N(2)=1) = E(N(3)) = 3\lambda$. □

(2) 포아송 과정의 사건발생 간격

포아송 과정에서 $T_1, T_2, \cdots$ 을 각각 $1,2,\cdots$번째 사건이 발생한 시점들이라고 하자. $T_0 = 0$으로 가정하면 $T = \{T_k,\ k=0,1,2,\cdots\}$는 이산시간-연속상태 확률과정이다.

$N(t) \sim PP(\lambda)$에서, $\{N(x)=0\}$인 사상은 $\{T_1 > x\}$인 사상과 동치(equivalent)이다. 그러므로 $P(N(x)=0) = e^{-\lambda x} = P(T_1 > x)$이고 첫 번째 사건이 발생할 때까지의 시간 T_1은 $T_1 \sim \mathrm{Exp}(\lambda)$, 즉 모수 λ의 지수분포를 따른다는 것을 알 수 있다.

한편, 포아송 과정의 독립증분 가정에 따라 구간 $[0, T_1]$에서의 확률적 행태는 구간 $[T_1, \infty)$과는 독립적이므로 시점 T_1에서 포아송 과정이 처음부터 다시 시작한다고 생각할 수 있다(이를 재생이론(renewal theory)이라고 한다). 그러면 T_2는 구간 $[T_1, \infty)$만 보았을 때 첫 번째 사건발생 시점이므로 $T_2 - T_1$도 모수 λ의 지수분포를 따르며 T_1과는 독립이다. 마찬가지 논리에 의해 $T_3 - T_2$도 T_1, $T_2 - T_1$과 독립이며 모수 λ의 지수분포를 따른다.

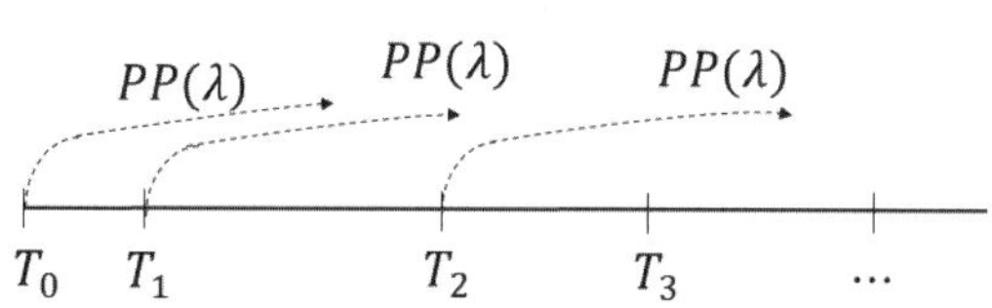

[그림 2.9] 재생과정으로서의 포아송 과정

이와 같은 추론에 의해 다음과 같은 성질을 유도할 수 있다. 이는 포아송 과정의 또다른 정의이기도 하다.

정 의

$N(t) \sim PP(\lambda)$일 때, 사건의 발생 간격 $T_{k+1} - T_k\,(k=0,1,2,\cdots)$는 iid이며 모수 λ의 지수분포를 따른다.

포아송 과정의 사건발생 간격이 기억상실성질을 가지는 지수분포를 따르므로, 포아송 과정은 완전한 '랜덤성'을 가진 어떤 사건들이 발생하는 것을 표현한다고 해석할 수 있다. 현실 시스템에서 관찰자가 특정한 패턴을 발견하기 어렵기 때문에 랜덤하게 발생한다고 생각할 수 있는 수많은 현상들, 예를 들면 콜센터에 걸려오는 문의전화나 서버에 도착하는 검색 질의, 방사능 물질에서 방출되는 방사능 입자의 수, 고속도로상의 한 지점을 통과하는 차량의 수 등은 포아송 과정에 의해 수리모형을 만들 수 있다. 이런 이유로 포아송 과정과 지수확률변수는 확률모형론에서 가장 널리 쓰이는 중요한 두 개념이다.

$T_k = (T_k - T_{k-1}) + (T_{k-1} - T_{k-2}) + \cdots + T_1$이므로 T_k는 모수 (k, λ)를 가지는 얼랑 확률변수이다. 따라서 T_k의 pdf는 $f_{T_k}(t) = \dfrac{\lambda(\lambda t)^{k-1}e^{-\lambda t}}{(k-1)!}$이고 df는 $F_{T_k}(t) = P(T_k \le t)$ $= \displaystyle\int_0^t \frac{\lambda(\lambda x)^{k-1}e^{-\lambda x}}{(k-1)!}dx$이며, $E(T_k) = k \times (1/\lambda) = k/\lambda$ 이다.

참고 사상 $\{T_k > t\}$는 $\{N(t) \le k-1\}$과 동치이므로,

$F_{T_k}(t) = P(T_k \le t) = 1 - P(N(t) \le k-1) = 1 - \displaystyle\sum_{j=0}^{k-1} \frac{e^{-\lambda t}(\lambda t)^j}{j!}$와 같이 쓸 수도 있다.

예 2.12

$N(t) \sim PP(\lambda)$일 때, 다음이 성립한다.

(a) $E(T_4) = 4/\lambda$.

(b) $E(T_4 - T_3) = 1/\lambda$.

(c) $E(T_7 - T_3) = 4/\lambda$.

(d) $E(T_7 - T_3 | T_3 = c) = 4/\lambda$ (c는 상수). □

(3) 조건부 발생시점

포아송 과정에서 첫 번째 사건이 발생한 시점 T_1은 지수분포를 따른다. 하지만 시간 구간 $[0,t]$ 동안 단 하나의 사건이 발생했다는 조건하에 이 사건이 발생한 시점 T_1, 즉 $T_1|N(t)=1$은 어떤 분포를 가지는가? 이는 $P(T_1 \le x|N(t)=1)$을 구하는 문제이다. 아래 그림을 참조하면,

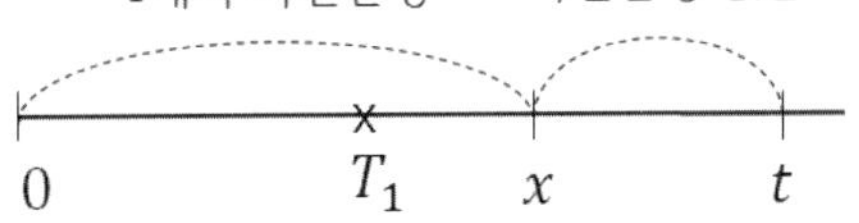

[그림 2.10] 조건부 발생시점의 분포

$$\begin{aligned}P(T_1 \le x|N(t)=1) &= \frac{P(T_1 \le x, N(t)=1)}{P(N(t)=1)} \\ &= \frac{P([0,x]\text{에서 한 사건발생}, (x,t]\text{에서는 사건발생 없음})}{P(N(t)=1)} \\ &= \frac{e^{-\lambda x}(\lambda x)\cdot e^{-\lambda(t-x)}}{e^{-\lambda t}(\lambda t)} = \frac{x}{t},\ 0 \le x \le t,\end{aligned}$$

즉, $T_1|N(t)=1$는 $[0,t]$에서 균일분포를 따른다. 다시 말해서 구간에서 하나의 사건이 발생했음을 알고 있다면, 그 사건은 구간내 어느 곳에서든 나타날 가능성이 균일하다. 사건 발생 간격이 완전한 랜덤성을 가지는 지수분포임을 고려하면 이같은 결론은 당연하다.

이를 일반화하면 다음과 같다. 어떤 시간 구간 $[0,t]$동안 n개의 사건이 발생했음을 알고 있을 때, k번째 발생한 사건의 발생시점 T_k의 확률분포를 알아보자.

$$P(T_k \le x|N(t)=n) = \frac{P(T_k \le x, N(t)=n)}{P(N(t)=n)} = \frac{P(N(x)\ge k, N(t)=n)}{P(N(t)=n)}$$

$$= \sum_{j=k}^{n} P(N(x)=j, (x,t]\text{에서 } n-j\text{개의 사건발생})/P(N(t)=n)$$

$$= \sum_{j=k}^{n} \frac{e^{-\lambda x}(\lambda x)^j/j!\cdot e^{-\lambda(t-x)}(\lambda(t-x))^{n-j}/(n-j)!}{e^{-\lambda t}(\lambda t)^n/n!}$$

$$= \sum_{j=k}^{n}\binom{n}{j}\left(\frac{x}{t}\right)^j\left(1-\frac{x}{t}\right)^{n-j},\ 0 \le x \le t.$$

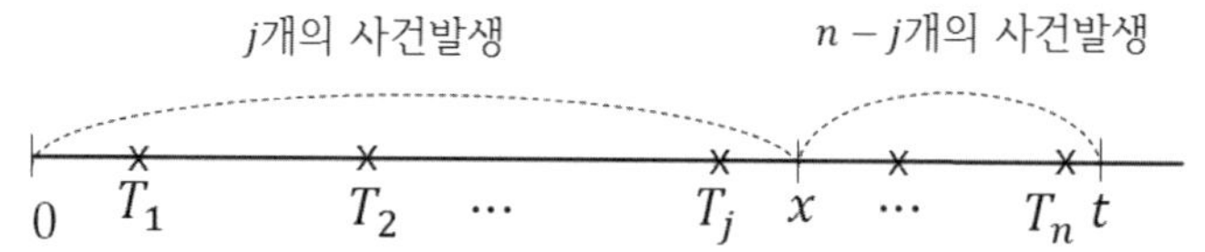

[그림 2.11] n개 사건의 조건부 발생시점의 분포

참고 이의 계산 과정에서 다음의 식도 확인할 수 있다. $0 \le x \le t,\ j = 0,1,2,\cdots,n$에서 $P(N(x) = j \mid N(t) = n) = \binom{n}{j}\left(\frac{x}{t}\right)^j\left(1-\frac{x}{t}\right)^{n-j}$, 즉 $N(x) \mid N(t) = n$는 모수 $\left(n, \frac{x}{t}\right)$의 이항분포이다.

조건부 확률변수 $T_k \mid N(t) = n$는 구간 $[0,t]$에서 균일분포를 따르는 확률변수들의 순서통계량 $T_{(1)},\cdots,T_{(n)}$ 중에서 $T_{(k)}$와 동일한 분포를 가진다. 이는 n개의 사건들이 발생한 시점 $T_1, T_2,\cdots,T_n$은 $T_1 < T_2 < \cdots < T_n$를 유지하면서 그 구간 내에서 나타날 가능성이 균일함을 의미한다. 이를 다른 말로 표현하면, $[0,t]$동안 n개의 사건이 발생했음을 알고 있을 때, 임의로 선택한 특정 사건의 발생 시점은 $[0,t]$ 내에서 고르게 분포되어 있음을 의미한다.

예 2.13

$PP(\lambda)$에서, 구간 $[0,t]$ 동안 다섯 개의 사건이 발생했음을 알고 있다. 네 번째 발생한 사건의 발생 시점의 평균값을 구하라.

$P(T_4 \le x \mid N(t) = n) = \sum_{j=4}^{n}\left(\frac{x}{t}\right)^j\left(1-\frac{x}{t}\right)^{n-j} = 5\left(\frac{x}{t}\right)^4 - 4\left(\frac{x}{t}\right)^5$이므로

$E(T_4 \mid N(t) = 5) = \int_0^t (1-5\left(\frac{x}{t}\right)^4 - 4\left(\frac{x}{t}\right)^5)dx = \frac{2}{3}t$이다.

$k\ (k = 1,2,3,4,5)$번째 사건의 발생 시점의 평균값은 $k \times (t/1+5) = kt/6$이다. 이는 구간 $[0,t]$를 6등분한 시점들이다. □

예 2.14

10:00~11:00 동안 세 개의 사건이 발생했다. 세 사건 모두 10:45~11:00 사이에 발생했을 확률은 $0.25^3 = 0.015625$이다. 10:15~10:45 사이에 사건이 발생했을 확률은 0.5이다. □

예 2.15

어떤 버스 정거장에서 버스가 30분마다 한 대씩 떠난다. 승객들은 포아송 과정으로 도착하는데, 30분 사이에 8명의 승객들이 도착했다면 이들의 누적 대기시간의 평균은?

풀이

8명 고객들의 도착시점의 평균값은 30분을 9등분한 시점들이다. 따라서 누적 대기시간은 $(30/9)\times 8+(30/9)\times 7+\cdots+(30/9)\times 1=(30/9)\times 36=120$분이다. □

예 2.16

시스템에 N명의 고객이 도착하는 순간 시스템이 종료된다. 종료될 때까지 시스템 내에 존재하는 고객수는 평균적으로 몇 명인가?

풀이

시스템이 종료하기 전까지는 총 $N-1$명의 포아송 도착고객이 있다. 이들의 도착시점들의 평균은 동일한 간격을 가지므로 시스템내 고객수가 0명인 기간, 1명인 기간, …, $N-1$명인 기간들은 그 길이의 평균이 모두 동일하며 총 N개의 기간이 있다. 따라서 평균 고객수는 $(0+1+\cdots N-1)/N=(N-1)/2$. □

(4) 포아송 과정의 중첩과 분해

정의 중첩(superposed) 포아송 과정

두 개의 서로 독립인 포아송 과정 $\{N_1(t), t\geq 0\}$과 $\{N_2(t), t\geq 0\}$이 있는데, 모수는 각각 λ_1, λ_2이다. 그러므로 이들의 사건 발생간격은 각각 $\text{Exp}(\lambda_1)$, $\text{Exp}(\lambda_2)$을 따른다. 이제 이들을 서로 겹쳐서 만든 새로운 확률과정 $\{N_1(t)+N_2(t), t\geq 0\}$은 모수가 $\lambda_1+\lambda_2$인 포아송 과정이다. 중첩한 포아송 과정의 사건발생 간격은 $\min(\text{Exp}(\lambda_1), \text{Exp}(\lambda_2))$이므로 $\text{Exp}(\lambda_1+\lambda_2)$를 따른다. 셋 이상의 독립적인 포아송 과정을 중첩하는 경우도 마찬가지로 확장해서 생각할 수 있다.

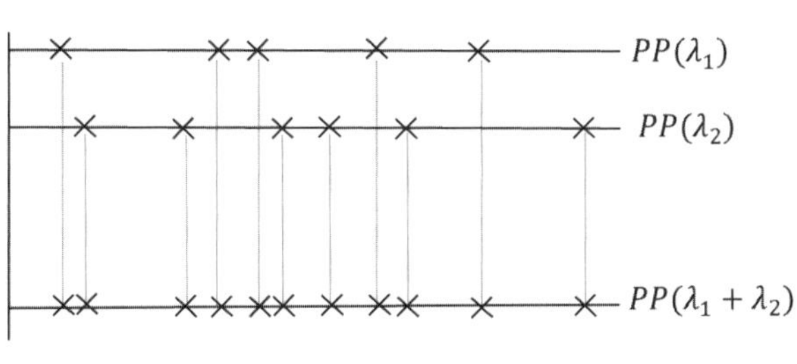

[그림 2.12] 포아송 과정의 중첩

정의 베르누이 분해(Bernoulli decomposed) 포아송 과정

모수가 λ인 포아송 과정 $\{N(t), t \geq 0\}$ 에서, 사건이 발생할 때마다 앞면이 나올 확률이 p인 동전을 던져서 앞면이 나오면 '사건 1'로, 뒷면이 나오면 '사건 2'로 기록을 한다. 이렇게 기록된 사건 1들은 모수가 $p\lambda$인 포아송 과정을, 사건 2들은 $(1-p)\lambda$인 포아송 과정을 이룬다. 이를 포아송 과정의 베르누이 분해라고 한다.

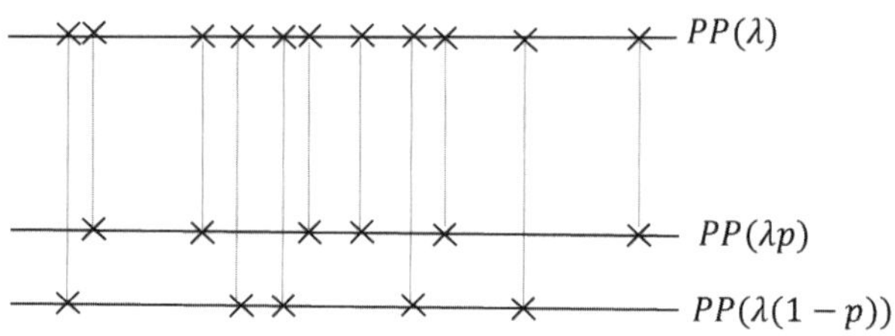

[그림 2.13] 포아송 과정의 분해

예 2.17

콜센터에 가입(=1) 및 탈퇴(=2) 요청 등 두 가지 종류의 문의전화가 각각 시간당 $\lambda_1 = 10$건, $\lambda_2 = 9$건 씩 걸려온다.

(a) 걸려온 문의 전화가 가입 요청을 위한 전화일 확률은?

풀이

전체 문의전화의 도착률은 10+9=19이며 이 가운데 도착률 10으로 가입 요청이 오므로 구하는 확률은 10/(10+9)= 0.53이다.

(b) 탈퇴 요청문의 가운데 15%는 콜센터 직원의 설득으로 탈퇴를 철회한다. 하루 8시간 동안 탈퇴 요청을 철회하는 횟수 M이 15건 이상 될 확률을 구하라.

풀이

탈퇴 문의전화의 포아송 과정을 $p=0.15$의 확률로 분해하면 탈퇴철회는 평균 $\lambda = 9 \times 0.15 = 1.35$(건/시간)의 포아송 과정이다. $t=8$(시간)이므로 $\lambda t = 10.8$이고, 따라서

$P(M \geq 15) = 1 - \sum_{i=0}^{14} \frac{e^{-10.8}(10.8)^i}{i!} = 1 - 0.8682 = 0.1318$, 구하는 확률은 약 0.132이다. □

2.3 복합 포아송 과정과 비정상 포아송 과정

포아송 과정의 첫 번째 정의에서 가정 (iii)의 단일증분 가정을 제외하고 두 개 이상의 사건의 동시발생을 허용하면 복합 포아송 과정이 된다. 또한 정의 (ii)의 정상증분 가정을 삭제하면 비정상 포아송 과정을 얻는다.

(1) 복합 포아송 과정

정의 복합 (compound) 포아송 과정

$N(t) \sim PP(\lambda)$라고 하고, iid인 확률변수 $G_1, G_2, \cdots$의 상태공간을 $\{1, 2, \cdots\}$라고 하자. $M(t) = G_1 + G_2 + \cdots + G_{N(t)}$라고 할 때, $\{M(t), t \geq 0\}$을 복합 (compound) 포아송 과정이라고 한다.

즉, 사건 발생은 포아송 과정을 따르지만 각 사건마다 iid 확률변수 만큼의 증가가 이루어지는 경우의 총 증분을 나타내고 있다.

예 2.18

시점 t까지 고속도로 톨게이트를 통과한 차량의 대수 $N(t)$가 $PP(\lambda)$라고 하자. 또한 확률변수 $G_k(k=1,2,\cdots)$는 k번째 통과한 차량 내에 탑승한 승객의 수라고 하면, 시점 t까지 톨게이트를 통과한 승객의 수 $M(t) = G_1 + G_2 + \cdots + G_{N(t)}$는 복합 포아송 과정이다. □

이 확률과정 $M(t)$의 그래프는 다음 그림과 같으며, 여기서 각 점프의 시점들은 $PP(\lambda)$를 이루고 점프의 높이는 확률변수 $G_k(k = 1, 2, \cdots)$이다. $M(t)$는 랜덤합이므로 $E(M(t)) = E(N(t))E(G) = \lambda t E(G)$이다.

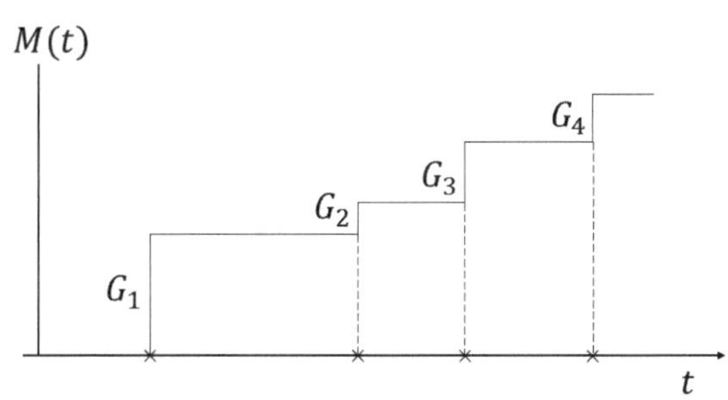

[그림 2.14] 복합 포아송 과정

예 2.19

베르누이 분해된 포아송 과정은 복합 포아송 과정으로도 생각할 수 있다. $N(t) \sim PP(\lambda)$이고 점프의 높이가 확률 p로 1, 확률 $q \equiv 1-p$로 0인 복합 포아송 과정을 생각하자. 이 때 시점 t까지의 총 도착수가 k일 확률을 구해보자.

구하는 확률은 $P(M(t)=k)$이고 $G_i = 1$(확률 p) 또는 0(확률 q)이므로

$$\begin{aligned}
P(M(t)=k) &= P(G_1+\cdots+G_{N(t)}=k) \\
&= \sum_{n=k}^{\infty} P(G_1+\cdots+G_{N(t)}=k \mid N(t)=n)P(N(t)=n) \qquad (\because n \geq k) \\
&= \sum_{n=k}^{\infty} P(G_1+\cdots+G_n=k)\frac{e^{-\lambda t}(\lambda t)^n}{n!} \\
&= \sum_{n=k}^{\infty} \binom{n}{k} p^k q^{n-k} \frac{e^{-\lambda t}(\lambda t)^n}{n!} \\
&= \cdots = \frac{e^{-\lambda pt}(\lambda pt)^n}{k!},
\end{aligned}$$

네 번째 등식에서는 점프높이를 나타내는 G_i가 베르누이 확률변수이므로 $G_1+\cdots+G_n$이 이항확률변수임을 사용하였고 마지막 등식에서는 $\sum_{x=0}^{\infty}\frac{a^x}{x!}=e^a$의 등식을 적용하였다. 따라서 $M(t)$는 $N(t)$에서 점프 크기가 1인 경우만 걸러내서 얻은 분해된 베르누이 분해된 복합 포아송 과정이다. □

(2) 비정상 포아송 과정

포아송 과정의 정의 가운데 (ii)의 정상증분 가정에서는 어떤 구간내에서의 사건 발생의 수는 그 구간의 시간적 위치와는 무관함을 가정하고 있다. 이를 다른 말로 하면 사건의 시간당 평균 발생수를 나타내는 발생률 λ가 시간에 무관한 상수라는 것과 같다.

하지만 단위시간당 시스템에 도착하는 서비스 요청의 양은 일정하지 않으며 시간에 따라 크게 변화하면서 주기성을 가지거나 일정한 패턴을 발견할 수 없는 경우가 많다. 톨게이트에 도착하는 차량의 단위시간당 도착률은 출퇴근 시간일 때와 아닐 때가 다를 것이고, 포털사이트의 시간당 방문자수는 저녁시간대와 새벽시간대가 같을 수가 없다.

아래 그림은 콜센터에 걸려오는 시간당 문의전화의 수를 나타내는데, 시간대에 따라 호(call) 도착의 양이 크게 달라지므로 포아송 과정에서의 기본가정인 정상증분의 성질을 가지지 않는다. 시간에 따라 도착률이 변화함에도 불구하고 편의에 따라 시간당 평균 도착률(약 1200 정도)인 상수라고 가정한다면 오후 6시경부터 오전 6시 정도까지는 문의 전화량을 크게 과대평가하는 반면, 오전 7시경부터 오후 4시정도까지는 매우 과소평가한다.

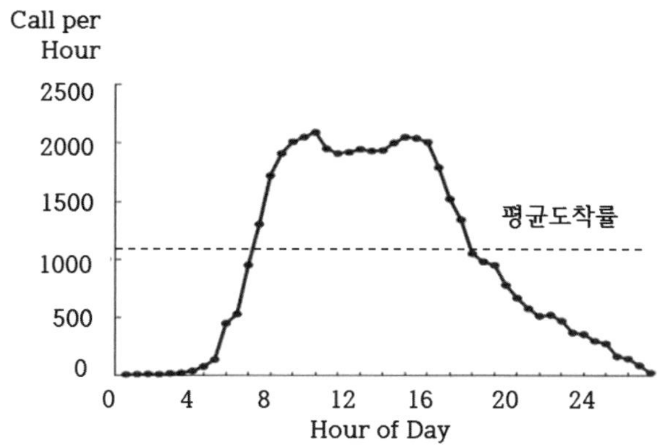

[그림 2.15] 은행 콜센터에 걸려오는 시간당 문의전화의 수 (Whitt, 2007)

포아송 과정의 정의에서 가운데 (ii)의 정상증분 가정정상증분 가정을 이완할 경우 다음에 정의하는 비정상 포아송 과정이 대안 모형이 될 수 있다.

정의 비정상(nonstationary, 非定狀) (또는 비균질, nonhomogeneous) 포아송 과정

다음과 같은 가정을 만족하는 확률과정 $\mathbb{N}=\{N(t), t \ge 0\}$ 은 비정상 포아송 과정이다.

(i) (독립증분) 겹치지 않는 두 구간에서 각각 발생한 사건의 개수들은 서로 독립이다.

(ii) (단일증분) 충분히 작은 값 dt에 대하여 다음이 성립한다.

(a) $P(N(t+dt)-N(t)=0) \approx 1-\lambda(t)\,dt$,

(b) $P(N(t+dt)-N(t)=1) \approx \lambda(t)\,dt$,

(c) $P(N(t+dt)-N(t) \ge 2) \approx 0$.

여기서는 확률과정 $\{N(t), t \ge 0\}$ 이 비정상 포아송 과정을 따른다는 것을 $N(t) \sim NSPP(\lambda(t))$ 라고 쓴다.

예 2.20

11:30부터 13:30 까지 식당에 도착하는 고객들을 비정상 포아송 과정으로 모형화할 수 있다. 11:30을 시점 0으로 하고 30분 단위로 1씩 늘게 하여 13:30을 시점 4로 표현한다. 고객들의 도착률은 비정상의 시간의존형이며 다음 $\lambda_2(t)$와 같은 곡선으로 표시할 수도 있으나 이를 근사하여 $\lambda_1(t)$와 같이 부분선형(piecewise linear) 함수로 나타낼 수도 있다. ◻

$$\lambda_1(t)=\begin{cases}10, & 0 \le t < 0.5,\\ 29, & 0.5 \le t < 1,\\ 45, & 1 \le t < 3,\\ 29, & 3 \le t < 3.5,\\ 10, & 3.5 \le t \le 4,\end{cases} \qquad \text{또는} \quad \lambda_2(t)=50\sin(\pi t/4),\ \ 0 \le t \le 4.$$

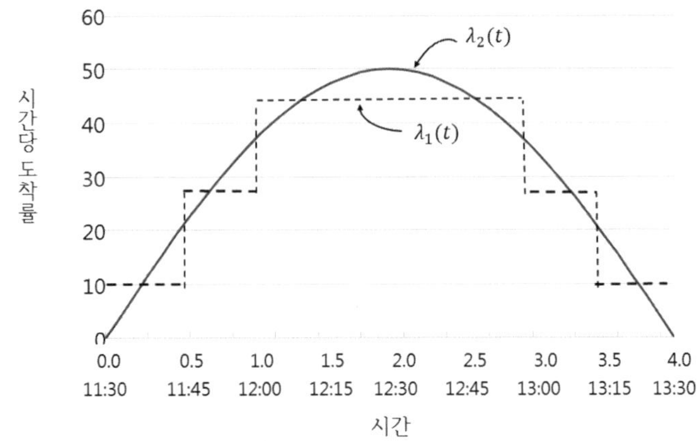

[그림 2.16] 식당 고객들의 도착률 함수

$\lambda(s)$는 시점 s에서의 순간(instantaneous) 발생률이므로 이를 다음과 같이 적분하면 발생 건수의 기댓값이 된다. 즉, $\Lambda(t) \equiv \int_0^t \lambda(s)ds = E(N(t))$는 구간 $[0,t]$에서의 사건 발생 건수의 기댓값이다. 이는 $d\Lambda(t)/dt = \lambda(t)$의 관계에서도 확인할 수 있다.

참고 만약 보통의 포아송 과정이라면 $\lambda(t) = \lambda$이므로 $\Lambda(t) = E(N(t) = \lambda t$이다.

예 2.21

위의 (예 2.20)에서 $\Lambda_1(t)$와 $\Lambda_2(t)$는 다음과 같다. 이는 시점 t까지의 평균 발생건수에 해당한다.

$$\Lambda_1(t) = \begin{cases} 10t, & 0 \le t < 0.5, \\ 5 + 29(t-0.5), & 0.5 \le t < 1, \\ 19.5 + 45(t-1), & 1 \le t < 3, \\ 109.5 + 29(t-3), & 3 \le t < 3.5, \\ 124 + 10(t-3.5), & 3.5 \le t \le 4, \end{cases}$$

$$\Lambda_2(t) = \int_0^t 50\sin(\pi x/4)dx = \frac{200}{\pi}(1 - \cos(\pi t/4), \quad 0 \le t \le 4.$$

두 함수를 그래프로 표현하면 다음과 같다. 그림에서 직선이 곡선을 매우 잘 근사하므로, (예 2.20)에서와 같이 도착률 함수가 $\lambda_2(t)$와 같은 곡선이라면 적당한 구간으로 나누어 부분선형 함수로 근사하는 것도 바람직하다. □

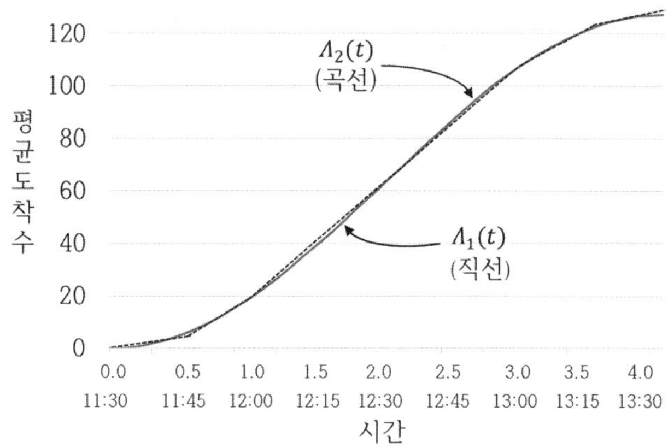

[그림 2.17] 식당 고객들의 평균도착수

$N(t) \sim NSPP$이면 $\Lambda(t)$의 정의에 의해 구간 $(a,b]$동안 발생한 사건의 수는 다음과 같이 평균이 $\Lambda(b)-\Lambda(a)$인 포아송 분포를 따른다. 즉,

$$P(N([a,b])=k)=P(N(b)-N(a)=k)=\frac{(\Lambda(b)-\Lambda(a))^k}{k!}e^{-(\Lambda(b)-\Lambda(a))}, k=0,1,2,\cdots.$$

따라서 $E(N([a,b])=E(N(b)-N(a))=\int_a^b \lambda(s)ds=\Lambda(b)-\Lambda(a)$ 이다.

참고 만약 보통의 PP이라면 $\lambda(t)=\lambda$이므로 $\Lambda(t)=\lambda t$이고, 따라서

$$P(N((a,b])=k)=P(N(b)-N(a)=k)=\frac{(\lambda(b-a))^k}{k!}e^{-(\lambda(b-a)}.$$

예 2.22

위의 식당 예인 (예 2.20)에서 $\Lambda_1(t)$를 사용해서 다음을 구해보자.

(a) 11:30과 11:45 사이에 도착하는 고객들의 수가 3명 이하일 확률은 얼마인가?

이 시간 구간 동안 도착고객수의 평균값은 $\Lambda(0.5)-\Lambda(0)=5$이므로 평균이 5인 포아송 분포를 따른다. 구하는 확률은

$$P(N([0,0.5] \le 3)=\sum_{k=0}^{3}\frac{e^{-5}5^k}{k!}=0.265.$$

(b) 11:45부터 12:15까지의 고객수 확률분포를 써라.

$\Lambda(1.5)-\Lambda(0.5)=42-5=37$. 따라서 $P(N([0.5,1.5])=k)=\frac{e^{-37}37^k}{k!}$, $k=0,1,2,\cdots$. □

포아송 과정에서 조건부 발생시점은 구간내에서 균일함을 보인 바 있다. 비정상 포아송 과정에서도 유사한 추리를 할 수 있다. 사건 발생이 발생률함수 $\lambda(t)$의 비정상 포아송 과정을 따르는데, 시간 구간 $[0,t]$에서 단 하나의 사건이 발생한 것을 알고 있다. 이 때, 사건이 발생한 시점 T_1은 다음의 확률분포를 따른다.

$$P(T_1 \le x | N(t)=1) = \frac{P(T_1 \le x, N(t)=1)}{P(N(t)=1)}$$
$$= \frac{P([0,x]\text{에서 한 사건발생}, (x,t]\text{에서는 사건발생 없음})}{P(N(t)=1)}$$
$$= \frac{e^{-\Lambda(x)}\Lambda(x)\cdot e^{-(\Lambda(t)-\Lambda(x))}}{e^{-\Lambda(t)}\Lambda(t)} = \frac{\Lambda(x)}{\Lambda(t)},\quad 0 \le x \le t.$$

예 2.23

비정상 포아송 과정의 식당 예제 (예 2.20)에서, 식당주인은 1:00~1:30 동안 5명의 고객이 도착했음을 알고 있다. 1:15~1:30간 고객들이 아무도 오지 않았을 확률을 구하고자 한다.
각 시간을 t의 값으로 바꾸면 $1:00 \to t=3,\ 1:15 \to t=3.5,\ 1:30 \to t=4$이고 구하는 확률은

$$P(N([3.5,4])=0 | N([3,4])=5) = \frac{P([3,3.5]\text{에서 }5, (3.5,4]\text{에서 }0)}{P(N([3,4])=5)}$$
$$= \frac{e^{-(\Lambda(3.5)-\Lambda(3))}(\Lambda(3.5)-\Lambda(3))^5/5!\cdot e^{-(\Lambda(4)-\Lambda(3.5))}}{e^{-(\Lambda(4)-\Lambda(3))}(\Lambda(4)-\Lambda(3))^5/5!} = \left(\frac{14.5}{19.5}\right)^5 = 0.2273.\quad \square$$

2.4 연습문제

01 X가 기하확률변수, 즉 $P(X=n)=pq^{n-1}$, $n=1,2,\cdots$ 이다. 지수 확률변수의 경우와 동일한 방법을 사용해서 X가 기억상실성질을 가짐을 보여라.

02 기계를 수리하는 데에 걸리는 시간 T는 평균이 12시간인 지수분포이다. 기계 하나를 수리하고 있는데, 이미 12시간이 지난 상태에서 총 수리시간이 적어도 12.5시간이 될 확률은 얼마인가? 기억상실 성질을 이용하여 풀어라.

03 집토끼와 산토끼가 경주를 하는데, 결승지점까지의 도착시간은 각각 $\mathrm{Exp}(\lambda_i)\,(i=1,2)$ 이다. 승부는 7전 4선승제로 한다. 경주가 7차전까지 갈 확률은 얼마인가?

04 확률변수 X가 구간 $(0,1)$에서 균일분포를 따르는 연속확률변수이다. $E(X|X>1/2)$와 $E(X|X<1/2)$를 구하라.

05 $X_i \sim \mathrm{Exp}(\lambda_i), i=1,2$ 이고 서로 독립일 때, $\min(X_1,X_2) \sim \mathrm{Exp}(\lambda_1+\lambda_2)$임을 보인 바 있다. $\max(X_1,X_2)$의 확률분포함수 $P(\max(X_1,X_2)\le t)$를 구하라.

06 $X \sim \mathrm{Exp}(\lambda)$일 때, $E(X|X<0.5)$ 를 아래 방법으로 구하라.

(a) 다음 등식을 써서 구하라:
$E(X)=E(X|X<0.5)\,P(X<0.5)+E(X|X>0.5)\,P(X>0.5)$.

(b) 조건부 기댓값의 정의를 사용해서 구하라.

07 X가 $\mathrm{Exp}(\lambda)$이다.

(a) $E(X^2|X>1)$를 구하라.

(b) 다음 식을 각각 구해보고 셋 가운데 어느 것이 $E(X^2|X>1)$와 같은지 찾아라.
$E((X+1)^2)$, $E(X^2)+1$, $(E(X)+1)^2$.

08 $X_i, i=1,2,3$이 각각 서로 독립인 지수분포이며 모수는 각각 λ_i이다. 다음을 구하라.

(a) $P(X_1 < X_2 < X_3)$

(b) $P(X_1 < X_2 | \max(X_1, X_2, X_3) = X_3)$

09 $X \sim \mathrm{Exp}(\lambda)$, $Y \sim \mathrm{Exp}(\mu)$이고 서로 독립일 때, 다음을 구하라.

(a) 다음의 빈 칸(i)~(vii)를 채워서 $E(X|X<Y) = 1/(\lambda+\mu)$임을 보여라:

$$\begin{aligned} E(X|X<Y) &= \int_0^\infty x P(X=x|X<Y) = \int_0^\infty x \frac{P(X=x, X<Y)}{P(X<Y)} \\ &= (\ \text{i}\ )\int_0^\infty x P(X<Y|X=x) r(X=x) \\ &= (\ \text{ii}\ )\int_0^\infty x P(x<Y|X=x) P(X=x) \\ &= (\ \text{iii}\ )\int_0^\infty x (\ \text{iv}\ )(\ \text{v}\ ) \\ &= (\ \text{vi}\ )\int_0^\infty x e^{-(\lambda+\mu)x} dx = (\ \text{vii}\ ) = \frac{1}{\lambda+\mu}. \end{aligned}$$

(b) 다음 등식을 써서 $E(X|X>Y) = 1/\lambda + 1/(\lambda+\mu)$임을 보여라:
$E(X) = E(X|X<Y)P(X<Y) + E(X|X>Y)P(X>Y)$.

10 $X_i \sim \mathrm{Exp}(\lambda_i), i=1,2$이고 서로 독립일 때 $Y \equiv \max(X_1, X_2) - \min(X_1, X_2)$의 확률분포 $\Pr(Y \leq y)$, $y \geq 0$을 구하라.

11 다음을 설명하라.

(a) 한 회사에서 자사 직원들이 퇴사하기 전까지 얼마나 오래 근무하는가를 알아보고자 한다. 이를 위해 현재 근무중인 직원들 전체의 근무연수를 모두 조사하고 이의 평균값을 구하여 이로써 자사 직원들이 입사후 퇴사할 때까지의 근속연수라고 하였다면 어떤 문제가 있는지 설명하라.

(b) 콜센터에 걸려오는 수백 통의 문의전화의 평균 통화시간을 알아보기 위해 다음과 같은 방법을 사용하였다. 즉, 50개의 시점을 임의로 선택하고 그 시점에 통화중인 전화의 통화시간을 모두 더해서 50으로 나누어 줌으로써 평균을 구한다. 이 방법의 문제점을 설명하라.

12 서비스 시간이 평균 $1/\lambda$인 지수분포를 따르는 두 서버로 구성된 시스템이 있다. 고객 A가 들어섰을 때 고객 B, C가 각각의 서버로부터 서비스를 받고 있다. 고객 B, C 중 누구라도 서비스가 끝나면 A가 그 자리로 가서 서비스를 받는다. A가 시스템을 떠나는 마지막 고객이 되지 않을 확률은 얼마인가?

13 서버가 두 명 있는 대기 시스템이 있다. 고객은 서버 1에게 서비스를 받은 후 서버 2로 가서 또 서비스를 받고 나서 이탈한다. 서버 $i=1,2$의 서비스 시간은 서비스율 $\mu_i(i=1,2)$의 지수분포이다. 한 고객(고객 A)이 도착했을 때 서버 1은 유휴하고 서버 2에게는 한 명(고객 B)이 서비스를 받고 있으며 다른 한 명(고객 C)이 서버 2로부터 서비스를 받기 위해 기다리고 있다.

(a) 고객 A가 서버 1에서 서비스를 마치고 서버 2로 이동했을 때 고객 B가 아직도 서비스를 받고 있을 확률을 구하라.

(b) 고객 A가 시스템에 머무는 총 시간을 T라고 할 때 $E(T)$를 구하라.

14 서버가 두 명 있는 대기시스템이 있다. 두 서버의 서비스 시간은 각각 평균이 $1/\mu_i,\ i=1,2$인 지수분포를 따르며 서로 독립이다. 두 명의 서버 모두 각각 한 명의 고객을 서비스하고 있는 중이며 대기고객은 없다. 새로 한 명의 고객이 도착했고 이 고객은 두 서버 중 아무나 먼저 서비스가 끝나는 서버에게 즉시 서비스를 받는다. 이 새 고객이 서비스를 마치고 나갈 때까지의 시간을 T라고 할 때, $E(T)$를 구하라.

15 어떤 기계의 수명을 나타내는 확률변수 T가 평균 $1/\mu$인 지수분포를 따른다.

(a) 기계가 t 시간동안 고장이 나지 않았다는 조건하에 다음 시간 $(t, t+\Delta t)$ 동안에 고장이 날 확률 $P(t < T \le t+\Delta t \mid T > t)$를 구하여라.

(b) $r(t) = \lim_{\Delta t \to 0} \dfrac{P(t < T \le t+\Delta t \mid T > t)}{\Delta t}$ 를 구하여라. (이 $r(t)$를 고장률함수(failure rate function)라고 한다.)

16 $N(t) \sim PP(\lambda)$일 때, 다음을 써라.

(a) $P(N(t) = m \mid N(t+s) = m+k)$

(b) $E(T_5 - T_3 \mid T_2 = c)$ (c는 상수)

(c) $E(T_4 \mid N(2.7) = 1)$

(d) $E(T_4 - T_2 \mid N(2.7) = 1)$

17 $N(t)$를 모수 $\lambda = 2$의 포아송 과정이라고 하자. 다음을 써라.

(a) $P(N_6 = 9)$

(b) $P(N_6 = 9, N_{20} = 13)$

(c) $P(N_{20} = 13 \mid N_6 = 9)$

(d) $P(N_6 = 9 \mid N_{20} = 13)$

(e) $E(N_t)$, $Var(N_t)$

(f) $E(N_{t+s} \mid N_t)$ (힌트: $N_{t+s} = N_{t+s} - N_t + N_t$)

18 성공확률이 p인 베르누이 시행을 10회 실시하여 이 가운데 단 1번만 성공하였다. 그 성공이 $k = 1, 2, \cdots, 10$번 째 시행에서 있었을 확률을 구하라.

19 포아송 과정 $\{N(t), t \geq 0\}$에서 $u < v$일 때 다음을 보여라.

$$P(N(u) = m \mid N(v) = n) = \binom{n}{m}\left(\frac{u}{v}\right)^m\left(1 - \frac{u}{v}\right)^{n-m}, m = 0, 1, 2, \cdots, n.$$

20 $N(t)$를 $PP(\lambda)$라 하자. 확률변수 T는 평균이 $1/\mu$인 지수분포를 따른다. 그러면 시간 T동안 도착수는 $N(T)$일 것이다. 다음을 구하여라.

(a) $E(N(T) \mid T)$, $Var(N(T) \mid T)$
(b) $E(N(T))$

21 포아송 과정으로 발생하는 사건들이 있다. 발생률은 λ이고 X를 첫 사건이 발생할 때까지의 시간이라고 하자. 이 X 동안 발생하는 사건의 개수를 $N(X)$라 할 때 조건부평균을 이용하여 $E(N(X) \cdot X)$를 구하라.

22 $N(t) \sim PP(\lambda)$일 때, 다음에 대해 답하라.

(a) $t = 5$ 시점에 아직 첫 사건이 일어나지 않았을 확률은 얼마인가?
(b) 첫째 사건이 시간구간 (3,4]에 발생할 확률은 얼마인가?
(c) 첫째 사건이 시간구간 (3,4]에 발생하고 두 번째 사건은 (4,4.5]에서 발생할 확률은 얼마인가?

23 전화가 시간당 20회로 포아송 과정으로 걸려온다. 오후 1시에서 3시 사이에 3회 걸려왔다면, 두 번째 전화는 1시 15분 이후에 걸려왔을 확률을 구하라.

24 대학 3학년생인 ㅎ군은 학교로 가는 통학버스의 도착간격이 기억상실성질(memoryless property)을 가지고 있으며 그 평균간격이 $1/\mu = 15$분임을 알고 있다. 다음에 답하라.

(a) 시점 $t=25$분까지 두 대의 버스가 오고 $t=48$분까지 세 대의 차가 올 확률이 얼마인가?

(b) ㅎ군이 정류장에 도착한 후 $t=20$분이 지나도록 한 대도 오지 않을 확률은 얼마인가?

(c) ㅎ군이 정류장에 도착하기 3분 전에 이미 한 대가 지나갔다. ㅎ군이 정류장에 도착한 지 10분 내에 차가 올 확률은 얼마인가?

25 두 개의 서로 독립인 포아송과정 $\{N_i(t), t \geq 0\}$, 도착률 λ_i, $i=1,2$를 중첩하여 $\{N(t), t \geq 0\}$ 을 얻었다. 첫째 사건이 $\{N_2(t), t \geq 0\}$ 과정의 것일 확률을 구하라.

26 극장의 매표소에 한 매표원이 있다. 티켓 한 장을 판매하는 데에 걸리는 시간 T는 평균 $1/\mu$인 지수분포이다. 즉 $P(T \leq t) = 1 - e^{-\mu t}, t \geq 0$. 이제 M_t를 시간 t동안 도착하는 고객수라고 하며 이의 확률분포가 $P(M_t = n) = \dfrac{e^{-\lambda t}(\lambda t)^n}{n!}$, $n = 0, 1, 2, \cdots$ 이다. 티켓 한 장을 판매하는 동안 도착하는 고객수 N의 평균 $E(N)$을 구하라.

27 5개의 건전지가 직렬로 연결되어 모터를 구동한다. $k(k=1,2,3,4,5)$번째 건전지에는 $PP(\lambda_k)$로 충격이 가해지며 각 충격마다 확률 p_k로 건전지가 고장을 일으킨다.

(a) 건전지의 고장에 의해 모터가 구동하지 않게 될 때까지의 시간은 무슨 분포를 따르는가?

(b) 고장의 원인이 j번째 건전지에 의한 것일 확률은 얼마인가?

28 자동차가 어떤 식당에 도착률 $\lambda = 20$의 포아송 과정으로 도착한다. 각 차 안에는 각각 확률 0.3, 0.3, 0.2, 0.1, 0.1로 1,2,3,4,5명의 고객이 타고 있다. 식당에 한 시간 동안 도착하는 고객수의 평균을 구하라.

29 한 자동차 연구소가 미국(=1), 일본(=2), 중국(=3) 등 3개국으로부터 자동차 수리에 관련된 클레임 정보들을 수집하는데, 이 클레임 정보들은 서로 독립이며 하루 평균 각각 $\lambda_1 = 10$, $\lambda_2 = 7$, $\lambda_3 = 12$건의 포아송 과정으로 발생한다. 연구소는 이들 클레임 정보들 가운데 브레이크 계기고장 등과 같이 안전(safety)에 직결된 정보만을 걸러내서 데이터베이스에 저장한다. 각국별로 클레임 정보가 안전에 관련된 내용일 확률은 $p_1 = 0.3$, $p_2 = 0.2$, $p_3 = 0.25$이다. 다음에 답하라.

(a) 이 시스템이 개시되고 나서 첫 번째로 안전에 관련된 클레임이 도착할 때까지 시간의 확률분포는 무엇이며 그 평균은 얼마인가?

(b) (a)에서의 그 클레임이 일본에서 온 것일 확률을 구하라.

(c) 일주일 동안 총 30건의 안전관련 클레임이 걸러져서 저장될 확률을 구하라.

30 저수지에 비가 내리는 일이 모수 λ의 포아송 과정을 따른다. 저수지 댐의 문을 열어서 방류하는 간격은 평균이 $1/\mu$이며 서로독립인 지수분포를 따른다. 비가 한 번 올 때 강우량은 Unif(100,200)이며, 매 회 방류량은 Unif(75,135)이다. 시점 t에서 저수지의 수량 $R(t)$ $(-\infty < R(t) < \infty)$를 나타내는 확률모형을 만들고 이의 평균인 $E(R(t))$를 구하라.

31 $N(t) \sim PP(\lambda)$라고 하고 편의상 $P_k(t) = P(N(t) = k)$로 표시하자. 작은 Δt에 대하여 $P_k(t + \Delta t)$를 $P_k(t)$와 $P_{k-1}(t)$를 써서 나타내어라 (힌트: 구간 $[0, t + \Delta t]$를 겹치지 않는 두 구간 $[0, t)$와 $[t, t + \Delta t]$로 나누고, $[0, t)$에서 k개, $[t, t + \Delta t]$에서 0개인 경우와, $[0, t)$에서 $k - 1$개, $[t, t + \Delta t]$에서 1개인 경우로 구분하여 생각하라).

32 온라인 쇼핑몰에서 시간 t 동안 오는 주문의 수 $N(t)$는 모수 λ인 포아송 과정을 따른다. 점심식사 시간 V는 평균이 $1/\mu$인 지수분포를 따른다. 점심식사 동안 도착한 주문량은 $N(V)$라고 쓸 수 있다. 전체확률의 법칙을 이용하여 다음을 구하라.

(a) $E(N(V)) = \int_{v=0}^{\infty} E(N(V) \mid V = v) f_V(v) dv$를 이용하여 $N(V)$의 평균을 구하라.

(b) $N(V)$에 대한 확률분포 $P(A(V) = n)$, $n = 0, 1, 2, \cdots$를 구하라.

33 $N(t) \sim PP(\lambda)$이고 S_n은 n번째 사건의 발생시점이라고 하자.

(a) $\{S_n \le t\} = \{N(t) \ge n\}$임을 이용하여 $P(S_n \le t)$를 구하라.

(b) $S_n = (S_1) + (S_2 - S_1) + (S_3 - S_2) + \cdots + (S_n - S_{n-1})$이고 $S_k - S_{k-1}(k = 1, 2, \cdots, S_0 = 0)$는 iid인 $\text{Exp}(\lambda)$임을 이용하여 $P(S_n \le t)$를 구하라.

34 본문의 (예 2.22)를 다시 보자. $\lambda_2(t)$와 $\Lambda_2(t)$를 사용하여 (예 2.22)를 풀어라.

35 다음 그림은 주문도착률 함수이다. 평균 주문도착수 그래프 $\Lambda(t)$를 그려라.

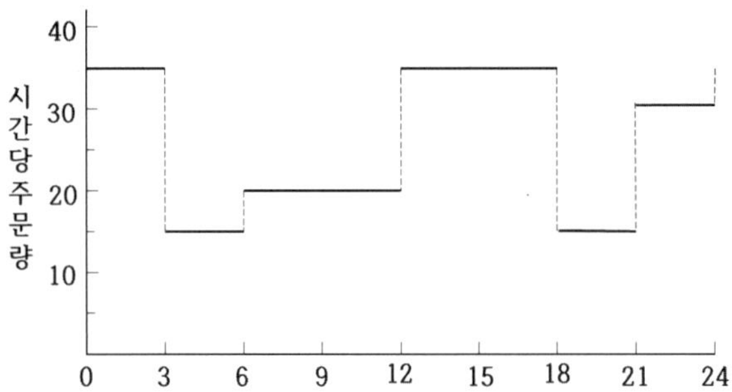

[그림 2.18] 주문도착률 함수

36 다음 그림은 어떤 시스템에의 누적 고객도착수이다. 도착률 함수 $\lambda(t)$를 근사적으로 만들어라.

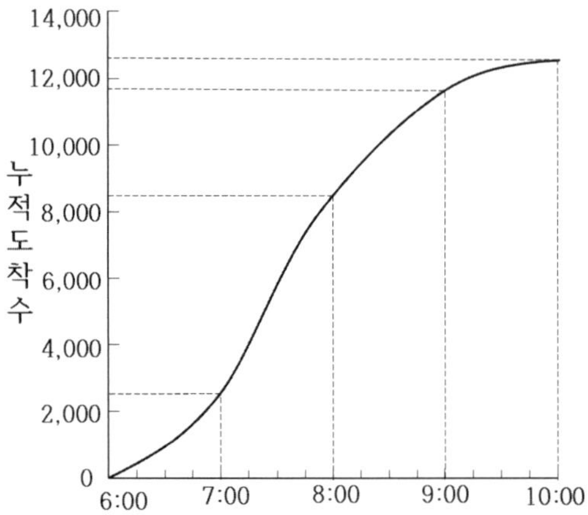

[그림 2.19] 누적 고객도착수

37 $NSPP$에서 도착률 함수가 다음과 같다:

$$\lambda(t)=\begin{cases}5/\text{시간}, & 8\text{시}-12\text{시},\\ 20/\text{시간}, & 12-1\text{시},\\ 10/\text{시간}, & 1-3\text{시}.\end{cases}$$

(a) 평균 도착수 함수 $\Lambda(t)$를 써라.

(b) 12시에서 2시 사이에 25명의 고객이 왔을 확률을 구하라.

(c) 9시에서 1시 사이에 20명이 왔음을 알고 있을 때, 11시 이전에는 아무도 오지 않았을 확률을 구하라.

(d) 12시 이전에 온 마지막 고객은 11시 57분에 왔다. 12시에서 12시 7분 사이에 아무도 오지 않았을 확률을 구하라.

38 $\lambda(t)=8\sin(\pi t/7),\ 0\le t\le 7$이다. 여기서 $t=0$은 오전 8시이고 단위는 "시간(hour)"이다. 이의 그래프를 그리고 다음에 답하라.

(a) 이 그래프에서 3개 구간 정도로 나누어 부분선형(piecewise linear) 함수로 나누어 근사한 새로운 도착률 함수를 써라.

(b) 근사한 도착률 함수로 37번 문제의 (b)-(d)에 답하라.

3장

마코프 체인

제 2장에서 다룬 포아송 과정은 네 가지 확률과정 가운데 이산상태-연속시간 확률과정이다. 포아송 과정은 사건 발생의 누적 건수를 고려하므로 확률과정의 상태는 증가에 의해서만 변화하였다. 이 장에서 다룰 마코프 체인은 이산상태-이산시간 확률과정이므로 시간축 상에서는 포아송 과정의 경우보다 일반성이 뒤떨어진다고 볼 수 있지만 상태 변화에 대한 제약이 없다. 마코프 체인의 시간축을 연속시간으로 확장하면 뒤에 다룰 마코프 과정이다. 마코프 체인과 마코프 과정은 마코프 결정과정론이나 대기이론을 비롯한 다양한 확률모형의 기반이론이지만 그 자체로 중요한 의사결정 모형이기도 하다.

3.1 정의

(1) 1단계 전이확률

이전 장에서 다루었던 베르누이 계수과정을 다시 보자. k번째 동전을 던졌을 때 앞면이 나오면 $X_k = 1$(확률 p), 뒷면이 나오면 $X_k = 0$(확률 $q \equiv 1-p$) 이다. $N_k = X_1 + \cdots + X_k$는 앞면이 나온 횟수를 의미하며 $\{N_1, N_2, \cdots\}$은 베르누이 계수과정이다. 여기서

$$N_{k+1} = \begin{cases} N_k + 1, & \text{확률 } p, \\ N_k, & \text{확률 } q \end{cases}$$

이므로, N_k 값이 얼마인지 알고 있다면 N_{k+1}은 $N_{k-1}, N_{k-2}, \cdots$과는 무관하다. 즉,

$$P(N_6 = 4 | N_5 = 3, N_4 = 3, N_3 = 2, \cdots) = P(N_6 = 4 | N_5 = 3) = p,$$
$$P(N_6 = 4 | N_5 = 4, N_4 = 3, N_3 = 2, \cdots) = P(N_6 = 4 | N_5 = 4) = q,$$

이다. 이처럼 시점 k에서의 상태를 알고 있을 때, 시점 $k+1$의 상태가 시점 $k-1$과 그 이전 시점의 상태들과는 독립적인 경우 이 확률과정 $\{N_1, N_2, \cdots\}$이 마코프 체인이다. 마코프 체인의 정의는 다음과 같다.

정의 마코프 체인(Markov chain)

확률과정 $\{X_n : n = 0, 1, 2, \cdots\}$의 상태공간이 이산형일 때, 다음을 만족하면 이 확률과정을 마코프 체인이라고 한다: 모든 $j, i_n, i_{n-1}, \cdots, i_1, i_0 \in E$에 대하여

$$P(X_{n+1} = j | X_n = i_n, X_{n-1} = i_{n-1}, \cdots, X_0 = i_0) = P(X_{n+1} = j | X_n = i_n) .$$

인덱스 n은 시간을 나타내기도 하지만 거리, 위치, 순서 등을 의미하기도 하므로, 이제부터는 '시점' 보다는 '단계'(step)라고 표현한다. $X_k = j$일 때, 이를 "마코프 체인이 단계 k에서 상태 j를 방문한다"라고 표현하기도 한다.

마코프 체인은 "특정시점 이후의 미래의 상태는, 가장 최근의 상태에만 의존하며, 그 이전의 상태들과는 독립이다"라는 성질을 가지는 이산시간-이산상태 확률과정이다. 이 성질을 마코프 성질(Markov property, 또는 Markovian)이라고 한다. 그러므로 좌변의 조건부분에 단계 n의 상태가 주어져 있지 않다면 우변의 확률값도 다음과 같이 바꾸어야 한다. 즉, $P(X_{n+1} = j | X_{n-1} = i_{n-1}, \cdots, X_0 = i_0) = P(X_{n+1} = j | X_{n-1} = i_{n-1})$.

정의 시간균질(time-homogeneous) 마코프 체인

확률 $P(X_{n+1} = j | X_n = i)$이 n에 무관할 경우 시간균질 또는 정상(stationary) 마코프 체인이라고 한다.

시간균질 마코프 체인의 경우에는 예를 들어 $P(X_2 = j | X_1 = i) = P(X_{34} = j | X_{33} = i) = P(X_{156} = j | X_{155} = i) = \cdots$ 이므로, $P(X_{n+1} = j | X_n = i) \equiv p_{ij}$ 와 같이 우변의 확률에 첨자 n을 쓰지 않아도 된다. 이 확률 p_{ij}를 1단계 전이확률(transition probability)이라고 한다. 이 p_{ij} 확률들을 모아서 다음과 같이 크기 $|E| \times |E|$ 의 1단계 전이확률 행렬 P를 만들 수 있으며, 이를 마코프 행렬이라고 한다.

$$P = \begin{pmatrix} p_{00} & p_{01} & p_{02} \cdots \\ p_{10} & p_{11} & p_{12} \cdots \\ p_{20} & p_{21} & p_{22} \cdots \\ \vdots & \vdots & \vdots \ddots \end{pmatrix}.$$

p_{ij}는 확률이므로 $0 \le p_{ij} \le 1$ 이며, 모든 $i \in E$에 대해 $\sum_{j \in E} P(X_{n+1} = j | X_n = i) = 1$이므로 P의 모든 행은 항들의 합이 1이다.

예 3.1

기계장치는 정상으로 작동하고 있거나, 작동은 하고 있지만 일부 부품의 고장이 있거나, 그리고 고장이 나서 수리를 하고 있거나 등 세 가지 가운데 하나의 상태로 있다. 현재 정상으로 작동하고 있으면 그 다음날도 정상일 확률이 0.89, 일부 고장이 난 상태로 변할 확률은 0.1, 완전히 고장이 날 확률은 0.01이다. 오늘 일부 고장이 난 상태로 작동중인 기계는 내일도 그 상태로 머물 가능성이 0.7이고 내일 고장이 날 확률은 0.3이다. 한편, 오늘 고장이 난 기계는 하루 걸려서 수리를 마치고 내일은 정상적인 작동을 하게 된다. $X_0, X_1, \cdots$를 매일의 기계장치의 상태라고 하고 $X_n = a$는 단계

n에서 정상적으로 가동중, $X_n = b$는 일부 고장, $X_n = c$는 고장 상태라고 하자. 그러면 $\{X_0, X_1, \cdots\}$은 상태공간 $E = \{a,b,c\}$인 마코프 체인이며, 1단계 전이확률 행렬은 다음과 같다. ▫

$$P = \begin{matrix} a \\ b \\ c \end{matrix} \begin{pmatrix} 0.89 & 0.1 & 0.01 \\ 0 & 0.7 & 0.3 \\ 1 & 0 & 0 \end{pmatrix}.$$

P는 해당 마코프 체인의 확률구조를 나타내는 중요한 행렬이지만 이를 다이어그램으로 그리면 마코프 체인의 구조를 쉽게 파악할 수 있다. (예 3.1)의 마코프 체인의 전이확률 다이어그램은 다음과 같다.

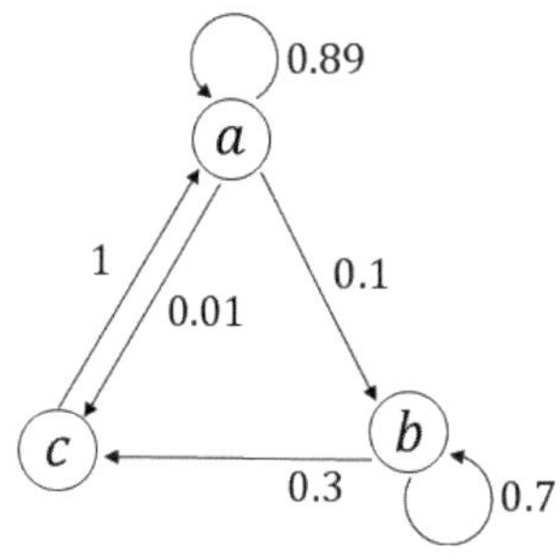

[그림 3.1] (예 3.1)의 전이확률 다이어그램

예 3.2

세 도시 {ㄱ, ㄴ, ㄷ}를 다니며 판매하는 사원이 있는데, 그는 항상 ㄱ→ㄴ→ㄷ의 순서로 다닌다. 이 경우 전이확률행렬은 다음과 같다.

$$P = \begin{matrix} ㄱ \\ ㄴ \\ ㄷ \end{matrix} \begin{pmatrix} 0 & 1 & 0 \\ 0 & 0 & 1 \\ 1 & 0 & 0 \end{pmatrix}$$

이 마코프 체인은 어느 한 상태를 출발하고 나서 그 상태로 되돌아오는 데에는 3의 배수만큼의 단계수가 필요하다. ▫

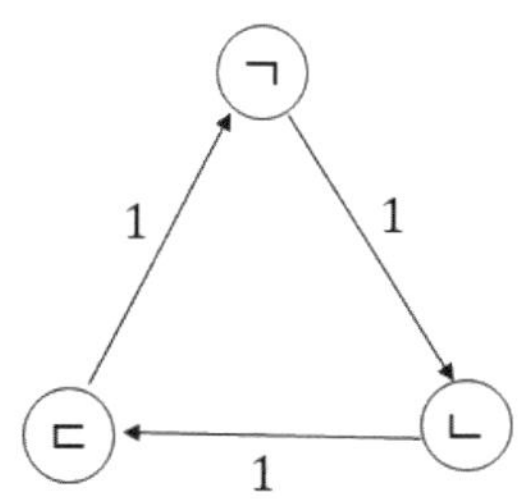

[그림 3.2] (예 3.2)의 전이확률 다이어그램

예 3.3

상태공간이 $\{1,2,3,4\}$이며 다음의 전이확률행렬을 가지는 마코프 체인이 있다.

$$P=\begin{matrix}1\\2\\3\\4\end{matrix}\begin{pmatrix}0.3 & 0 & 0 & 0.7\\ 0.3 & 0.2 & 0.4 & 0.1\\ 0 & 0 & 1 & 0\\ 0.5 & 0 & 0 & 0.5\end{pmatrix}.$$

이 마코프 체인은 앞선 예와는 다른 구조를 가지고 있다. 상태 2에서 출발해서 다음 단계에 2로 다시 돌아오지 않는다면 영원히 2로 돌아오지 않는다. 1과 4는 서로 왕래를 하며, 외부에서 상태 3으로 들어오면 영원히 3에 머문다. 3은 (1,4)와는 왕래하지 않는다. ▫

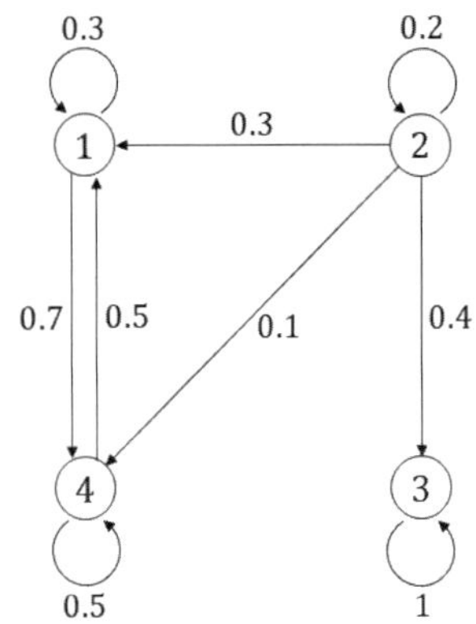

[그림 3.3] (예 3.3)의 전이확률 다이어그램

예 3.4

(Çinlar(1975)) 어떤 기계장치의 수명을 확률변수 Z라고 하고 확률분포가 $P(Z=k)=q_k,\ k=1,2,\cdots$ 라고 하자. 기계의 수명이 다하면 즉시 동일한 기계장치로 바꾼다. X_n을 시점 n에서 기계장치의 잔여수명이라고 하면 다음과 같은 식을 세울 수 있다.

$$X_{n+1}=\begin{cases}X_n-1, & \text{만약 } X_n\geq 1,\\ Z-1, & \text{만약 } X_n=0.\end{cases}$$

X_{n+1}은 X_n에만 의존하므로 $\{X_n, n=0,1,2,\}$는 상태공간 $E=\{0,1,2,\cdots\}$인 마코프 체인이다. 전이확률을 구해보면,

$i\geq 0$일 때, $p_{ij}=P(X_{n+1}=j|X_n=i)=P(X_n-1=j|X_n=i)=\begin{cases}1, & \text{만약 } j=i-1,\\ 0, & \text{만약 } j\neq i-1,\end{cases}$

$i=0$일 때, $p_{0j}=P(X_{n+1}=j|X_n=0)=P(Z-1=j|X_n=0)=P(Z=j+1)=q_{j+1}.$

따라서 1단계 전이확률 행렬과 전이확률 다이어그램은 다음과 같다. 이 마코프 체인은 상태공간이 무한이라는 특징이 있다. ▫

$$P=\begin{matrix} 0 \\ 1 \\ 2 \\ \vdots \end{matrix}\begin{pmatrix} q_1 & q_2 & q_3 & \cdots \\ 1 & 0 & 0 & \cdots \\ 0 & 1 & 0 & \cdots \\ \vdots & \vdots & \vdots & \ddots \end{pmatrix}.$$

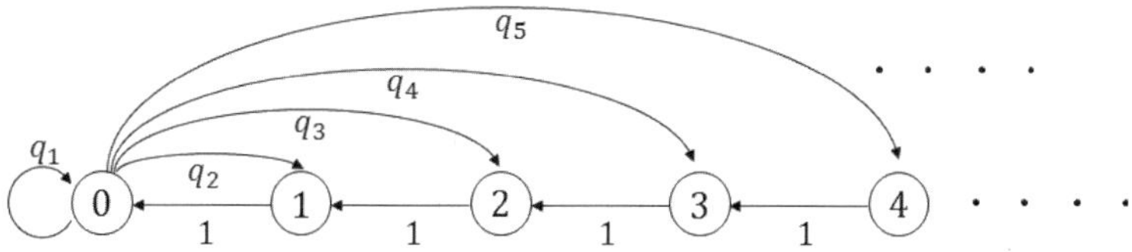

[그림 3.4] (예 3.4)의 전이확률 다이어그램

예 3.5 랜덤보행(random walks)

$n=1,2,\cdots$에 대하여 $X_n \geq 1$일 때에는

$$X_{n+1}=\begin{cases} X_n+1, & \text{확률 } p, \\ X_n-1, & \text{확률 } q\equiv 1-p \end{cases}$$

이고, 만약 $X_n=0$이면 확률 1로 $X_{n+1}=1$이다. 이 때 $\{X_n, n=1,2,\cdots\}$는 상태공간이 $\{0,1,2,\cdots\}$인 마코프 체인이다. 이 체인은 다이어그램을 그려보면 알 수 있듯이 $0,1,2,\cdots$로 된 수직선 위를 증가 또는 감소하는 방향으로 랜덤하게 보행하는 것과 유사하다는 점에서 랜덤보행(random walks)이라고 한다. □

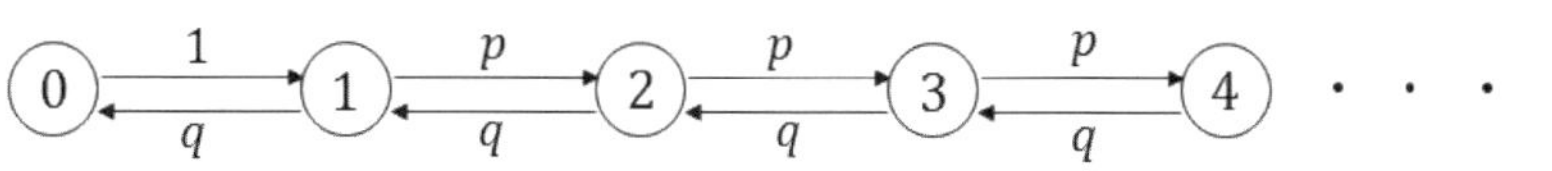

[그림 3.5] (예 3.5) 랜덤보행의 전이확률 다이어그램

마코프 성질을 가지지 않는 확률과정의 예는 연습문제를 참조하기 바란다. 1단계 전이확률의 개념을 확장하면 마코프 성질에 의해 다단계 전이확률을 구할 수 있다.

(2) 다단계 전이확률

(예 3.1)을 다시 보자.

$$P=\begin{matrix} a \\ b \\ c \end{matrix}\begin{pmatrix} 0.89 & 0.1 & 0.01 \\ 0 & 0.7 & 0.3 \\ 1 & 0 & 0 \end{pmatrix}$$

상태전이 $a\rightarrow b$의 1단계 전이확률은 $P(X_{n+1}=b\,|\,X_n=a)=0.1$이다. 이 1단계 전이확률과 마코프 성질을 이용하면 $P(X_{n+1}=b\,|\,X_{n-1}=a)$와 같은 2단계 전이확률을 구할 수 있

다. 전체확률의 법칙을 사용하기 위해 다음 그림과 같이 X_n의 상태에 조건을 걸면 된다. 즉,

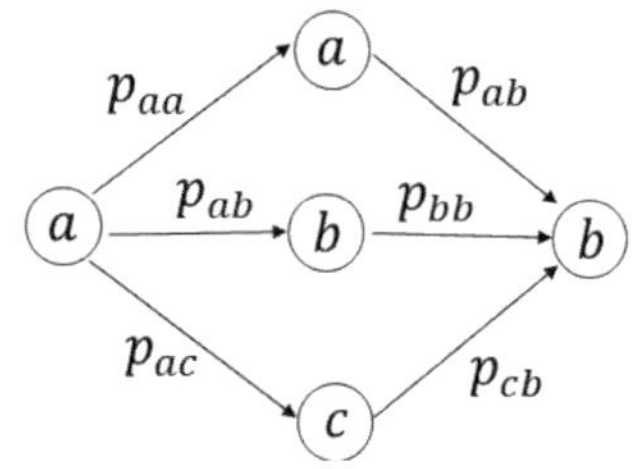

[그림 3.6] 2단계 전이확률의 계산

$$\begin{aligned} P(X_{n+1}=b|X_{n-1}=a) &= \sum_{j=a,b,c} P(X_{n+1}=b|X_n=j,\ X_{n-1}=a)P(X_n=j|X_{n-1}=a) \\ &= \sum_{j=a,b,c} P(X_{n+1}=b|X_n=j)P(X_n=j|X_{n-1}=a) \\ &= \sum_{j=a,b,c} p_{jb}p_{aj} = 0.89\times 0.1+0.1\times 0.7+0.01\times 0=0.159. \end{aligned}$$

두 번째 등식의 첫째 확률값에서는 마코프 성질을 이용하였다. 이로써 1단계 전이확률들의 곱으로 표시가 가능해 졌다.

이 예를 일반화해 보자. 상태 i에서 두 단계 후에 상태 j에 있을 2단계 전이확률을 $p_{ij}^{(2)}$라고 표시하자. 그러면

$$\begin{aligned} p_{ij}^{(2)} \equiv P(X_{n+2}=j|X_n=i) &= \sum_{k\in E} P(X_{n+2}=j|X_{n+1}=k,\ X_n=i)P(X_{n+1}=k|X_n=i) \\ &= \sum_{k\in E} P(X_{n+2}=j|X_{n+1}=k)P(X_{n+1}=k|X_n=i) = \sum_{k\in E} p_{ik}p_{kj}, \end{aligned}$$

따라서 2단계 전이확률 행렬을 $P^{(2)}$로 표시하면 $P^{(2)}=P\times P=P^2$ 이다.

참고 두 행렬 $A=(a_{ij})$, $B=(b_{jk})$이 있을 때, $C=AB=(c_{ik})$이면 $c_{ik}=\sum_j a_{ij}\,b_{jk}$임을 상기하라.

참고 독자들은 $p_{ij}^{(2)} \neq (p_{ij})^2$, $p_{ij}^{(m)} \neq (p_{ij})^m$ 임을 유의하기 바란다.

이를 일반화하면 $P^{(m)}=P^m$, $m=1,2,\cdots$이다. 이렇게 다단계 전이확률들도 1단계 전이확률을 사용하여 구할 수 있는 것은 '다음 단계의 상태는 현재 단계의 상태에만 의존하고 이전 단계의 상태와는 무관하다'는 마코프 성질의 덕분이다.

또한 $P^{(n+m)}=P^{n+m}=P^n\times P^m=P^{(n)}\times P^{(m)}$이 성립한다. 이 등식을 채프만-콜모고로프 방정식(Chapman-Kolmogorov's equation)이라고 한다.

참고 다단계 전이에서는 상태 i에서 출발한 후 m단계 만에 '처음으로' j를 방문함을 의미하는 것이 아니라 중간 단계에서도 상태 j를 방문할 수 있음에 유의하라.

(3) 상태확률

지금까지는 전이확률, 즉 조건부 확률을 고려해 왔다. 이제 조건이 없는 상태확률(state probability)인 $P(X_n = i)$을 고려해 보자. $P(X_2 = j)$, $P(X_1 = i_1, X_2 = i_2)$, $P(X_{1000} = i)$는 각각 단계 2, 단계 1과 2, 단계 1000에서의 상태확률이다.

상태확률을 구하기 위해서는 1단계 전이확률 이외에 초기상태 확률이 추가로 필요하다. 상태공간이 $E = \{0,1,2,\cdots\}$라고 가정하고, $\alpha_j \equiv P(X_0 = j), j \in E$로 정의하면 α_j를 초기 상태 확률이라고 한다. $\tilde{\alpha} = (\alpha_0, \alpha_1, \alpha_2, \cdots)$는 초기상태 확률벡터이다.

단계 1에서의 상태확률은 다음과 같이 초기상태의 조건을 걸어서 전체확률의 법칙을 사용하여 구할 수 있다.

$$P(X_1 = j) = \sum_{i \in E} P(X_1 = j \mid X_0 = i) P(X_0 = i) = \sum_{i \in E} p_{ij} \alpha_i,\ j \in E.$$

이를 벡터로 표현해 보자. $\tilde{p}^{(1)} = (P(X_1 = 0), P(X_1 = 1), \cdots)$를 단계 1에서의 상태확률 벡터라고 하면 윗 식에 의해 $\tilde{p}^{(1)} = \tilde{\alpha} P$이라고 쓸 수 있다. 또한

$$P(X_2 = j) = \sum_{k \in E} P(X_1 = k) \times P(X_2 = j \mid X_1 = k) = \sum_{k \in E} P(X_1 = k) \times p_{kj},\ \text{또는}$$

$$P(X_2 = j) = \sum_{i \in E} P(X_0 = i) \times P(X_2 = j \mid X_0 = i) = \sum_{i \in E} P(X_0 = i) \times p_{ij}^{(2)}\ \text{이므로,}$$

$\tilde{p}^{(2)} = \tilde{p}^{(1)} P = \tilde{\alpha} P^2$이고, 마찬가지로 $\tilde{p}^{(m)} = \tilde{p}^{(m-1)} P = \tilde{\alpha} P^m$이다.

예 3.6

(예 3.1)의 마코프 체인을 다시 고려하자. 전이확률 행렬은 다음과 같으며, 기계장치가 초기에 정상적일 확률은 0.4, 일부 고장난 상태일 확률은 0.5, 고장난 상태일 확률은 0.1이라고 하자.

$$P = \begin{matrix} a \\ b \\ c \end{matrix} \begin{pmatrix} 0.89 & 0.1 & 0.01 \\ 0 & 0.7 & 0.3 \\ 1 & 0 & 0 \end{pmatrix}$$

(i) 처음 설치할 당시에는 기계장치가 어떤 상태인지 모른다. 하루 후에 고장이 나 있을 확률은 얼마인가?

$$P(X_1 = c) = \alpha_a \times p_{ac} + \alpha_b \times p_{bc} + \alpha_c \times p_{cc} = 0.4 \times 0.01 + 0.5 \times 0.3 + 0.1 \times 0 = 0.154.$$

(ii) 설치당시 기계장치가 어떤 상태인지 몰랐는데, 하루 후에 고장이 나 있다면, 초기에 일부 고장 상태이었을 확률은 얼마인가?

$$P(X_0=b|X_1=c)=\frac{P(X_1=c|X_0=b)\times P(X_0=b)}{P(X_1=c)}=\frac{p_{bc}\times \alpha_b}{0.154}=0.974.$$

(iii) 이틀 후 기계의 상태가 정상일 확률은 얼마인가? 이를 풀기 위해서는 2단계 전이확률들이 필요하므로 P^2를 구해 둔다.

$$P^2=P\times P=\begin{matrix} a \\ b \\ c\end{matrix}\begin{pmatrix} 0.8021 & 0.159 & 0.0389 \\ 0.3 & 0.49 & 0.21 \\ 0.89 & 0.1 & 0.01 \end{pmatrix},$$

$P(X_2=a)=\alpha_a\times p_{aa}^{(2)}+\alpha_b\times p_{ba}^{(2)}+\alpha_c\times p_{ca}^{(2)}=0.4\times 0.8021+0.5\times 0.3+0.1\times 0.89=0.5598,$

또는 $P(X_1=a),\ P(X_1=b),\ P(X_1=c)$를 (i)과 같이 구한 후,

$P(X_2=a)=P(X_1=a)\times p_{aa}+P(X_1=b)\times p_{ba}+P(X_1=c)\times p_{ca}$와 같이 구해도 된다. □

(4) 기대비용

마코프 체인이 상태 $j\,(j\in E)$를 방문할 때마다 $C(j)$의 비용이 발생한다고 하고, 비용벡터를 열벡터 $\widetilde{C}$로 표시하자.

(i) 초기상태가 i인 경우에 단계 1에서의 기대비용은 다음과 같다.

$$E[\,C(X_1)\,|\,X_0=i\,]=\sum_{j\in E}C(j)P(X_1=j\,|\,X_0=i)=\sum_{j\in E}C(j)p_{ij}=\big(P\widetilde{C}\big)_i \text{ (벡터 형태)}.$$

(ii) 초기상태가 i인 경우에 단계 m에서의 기대비용은 $E[\,C(X_m)\,|\,X_0=i\,]=\big(P^{(m)}\,\widetilde{C}\big)_i$이다.

(iii) 초기상태가 주어지지 않은 경우에는 초기상태 확률벡터 $\tilde{\alpha}$를 사용하면 된다. 즉, 단계 m에서의 기대비용 $E[\,C(X_m)\,]$은 다음과 같다.

$$E[\,C(X_m)\,]=\sum_{j\in E}C(j)P(X_m=j)=\sum_{j\in E}C(j)\sum_{i\in E}p_{ij}^{(m)}\alpha_i=\tilde{\alpha}P^{(m)}\,\widetilde{C}.$$

(iv) 단계 m까지 발생한 모든 기대비용의 합은 $\tilde{\alpha}(I+P^{(1)}+P^{(2)}+\cdots+P^{(m)})\widetilde{C}$이다.

예 3.7

(예 3.1)의 마코프 체인에서, 기계의 상태가 a,b,c일 때, 각각 −20, 10, 100의 비용이 발생한다(음수는 이익을 뜻함).

(i) 초기에 기계의 상태가 정상이었을 때, 2일 후의 기대비용을 구하라.

구하는 값은 $E[\,C(X_2)\,|\,X_0=a\,]=\big(P^{(2)}\,\widetilde{C}\big)_a$이다. $\widetilde{C}=(-20,10,100)^T$이므로,

$$E[\,C(X_2)\,|\,X_0=a\,]=(0.8021,\ 0.159,\ 0.0389)\begin{pmatrix}-20\\10\\100\end{pmatrix}=-10.562.$$

(ii) 초기 기계의 상태를 모를 경우, 2일까지의 평균 기대비용은? 단, $P^{(0)} = P^0 = I$이다.

$E[C(X_0) + C(X_1) + C(X_2)]/3 = (\tilde{\alpha}P^{(0)}\tilde{C} + \tilde{\alpha}P^{(1)}\tilde{C} + \tilde{\alpha}P^{(2)}\tilde{C})/3 = 7.11$이다. □

3.2 안정상태 확률분포

(1) 마코프 체인에 의한 성능값

전절에서는 관심대상이 되는 시스템을 마코프 체인에 의해 모형으로 만들기 위해 1단계 전이확률 행렬 P와 초기상태확률 벡터 $\tilde{\alpha}$가 필요하고, 이들을 통해 상태확률과 기대비용 등을 구할 수 있음을 보였다. 이 외에도 매우 다양한 확률들과 성능값들을 구할 수 있는데, (예 3.1)의 경우를 사례로 하여 나열해 보면 다음과 같다.

(a) 이 기계를 오랫동안 사용한 후 특정 시점에서 (예를 들어 1,000일 후) 이 기계가 정상/일부고장/고장 상태일 확률을 알고자 한다.

(b) 이 기계는 평균 며칠에 한 번 꼴로 고장이 나서 수리상태에 들어가는지 알고 싶다.

(c) 기계를 오랫동안 사용할 경우(예를 들어 1,000일간 사용하는 동안) 기계가 정상상태로 가동했던 날이 평균 얼마나 되는지 구하려고 한다.

(d) 기계의 상태가 a(고장), b(일부 고장), c(정상)일 때 각각 $C(a), C(b), C(c)$의 비용이 발생한다고 할 때, 이 기계를 설치하여 사용하면 하루당 얼마의 비용이 드는지 알고 싶다.

이를 일반화하여 수식으로 표현하면 다음과 같다.

(a)는 모든 $j \in E$에 대해 상태확률의 극한값 $\pi_j \equiv \lim_{n \to \infty} P(X_n = j)$를 구하는 것으로, π_j가 존재할 조건과, 만약 존재한다면 구하는 방법 등을 알아야 한다.

(b)는 특정한 상태 j^*의 평균 재귀(recurrence) 간격을 구하는 것으로, (a)를 구하면 이 값도 얻을 수 있다.

(c)는 $I + P + P^2 + \cdots$를 구해야 하며 이 무한급수의 존재 조건과 구하는 방법이 필요하다.

(d)는 $E\left[\lim_{N\to\infty}\frac{1}{N}(C(X_1)+C(X_2)+\cdots+C(X_N))\right]$를 구한다.

이처럼 (a)~(d)를 포함하여 마코프 체인 모형에서 많은 성능값들은 상태확률의 극한값 $\pi_j \equiv \lim_{n\to\infty} P(X_n = j)$를 계산함으로써 구할 수 있다. 이 극한확률을 계산하기 위해서는 n이 커짐에 따라 전이확률 또는 상태확률이 어떤 변화를 보이는가를 분석해야 한다. 이를 위해서 P를 거듭제곱하는 것은 바람직하지 않고, 각 상태 $j\in E$ 들을 특성에 따라 분류를 함으로써 쉽게 해결할 수 있다. 이의 정의와 방법은 다음 절에서 설명한다.

(2) 상태의 분류

여기서는 P 행렬을 통한 상태 분류(classification of states)의 엄격한 정의와 이에 따른 분류판정 기준을 제시하기 보다는, 전이확률 다이어그램을 통해서 분류할 수 있는 직관적인 방법을 설명한다. 마코프 체인 $\{X_n, n=0,1,2,\cdots\}$의 상태공간을 E라고 하자. 우선 마코프 체인을 상태공간의 형태에 따라 기약과 가약으로 분류한다.

(i) 상태 i에서 상태 j로 (몇 단계를 거치든 상관없이) 도달하는 것이 가능하다면 (즉 $p_{ij}^{(n)} > 0$인 n이 존재한다면) "j는 i로부터 도달가능(reachable)"이라고 하고 $i\to j$로 표시한다. $i\to j$이고 또 $j\to i$이면 "i와 j는 서로 왕래한다(communicate)"라고 한다.

(ii) 서로 왕래하는 상태들로만 구성된 상태집합을 닫힌집합(closed set)이라고 한다.

(iii) 내부에 닫힌집합을 포함하지 않는 닫힌집합은 기약(旣約, irreducible)이라고 한다. 특히 상태공간 E 전체가 기약인 마코프 체인을 기약 마코프 체인이라고 한다.

예 3.8

이전 예제 가운데 (예 3.1), (예 3.2), (예 3.4), (예 3.5)의 마코프 체인은 모든 상태들이 상호 왕래하고 하나의 닫힌집합에 속해 있으므로 기약 마코프 체인이다. (예 3.3)의 마코프 체인은 상태집합 $\{1,4\}$와 상태집합 $\{3\}$이 각각 닫힌집합이지만 상태공간 $\{1,2,3,4\}$가 닫혀있지 않으므로 이 마코프 체인은 기약이 아닌 가약(可約, reducible) 마코프 체인이다. □

이제 각 상태들을 다음과 같이 분류해 보자.

(a) 상태 j를 출발하여 몇 단계를 거치든지 상관없이 다시 상태 j로 돌아오는 것이 가능하다면 (즉, 그럴 확률이 1이라면) 상태 j는 재귀(recurrent) 상태라고 한다.

(b) 상태 j가 재귀 상태라고 하자. N_j를 상태 j를 떠나서 처음으로 다시 j로 돌아오는 데에 걸리는 단계수라고 하자. 예를 들어 $X_0 = j, X_1 = i_1, X_2 = i_2, X_3 = i_3, X_4 = j \ (j \neq i_1, i_2, i_3)$이면 $N_j = 4$이다. 만약 N_j의 기댓값 $E(N_j) < \infty$ (즉 유한의 값)이라면 j를 양(陽)의재귀(positive recurrent, 또는 non-null recurrent) 상태라고 하고, $E(N_j) = \infty$ (즉 무한의 값)이면 영(零)의재귀(null recurrent) 상태라고 한다. 상태공간이 유한인 경우에는 영의재귀 상태는 존재하지 않다. 이에 대해서는 3.3절 (3)에서 추가로 설명한다.

(c) 상태 j를 떠나 다시 j로 돌아오는 데에 걸리는 단계수가 $\delta, 2\delta, 3\delta, \cdots$ ($\delta \geq 2$ 인 자연수)이면 상태 j는 주기가 δ인 주기적(periodic) 상태라고 한다. 주기적이지 않으면 비주기적 상태(aperiodic state)라고 한다.

(d) $p_{jj} = 1$이면 j는 흡수(absorbing) 상태라고 한다.

(e) 상태 k를 출발하여 다시 돌아오지 못할 확률이 (아무리 작은 값이라도) 0보다 크다면 상태 k는 일시적(transient) 상태라고 한다.

상태 분류의 정의에 따라서 다음을 유추해 볼 수 있다:

(f) 동일한 닫힌집합에 속해 있는 상태들은 모두 동일한 상태분류를 가진다. 즉 그 중 하나가 양(영)의재귀이면 모두가 양(영)의재귀, 주기적이면 모두가 동일 주기를 가지는 주기적 상태, 일시적 상태이면 모두가 일시적 상태이다(증명은 생략).

독자들은 여러 가지 마코프 체인에 대해서 위의 방법을 이용하여 상태분류를 연습해 보기 바란다.

예 3.9

각 예제에서의 상태들에 대한 분류는 아래와 같다.

(i) (예 3.2)의 상태집합 {ㄱ, ㄴ, ㄷ}은 닫힌집합이며 모두 주기가 3인 주기적 상태이다. 또한 모두 재귀상태 중에서도 양의재귀상태이다(이의 증명은 연습문제).

(ii) (예 3.3)에서 닫힌집합 {1,4}는 양의재귀 상태이다. 상태 3은 흡수 상태이고, 상태 2는 일시적 상태이다.

(iii) (예 3.4)는 기약 마코프 체인이며, $M = q_1 + 2q_2 + 3q_3 + \cdots < \infty$이면 모든 상태가 다 양의재귀이지만 $M = \infty$이면 모든 상태가 다 영의재귀이다.

(예 3.5)도 기약 마코프 체인이며, $p > q$이면 모든 상태가 다 양의재귀, $p = q$이면 모두 영의재귀, $p < q$이면 일시적 상태이다. □

이제 분류가 정해진 각 상태들에 대하여 정의를 바탕으로 유추해서 다음과 같이 극한확률을 구해보기로 한다.

(i) 상태 j가 일시적 상태이면 출발 상태가 어디인가에 상관없이 $\lim_{n\to\infty} P(X_n = j|X_0 = i)$ $= \lim_{n\to\infty} P(X_n = j) = 0$임이 자명하다.

(ii) 상태 j가 흡수 상태이면 $\lim_{n\to\infty} P(X_n = j|X_0 = j) = 1$이다. 출발 상태가 $i(\neq j)$인 경우에 $\lim_{n\to\infty} P(X_n = j|X_0 = i)$를 구하기 위해서는 i에서 j를 (몇 단계이든 상관없이) 방문할 확률만 곱하면 된다.

(iii) 상태 j가 주기적 상태이면 $P(X_n = j)$ 값이 n에 따라 진동하므로 극한확률 $\lim_{n\to\infty} P(X_n = j)$은 존재하지 않는다.

(iv) 상태 j가 영의재귀 (null recurrent) 상태이면 $j \to j$로 확률 1로 돌아오기는 하지만 그에 걸리는 평균 단계수가 ∞이므로 이 경우에도 $\lim_{n\to\infty} P(X_n = j) = 0$이다.

극한확률값이 자명하지 않은 것은 상태 j가 비주기적이면서 양의재귀인 경우이다. 기약이며 비주기적이고 양의재귀인 마코프 체인을 에르고딕(ergodic)하다고 한다. 이에 대한 내용은 다음 절에서 다룬다.

3.3 기약 마코프 체인

기약 마코프 체인은 모든 상태들이 비주기적이고 서로 왕래하여 상태공간 E가 닫힌집합이며 내부에 다른 닫힌집합을 가지고 있지 않은 확률과정이다. 대기행렬 모형을 비롯하여 많은 현실 모형이 이에 해당하고 극한확률을 구하는 것이 자명하지 않다.

(1) 안정상태 확률

(예 3.1)의 마코프 체인은 기약이고 비주기적이면서 양의재귀(에르고딕)이다. 1단계 전이 확률 행렬 P를 거듭제곱하면서 $P, P^2, P^3, \cdots$를 구해 보면 아래와 같다.

$$P=\begin{pmatrix}0.89 & 0.1 & 0.1\\ 0 & 0.7 & 0.3\\ 1 & 0 & 0\end{pmatrix},\quad P^2=\begin{pmatrix}0.802 & 0.159 & 0.039\\ 0.3 & 0.49 & 0.21\\ 0.89 & 0.1 & 0.01\end{pmatrix},\cdots,\quad P^8=\begin{pmatrix}0.696 & 0.229 & 0.075\\ 0.682 & 0.238 & 0.080\\ 0.698 & 0.227 & 0.074\end{pmatrix},\cdots$$

$$P^{12}=\begin{pmatrix}0.693 & 0.231 & 0.076\\ 0.692 & 0.232 & 0.077\\ 0.693 & 0.231 & 0.076\end{pmatrix},\cdots,\quad P^{17}=\begin{pmatrix}0.693 & 0.231 & 0.076\\ 0.693 & 0.232 & 0.076\\ 0.693 & 0.231 & 0.076\end{pmatrix}=P^{18}=\cdots$$

거듭제곱을 해 나갈수록 세 행이 모두 같아짐을 알 수 있다. 이는 단계가 길어질수록 초기 출발상태의 영향이 점차 줄어들고 $n\to\infty$ 이면 아예 없어지게 됨을 의미한다. 즉,

$$\lim_{n\to\infty} p_{ac}^{(n)} = \lim_{n\to\infty} p_{bc}^{(n)} = \lim_{n\to\infty} p_{cc}^{(n)} = 0.076$$

이며 따라서 이를 $\lim_{n\to\infty} P(X_n = c) = 0.076 \equiv \pi_c$라고 쓸 수 있다. $\pi_a = 0.693$, $\pi_b = 0.231$도 마찬가지이다.

이처럼 초기 상태의 영향이 없어지고 n이 커져도 $p_{ij}^{(n)}$의 값이 변화가 없을 때 마코프 체인이 안정상태(steady state)에 들어섰다고 하며, 이 때의 극한확률값 $\pi_j(j=a,b,c)$를 안정상태 확률, 또는 평형상태(equilibrium state) 확률이라고 한다. 실제로 $P(X_n = a|X_0 = i) = p_{ia}^{(n)}$의 확률을 n의 값을 증가시켜 가면서 계산하면 다음 그래프에서 보는 것과 같이 소숫점 넷째 자리에서 반올림하는 경우 $n=14$ 정도부터는 세 값이 $\pi_a = 0.693$으로 동일해지므로 $n=14$에서 안정상태에 돌입하였다.

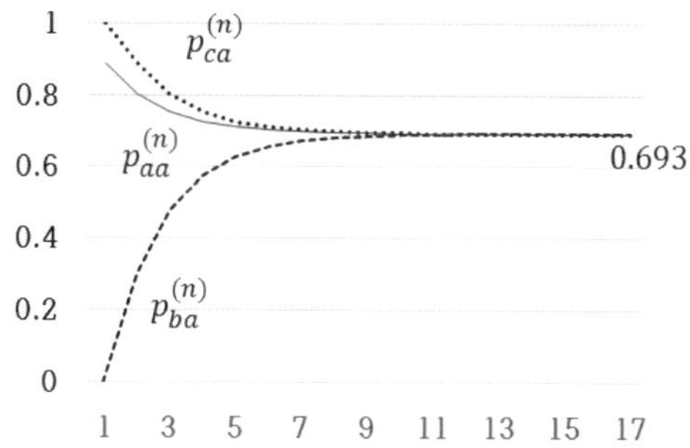

[그림 3.7] 안정상태 확률로의 수렴

이제 위의 논의들을 바탕으로 기약이며 양의재귀인 마코프 체인의 안정상태 확률을 구하는 정리를 설명한다. 이 정리는 본 장의 주된 정리이다.

정 리

$\{X_n, n=0,1,2,\cdots\}$가 상태공간 E, 1단계 전이확률 행렬이 P인 에르고딕 마코프 체인이다. $\tilde{\pi}=(\pi_0, \pi_1, \cdots)$ 라고 할 때, 다음 연립방정식의 해 π_j는 유일하며, 양수이고, 안정상태 확률 $\pi_j = \lim_{n\to\infty} P(X_n = j)$이다.

$$\tilde{\pi} = \tilde{\pi}P, \quad \sum_{j\in E} \pi_j = 1 .$$

간편증명

전체확률의 법칙에 의해

$P(X_{n+1}=j) = \sum_{i\in E} P(X_n = i)P(X_{n+1}=j \mid X_n = i) = \sum_{i\in E} P(X_n = i)p_{ij}$이다. 양 변에 $\lim_{n\to\infty}$을 적용하면 $\lim_{n\to\infty} P(X_{n+1}=j) = \lim_{n\to\infty}\sum_{i\in E} P(X_n = i)p_{ij} = \sum_{i\in E} p_{ij} \lim_{n\to\infty} P(X_n = i)$이고, $\lim_{n\to\infty} P(X_{n+1}=j) = \pi_j = \lim_{n\to\infty} P(X_n = j)$ 이므로, 결국 $\pi_j = \sum_{i\in E}\pi_i p_{ij}$이다. 이를 벡터와 행렬로 표시하면 $\tilde{\pi} = \tilde{\pi}P$ 이며, π_j는 모두 확률이므로 당연히 $\sum_{j\in E}\pi_j = 1$이다.

또한 모든 상태들이 양의재귀이므로 $\pi_j > 0$이다. 유일성에 대한 증명은 생략한다.

예 3.10

(예 3.1)의 마코프 체인의 경우 에르고딕이다. 따라서,

$(\pi_a, \pi_b, \pi_c) = (\pi_a, \pi_b, \pi_c)\begin{pmatrix} 0.89 & 0.1 & 0.01 \\ 0 & 0.7 & 0.3 \\ 1 & 0 & 0 \end{pmatrix}$이므로

$\pi_a = 0.89\times\pi_a + 0\times\pi_b + 1\times\pi_c$,
$\pi_b = 0.1\times\pi_a + 0.7\times\pi_b + 0\times\pi_c$,
$\pi_c = 0.01\times\pi_a + 0.3\times\pi_b + 0\times\pi_c$,
$\pi_a + \pi_b + \pi_c = 1$.

이 연립방정식을 풀면 $\pi_a = 0.693, \pi_b = 0.231, \pi_c = 0.076$이며, P를 거듭제곱해서 얻은 결과와 일치한다. □

참고 처음 세 방정식 중의 하나는 다른 두 개의 식으로부터 유도될 수 있으므로 실제로는 두 개의 식만 있는 것이니, 네 번째 식 ($\Sigma\pi_i = 1$)이 반드시 필요하다.

예 3.11

5개의 상태를 가지고 있는 마코프 체인의 1단계 전이확률 행렬이 다음과 같다.

$$P=\begin{pmatrix} q_1\, q_2\, q_3\, q_4\, q_5 \\ q_2\, q_3\, q_4\, q_5\, q_1 \\ q_3\, q_4\, q_5\, q_1\, q_2 \\ q_4\, q_5\, q_1\, q_2\, q_3 \\ q_5\, q_1\, q_2\, q_3\, q_4 \end{pmatrix},\ \forall q_i > 0,\ \sum_{i=1}^{5} q_i = 1.$$

이와 같이 행의 합뿐만 아니라 열의 합도 1인 마코프 체인을 이중(doubly) 마코프 체인이라고 한다. 이의 안정상태 확률이 $\pi_1 = \pi_2 = \pi_3 = \pi_4 = \pi_5 = 1/5$임을 보여라.

풀이

$\forall q_i > 0$이므로 이 마코프 체인은 에르고딕하다. 따라서 정리에 의해 안정상태확률은 유일하다. 주어진 확률값 $\pi_i = 1/5,\ \forall i$는 $\tilde{\pi} = \tilde{\pi} P,\ \ \sum_{j=1}^{5} \pi_j = 1$의 연립방정식을 만족하므로 이는 안정상태확률이다. □

참고 대기행렬 네트워크와 같이 매우 복잡한 확률모형에서는 연립방정식을 풀어서 해를 구하기보다는 (예 3.11)에서처럼 해를 예측(guessing)해서 안정상태 방정식에 대입하여 식이 성립하는가를 판단하는 방식으로 해를 구하는 경우가 많다.

예 3.12

(예 3.4)의 경우 $\tilde{\pi} = \tilde{\pi} P$를 적용하면

$\pi_0 = q_1\pi_0 + \pi_1,$
$\pi_1 = q_2\pi_0 + \pi_2,$
$\pi_2 = q_3\pi_0 + \pi_3,$
$\cdots\ \cdots$

이를 정리하면

$\pi_1 = (1-q_1)\pi_0,$
$\pi_2 = (1-q_1-q_2)\pi_0,$
$\pi_3 = (1-q_1-q_2-q_3)\pi_0,$
$\cdots\cdots$

이제 π_0을 구하기 위해 $\Sigma\,\pi_i = 1$과 $\Sigma\, q_i = 1$를 적용하면 $\pi_0(q_1 + 2q_2 + 3q_3 + \cdots) = 1$이다. $M \equiv q_1 + 2q_2 + 3q_3 + \cdots$라고 하자.

(i) $M < \infty$이면 $\pi_k = (1-q_1 - \cdots - q_k)/M, k = 1,2,\cdots$이고 $\pi_0 = 1/M$이다. 이 경우 모든 상태들은 양의재귀이다.

(ii) $M = \infty$이면 해가 존재하지 않는다.

이를 해석해 보면, $M \equiv q_1 + 2q_2 + 3q_3 + \cdots$은 기계 수명의 기댓값이며, 또한 상태 0(기계의 수명이 0)에서 출발하여 다시 상태 0으로 돌아오는 데에 걸리는 단계수의 평균값이기도 하다. $M = \infty$이라

면 상태 0은 영의재귀이며, 또한 기약 마코프 체인이므로 모든 상태들이 영의재귀이고 극한확률값은 모든 상태에서 0이다. □

(2) 안정상태 확률의 의미

에르고딕 마코프 체인에서의 안정상태 확률 π_j는 다음과 같이 해석할 수 있다.

(i) 앙상블 평균(ensemble average)

안정상태의 임의시점에서 시스템이 상태 j에 있을 평균 횟수라는 개념이다. 예를 들어 동일한 시스템을 N회 가동했을 때 (또는 N개의 동일한 시스템을 동시에 독립적으로 가동했을 때), 그 중 평균적으로 $N\times\pi_j$ 회(개)의 시스템이 상태 j에 있다고 해석한다.

(ii) 시간 평균 (time average)

마코프 체인이 총 N번의 전이를 한다고 할 때 이 중 상태 j로의 전이(또는 상태 j를 방문) 횟수는 평균 $N\times\pi_j$ 회라는 의미이다.

참고 지시확률변수를 $I_j(X_n)=\begin{cases}1, \text{ if } X_n=j,\\ 0, \text{ if } X_n\neq j,\end{cases}$ 라고 정의하면 평균은 $E(I_j(X_k)|X_0=j)=P(X_k=j|X_0=j)=p_{jj}^{(k)}$ 이다. 또한 $\sum_{k=0}^{m}I_j(X_k)$은 단계 m까지 상태 j를 방문한 총 횟수이고 이의 평균은 $E(\sum_{k=0}^{m}I_j(X_k)|X_0=j)=\sum_{k=0}^{m}E(I_j(X_k)|X_0=j)=\sum_{k=0}^{m}p_{jj}^{(k)}$이다. $m\to\infty$로 하면 $\sum_{k=0}^{\infty}p_{jj}^{(k)}$은 상태 j를 방문한 총 평균횟수이다.

이제 시간 평균의 개념에 의해 다음과 같이 쓸 수 있다.

$$E(\lim_{m\to\infty}\frac{1}{m+1}\sum_{k=0}^{m}I_j(X_k)|X_0=j)=\lim_{k\to\infty}\frac{1}{m+1}\sum_{k=0}^{m}E(I_j(X_k)|X_0=j)=\lim_{k\to\infty}\frac{1}{m+1}\sum_{k=0}^{m}p_{jj}^{(k)}=\pi_j.$$

(iii) 평균 재귀 간격의 역수

예를 들어 $\pi_j=0.2$라고 하면, 5번의 전이 가운데 1번 정도 꼴로 상태 j를 방문한다는 의미이며 이는 j로의 연속된 두 방문 간격이 평균 5단계라는 뜻도 된다. 이처럼 $1/\pi_j$는 상태 j를 방문한 후 다음 j를 방문할 때까지 평균 단계의 수이다.

참고 현실 모형에서는 상태공간 E의 크기, 즉 상태의 수가 수 천, 수 만, 때로는 수십억 개에 이르는 등 매우 클 수가 있다. 이 경우 P는 매우 큰 행렬이며, 안정상태 확률을 구하기 위한 연립방정식 $\tilde{\pi} = \tilde{\pi}P$, $\Sigma\,\pi_j = 1$의 해를 컴퓨터에 의해 푼다면 역행렬을 구하는 과정이 포함되므로 여기서 많은 계산오차가 발생할 수 있다. 하지만 이 연립방정식의 독특한 구조를 이용하면 축소사상(contraction mapping)에 의해 다음과 같은 순환식으로 근사값을 구할 수 있다. 즉,

(i) 초기값을 $\tilde{\pi}^{(0)} = (1, 1, \cdots, 1)$로 둔 후

(ii) $\tilde{\pi}^{(k+1)} = \tilde{\pi}^{(k)}P,\ k = 0, 1, 2, \cdots$ 를 순환 계산하며

(iii) $\| \tilde{\pi}^{(r+1)} - \tilde{\pi}^{(r)} \| < \epsilon$이면 중단하고 $\tilde{\pi}^{(r)}$를 최종 근사값으로 결정한다. $\Sigma_j \pi_j^{(r)} = 1$에 의해 정규화하여 최종 결과값으로 제시한다.

(3) 무한 상태공간의 기약 마코프 체인

상태공간 E가 유한하다면 모든 상태들은 양의재귀 또는 일시적 상태 중의 하나이며 영의재귀 상태는 존재하지 않는다. 하지만 E가 무한하다면 영의재귀 상태가 존재할 수 있다. 상태 j가 재귀 상태일 때, 상태 j를 떠나서 처음으로 다시 j로 돌아오는 데에 걸리는 단계 수 N_j의 기댓값 $E(N_j) = \infty$ (즉 무한의 값)이면 영의재귀 상태이다. 그리고 상태 j가 영의재귀 상태이면 $\lim_{n \to \infty} P(X_n = j) = 0$이다.

기약인 무한상태공간에서 영의재귀 상태는 다음과 같은 방법으로 판단할 수 있다:

무한 상태공간 E가 기약인 마코프 체인의 전이확률행렬 P에서 임의로 $k \in E$번째 행과 열을 삭제한 행렬을 Q라고 하자. 이 때 다음 연립방정식의 유일한 해가 $\tilde{h} = \tilde{0}$이라면 모든 상태들은 영의재귀이며, 그렇지 않다면 모든 상태들은 일시적 상태이다(증명은 생략한다):

$\tilde{h} = Q\tilde{h}$ 이고 모든 h_i에 대하여 $0 \le h_i \le 1$.

예 3.13

(예 3.5)의 랜덤보행을 다시 보자. $0 < p < 1$이고 $q = 1 - p$이다.

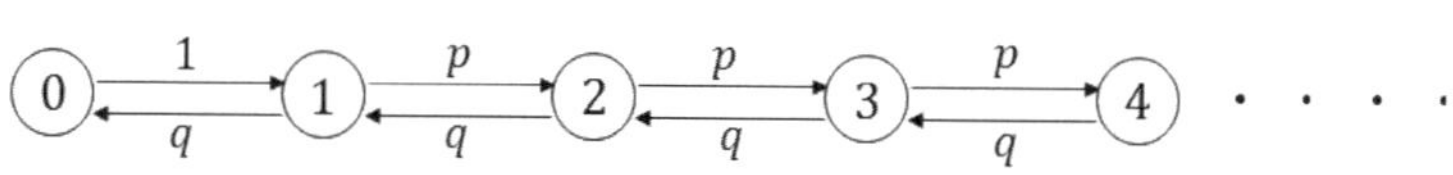

닫힌집합이므로 모든 상태들은 모두 양의재귀이거나 모두 영의 재귀이거나 모두 일시적 상태이다. 각 상태일 조건을 구해보자.

안정상태 확률을 구하기 위한 연립방정식 $\tilde{\pi} = \tilde{\pi}P$을 적용하면

$\pi_0 = q\pi_1,$ $\qquad\qquad\qquad \pi_1 = (1/q)\pi_0,$
$\pi_1 = \pi_0 + q\pi_2,$ $\qquad\qquad \pi_2 = (p/q^2)\pi_0,$
$\pi_2 = p\pi_1 + q\pi_3,$ $\qquad\qquad \pi_3 = (p^2/q^3)\pi_0,$
$\pi_3 = p\pi_2 + q\pi_4,$ $\qquad\qquad \cdots$
$\cdots$

따라서 일반식으로는 $\pi_j = (p^{j-1}/q^j)\pi_0,\ j = 1,2,\cdots$이다.

(i) $p < q$인 경우:

$$\sum_{j=0}^{\infty}\pi_j = \left(1 + (1/q)\sum_{j=0}^{\infty}(p/q)^{j-1}\right)\pi_0 = \left(1 + (1/q)\frac{1}{1-p/q}\right)\pi_0 = \frac{2q}{q-p}\pi_0,$$

$\sum_{j=0}^{\infty}\pi_j = 1$이어야 하므로 $\pi_0 = \dfrac{q-p}{2q} = (1/2)(1-p/q)$이고 따라서

$$\pi_j = \begin{cases} \dfrac{1}{2}\left(1-\dfrac{p}{q}\right), & j = 0, \\ \dfrac{1}{2q}\left(1-\dfrac{p}{q}\right)\left(\dfrac{p}{q}\right)^{j-1}, & j \ge 1, \end{cases}$$

이것이 안정상태 확률이며, 이 때 모든 상태들은 양의재귀이다.

(ii) $p \ge q$인 경우: $p < q$일 때 중간에 유도된 무한등비급수의 값이 존재하지 않는다. 이제 전이확률 행렬에서 첫 행과 첫 열을 없앤 다음의 행렬을 고려하자.

$$Q = \begin{pmatrix} 0 & p & 0 & 0 & \cdots \\ q & 0 & p & 0 & \cdots \\ 0 & q & 0 & p & \cdots \\ 0 & 0 & q & 0 & \cdots \\ \vdots & \vdots & \vdots & \vdots & \ddots \end{pmatrix}$$

연립방정식 $\tilde{h} = Q\tilde{h}$를 풀면

$h_1 = ph_2,$
$h_2 = qh_1 + ph_3,$
$h_3 = qh_2 + ph_4,$
$\cdots$

이로써 $h_i = qh_{i-1} + ph_{i+1}$이고 이를 다시 쓰면 다음 점화식(recurrence relation)을 얻는다.

$p(h_{i+1} - h_i) = q(h_i - h_{i-1}),\ i = 2,3,\cdots,$

초기조건 $p(h_2 - h_1) = qh_1$을 이용하여 $h_{i+1} - h_i = (q/p)^{i-1}(h_2 - h_1) = (q/p)^i h_1,\ i = 1,2,\cdots$이고 결과적으로 모든 $i \ge 1$에 대하여 다음 식을 얻을 수 있다.

$$\begin{aligned} h_i &= (h_i - h_{i-1}) + (h_{i-1} - h_{i-2}) + \cdots + (h_2 - h_1) + h_1 \\ &= \left((q/p)^{i-1} + (q/p)^{i-2} + \cdots + (q/p)\right)h_1. \end{aligned}$$

따라서 $p = q$이면 $h_i = (i-1)h_1$이며 모든 h_i에 대하여 $0 \le h_i \le 1$이기 위해서는 $h_i = 0$일 수 밖에 없다. 이 경우는 모든 상태가 영의재귀이다.

만약 $p > q$이면 $h_1 = 1 - (q/p)$로 둠으로써 $h_i = 1 - (q/p)^i,\ i \ge 1$이 성립한다. 따라서 모든 상태는 일시적 상태이다.

정리하면,

$p < q$이면 모든 상태가 주기 2의 양의재귀, $p = q$이면 모든 상태가 영의재귀이고, $p > q$이면 모든 상태가 일시적 상태이다. □

이제 마코프 체인의 각 상태들을 분류하는 절차를 다음 그림과 같이 정리할 수 있다.

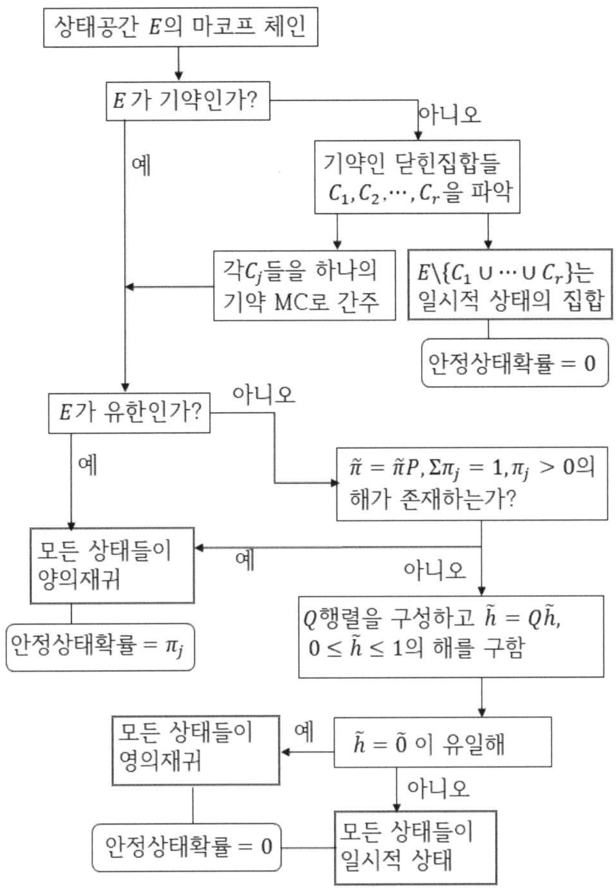

[그림 3.8] 마코프 체인의 상태분류 방법

(4) 기대비용

3.1절의 (4)에서는 마코프 체인이 상태 $j(j \in E)$를 방문할 때마다 $C(j)$의 비용이 발생한다고 하고, 비용벡터를 열벡터 $\tilde{C}$로 표시할 때, 초기 상태가 i인 경우에 단계 m에서의 기대비용은 $E[C(X_m)|X_0 = i] = (P^{(m)}\tilde{C})_i$임을 보인 바 있다. 따라서 상태 i에서 출발한 후 단계 m까지 총 기대비용의 합은 $((I + P^{(1)} + P^{(2)} + \cdots + P^{(m)})\tilde{C})_i$이다.

이제 단계 m을 무한대로 확장한 무한 기간 동안의 기대비용에 대해서 알아본다. 여기에는 전체 기간동안의 총 비용과 단위기간당 비용 등 두 가지의 기준이 있다.

(i) 총 기대 할인비용

기간 m을 무한 단계($m \to \infty$)로 확장하면 총 기대비용의 값은 당연히 ∞가 될 것이다. 하지만 매 단계마다 이자율(interest rate) $i\ (0 \le i < 1)$를 고려하면 무한 단계까지의 총 기대비용의 합은 유한의 값이 될 수 있다. 현재 1원은 m단계 후에는 $(1+i)^m$원이 되며 반대로 m단계 후의 1원은 현재가로는 $(1+i)^{-m}$이다. 이 $\beta \equiv (1+i)^{-1}$를 할인율(discount rate)이라고 한다.

출발 상태가 i일 때, 할인율을 고려한 총 기대 할인비용 $v_i, i \in E$는

$$v_i \equiv E\left[\sum_{m=0}^{\infty} \beta^m C(X_m) \mid X_0 = i\right] = \sum_{m=0}^{\infty} \beta^m E[C(X_m) \mid X_0 = i]$$
$$= \sum_{m=0}^{\infty} \beta^m (P^m \tilde{C})_i = \sum_{m=0}^{\infty} ((\beta P)^m \tilde{C})_i = \left(\sum_{m=0}^{\infty} (\beta P)^m \tilde{C}\right)_i = ((I-\beta P)^{-1} \tilde{C})_i,$$

이다. 마지막 등식에서는 $\sum_{m=0}^{\infty} \beta P^m = I + \beta P + (\beta P)^2 + \cdots = (I-\beta P)^{-1}$ 을 사용하였다. 이를 벡터 형태로 나타내면 열벡터 $\tilde{v} = (v_i), i \in E$에 대하여 다음과 같이 정리된다.

$$\tilde{v} = (I-\beta P)^{-1} \tilde{C}.$$

참고 기약 마코프 체인에서 안정상태 확률 π_j는 초기 상태와 무관하지만, 총 기대 할인비용 v_i는 초기 출발한 상태(i)가 어디인가에 따라 달라질 수 있는 값임을 유의하기 바란다.

예 3.14

(예 3.1)의 마코프 체인을 $C(a) = -20, C(b) = 10, C(c) = 100$이고 이자율이 $i = 0.05$일 때, 총 기대 할인비용을 구하라.

$$P = \begin{matrix} a \\ b \\ c \end{matrix}\begin{pmatrix} 0.89 & 0.1 & 0.01 \\ 0 & 0.7 & 0.3 \\ 1 & 0 & 0 \end{pmatrix}, \quad \beta = (1+0.05)^{-1} = 0.9524 \text{이므로}$$

$$\tilde{v} = \begin{pmatrix} v_a \\ v_b \\ v_c \end{pmatrix} = \left(\begin{pmatrix} 1 & 0 & 0 \\ 0 & 1 & 0 \\ 0 & 0 & 1 \end{pmatrix} - 0.9524 \times \begin{pmatrix} 0.89 & 0.1 & 0.01 \\ 0 & 0.7 & 0.3 \\ 1 & 0 & 0 \end{pmatrix}\right)^{-1} \begin{pmatrix} -20 \\ 10 \\ 100 \end{pmatrix} = \begin{pmatrix} -122.46 \\ 15.74 \\ -16.64 \end{pmatrix}. \quad \square$$

(ii) 단위기간당 기대 평균비용

할인율을 고려하지 않는 경우에는($i = 0,\ \beta = 1$) 단계 m까지 단계당 기대 평균비용을 구하고 $m \to \infty$을 취함으로써 무한기간 동안의 단위기간(단계)당 기대 평균비용을 구할 수 있다. 초기상태가 i일 경우 단위시간당 기대 평균비용 ψ_i는 다음과 같다.

$$\psi_i = \lim_{m\to\infty}\frac{1}{m+1}E\left[\sum_{n=0}^{m} C(X_n)\,|X_0 = i\right] = \lim_{m\to\infty}\frac{1}{m+1}\sum_{n=0}^{m}E[\,C(X_n)\,|X_0=i\,]$$
$$= \lim_{m\to\infty}\frac{1}{m+1}\sum_{j\in E}\sum_{n=0}^{m}E[\,C(X_n)\,|X_0=i, X_n=j\,]\,p_{ij}^{(n)}$$
$$= \sum_{j\in E}\lim_{m\to\infty}\frac{1}{m+1}\sum_{n=0}^{m}C(j)\,p_{ij}^{(n)}$$
$$= \sum_{j\in E}\left(\lim_{m\to\infty}\frac{1}{m+1}\sum_{n=0}^{m}p_{ij}^{(n)}\right)C(j) = \sum_{j\in E}\pi_j\,C(j),$$

즉 $\psi_i = \tilde{\pi}\,\tilde{C},\ i\in E$이며, π_j가 총 전이 중 상태 j로의 전이의 비율(시간평균)로 해석할 수 있다는 점을 고려하면 이 결과는 직관과 일치한다. 유도과정에서 $\lim_{m\to\infty}\frac{1}{m+1}\sum_{n=0}^{m}p_{ij}^{(n)} = \pi_j$ 임은 3.3절 (2)에서 이미 설명하였다.

참고 총 기대 할인비용 v_i와는 다르게 단위시간당 기대 평균비용 ψ_i는 초기 상태와는 무관한 값이므로 $\psi_i = \psi$로 써도 된다.

예 3.15

(예 3.1)의 마코프 체인에 대해서 단위시간당 기대 평균비용을 구하라.

$$P = \begin{matrix} a \\ b \\ c \end{matrix}\begin{pmatrix} 0.89 & 0.1 & 0.01 \\ 0 & 0.7 & 0.3 \\ 1 & 0 & 0 \end{pmatrix}.$$

(예 3.10)의 계산 결과에 따르면 $\pi_a = 0.693, \pi_b = 0.231, \pi_c = 0.076$ 이므로, 구하는 값은 다음과 같다.

$\psi = \tilde{\pi}\,\tilde{C} = (0.693, 0.231, 0.076)(-20, 10, 100)^T = -3.95.$ □

3.4 가약 마코프 체인

가약(reducible) 마코프 체인에서는 서로 왕래하지 않는 상태들이 존재하며 여러 개의 닫힌집합이 있을 수 있다. 우선 잘 알려진 다음 예제로부터 간단한 가약 마코프 체인에 대해 알아보기로 하자.

예 3.16 도박꾼의 파산(Gambler's ruin)

총액이 N인 도박판에서 두 사람 A,B가 도박을 한다. A가 매 판 이길 확률은 p이며 이길 때마다 금액 1만큼 버는데, 총액 N을 다 따거나 다 잃으면 도박이 끝난다. A가 금액 $i(1 \le i \le N-1)$를 가지고 도박을 시작할 때, 돈을 다 따서 끝날 확률을 구하여라.

풀이

이는 다음의 가약 마코프 체인으로 모형을 세울 수 있다. $\{X_n, n=0,1,2,\cdots\}$이 상태공간 $E=\{0,1,2,\cdots,N\}$인 마코프 체인이며 1단계 전이확률이 $p_{i,i+1}=p$, $p_{i,i-1}=q\equiv 1-p$, $p_{00}=1$이고 $p_{NN}=1$이다. 따라서 상태 0과 N은 흡수상태이며 나머지 상태들 $1,2,\cdots,N-1$은 일시적 상태들이다.

구하는 확률은 상태 i에서 출발하여 궁극적으로 상태 N으로 흡수될 확률이므로 이를 a_i라고 하면

$a_i = p\,a_{i+1} + q\,a_{i-1},\ i=1,2,\cdots,N-1,\ \ a_0=0,\ a_N=1$이다.

$p(a_{i+1}-a_i)=q(a_i-a_{i-1})$이므로

$a_2-a_1=(q/p)a_1,$

$a_3-a_2=(q/p)(a_2-a_1)=(q/p)^2a_1,$

……

$a_i-a_{i-1}=(q/p)^{i-1}a_1,$

따라서

$a_i=(1+q/p+\cdots+(q/p)^{i-1})a_1=(1-(q/p)^i)a_1, i=1,2,\cdots,N.$

$a_N=1$이므로, $a_1=\dfrac{1}{1-(q/p)^N}$이다. 결론적으로, $a_i=\dfrac{1-(q/p)^i}{1-(q/p)^N}, i=1,2,\cdots,N$ 이다. □

보다 일반적인 가약 마코프 체인은 다음 그림과 같은 구조를 가지며, 상태들을 재배열함으로써 1단계 전이확률 행렬도 다음과 같이 쓸 수 있다.

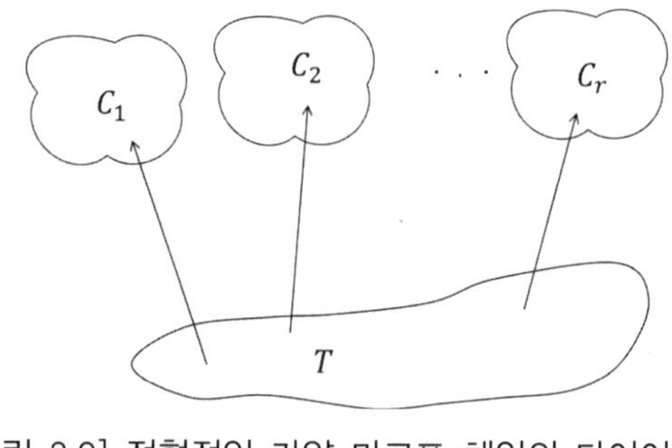

[그림 3.9] 전형적인 가약 마코프 체인의 다이어그램

$$P = \begin{matrix} C_1 \\ C_2 \\ \vdots \\ C_r \\ T \end{matrix} \begin{pmatrix} P_1 & \tilde{0} & \cdots & \tilde{0} & \tilde{0} \\ \tilde{0} & P_2 & \cdots & \tilde{0} & \tilde{0} \\ \vdots & \vdots & \ddots & \vdots & \vdots \\ \tilde{0} & \tilde{0} & \cdots & P_r & \tilde{0} \\ T_1 & T_2 & \cdots & T_r & Q \end{pmatrix},$$

여기서 T는 일시적 상태들의 집합이고 $C_1, C_2, \cdots C_r$들은 기약인 닫힌집합들이다. P_k는 C_k로 만들어진 부분 마코프 체인의 1단계 전이확률행렬이다. 이 부분 마코프 체인들은 기약이므로 각각 앞 절의 방법을 적용함으로써 극한확률들을 구할 수 있다. $\tilde{0}$은 모든 항들이 0인 부분행렬이다.

가약 마코프 체인에서의 관심 대상은 개별 닫힌집합에 의한 부분 마코프 체인이 아니라, 일시적 상태들로부터 출발해서 닫힌집합으로 흡수되는 과정에 대한 문제들이다. 예를 들면, 다음의 값들이 가약 마코프 체인에서 풀고자 하는 대상이다.

(i) 일시적 상태 $i \in T$에서 출발하여 닫힌집합들 가운데 특정한 C_k로 흡수될 확률은?

(ii) $i \in T$에서 출발하여 C_k로 흡수되었다면 소요된 단계수는?

(iii) $i \in T$에서 출발하여 어디로든 흡수될 때까지 소요된 단계수는?

각 닫힌집합 $C_i, i = 1, \cdots, r$에 있는 상태들을 하나의 상태로 합쳐주면 전이확률 행렬은 다음과 같이 표시할 수 있다.

$$P = \begin{matrix} C \\ \\ T \end{matrix} \begin{pmatrix} I & \vdots & \tilde{0} \\ \cdots & \cdots & \cdots \\ T & \vdots & Q \end{pmatrix},$$

여기서 I는 크기 $r \times r$의 단위행렬, T는 크기가 $(|E| - r) \times r$이며 일시적 상태에서 닫힌 집합으로 가는 전이확률들의 행렬, Q는 $(|E| - r) \times (|E| - r)$이고 일시적 상태에 머무는 전이확률 행렬이다. P를 거듭제곱하면 다음과 같다.

$$\lim_{n \to \infty} P^n = \begin{pmatrix} I & \tilde{0} \\ (I + Q + Q^2 + \cdots)T & \lim_{n \to \infty} Q^n \end{pmatrix},$$

여기서 $I + Q + Q^2 + \cdots = (I - Q)^{-1}$이며 이를 기본행렬(fundamental matrix)이라고 한다.

3.3절 (2)(ii)에서 $\sum_{k=0}^{\infty} p_{jj}^{(k)}$은 상태 j를 방문한 총 평균 회수임을 보인 바가 있다. 이를 유추하여, $Q = (q_{ij})$라고 표시한다면 일시적 상태는 언젠가는 반드시 재귀상태로 흡수되므로,

$\sum_{k=0}^{\infty} q_{jj}^{(k)}$는 일시적 상태 j를 출발한 이후 어딘가로 흡수될 때까지 일시적 상태 j를 방문한 총 평균 단계이다. 따라서 다음과 같은 해석이 가능하다.

(i) 기본행렬 $(I-Q)^{-1}$의 (i,j)항 $((I-Q)^{-1})_{ij}$는 $((I-Q)^{-1})_{ij} = (I+Q+Q^2+\cdots)_{ij}$ $= \sum_{k=0}^{\infty} q_{ij}^{(k)}$이므로 일시적 상태 i에서 출발하여 어딘가로 흡수되기 전까지 일시적 상태 j를 방문한 평균 단계이다.

(ii) 기본행렬 $(I-Q)^{-1}$의 i번째 행의 합은 일시적 상태 i에서 출발하여 어딘가로 흡수되기 전까지 걸린 평균 단계이다.

(iii) $(I-Q)^{-1}T$의 (i,j)항 $((I-Q)^{-1}T)_{ij}$는 일시적 상태 i에서 출발하여 닫힌집합 C_j로 흡수될 확률이다.

예 3.17

도박꾼의 파산 모형에서, $N=3$인 경우에 다음을 구하여라.

(i) $i=1,2$에서 출발하여 3으로 흡수될 (돈을 다 벌어서 끝날) 확률

(ii) $i=1,2$에서 출발하여 판이 끝날 때까지 소요되는 도박판의 평균 회수

풀이

$N=3$인 경우의 1단계 전이확률 행렬은 다음과 같다.

$$P = \begin{matrix} 0 \\ 3 \\ 1 \\ 2 \end{matrix}\begin{pmatrix} 1 & 0 & 0 & 0 \\ 0 & 1 & 0 & 0 \\ q & 0 & 0 & p \\ 0 & p & q & 0 \end{pmatrix}, \quad \text{따라서 } T = \begin{pmatrix} q & 0 \\ 0 & p \end{pmatrix} \text{이고 } Q = \begin{pmatrix} 0 & p \\ q & 0 \end{pmatrix} \text{이다.}$$

$$(I-Q)^{-1} = \begin{pmatrix} 1 & -p \\ -q & 1 \end{pmatrix}^{-1} = \frac{1}{1-pq}\begin{pmatrix} 1 & p \\ q & 1 \end{pmatrix}, \quad (I-Q)^{-1}T = \begin{pmatrix} 1 & -p \\ -q & 1 \end{pmatrix}^{-1}\begin{pmatrix} q & 0 \\ 0 & p \end{pmatrix} = \begin{pmatrix} \frac{q}{1-pq} & \frac{p^2}{1-pq} \\ \frac{q^2}{1-pq} & \frac{p}{1-pq} \end{pmatrix} \text{이다.}$$

(i) $i=1,2$에서 출발하여 3으로 흡수될 확률은 각각 $p^2/(1-pq)$과 $p/(1-pq)$이다.

(ii) 이는 $(I-Q)^{-1}$의 각 행의 합이므로 구하는 값은 각각 $(1+p)/(1-pq)$와 $(1+q)/(1-pq)$ 이다.

□

3.5 마코프 체인의 응용 예

(1) 구글의 검색엔진

구글(Google)의 초기 검색엔진인 페이지랭크(PageRank)는 웹페이지 간의 링크를 바탕으로 각 웹페이지의 중요도를 결정하는 알고리즘으로 구글의 창업자 세르게이 브린(Sergey Brin)과 로렌스 페이지(Lawrence Page)가 1998년 쓴 논문 "The Anatomy of a Large-Scale Hypertextual Web Search Engine"에 바탕을 두고 있다. 웹페이지들은 페이지랭크에 의해 중요도(랭크)가 매겨져 있기 때문에 사용자가 검색어를 입력하면 중요도가 높은 순서대로 빠르게 검색결과를 제시를 해 줌으로써 다른 검색엔진보다 탁월한 성능을 보였으며 이로써 구글의 성공신화가 시작되었다고 해도 과언이 아니다.

페이지랭크가 각 웹페이지에 랭크를 부여하는 방법은 마코프 체인의 안정상태 확률을 구하는 방법과 동일하다. 여기서는 간단한 예를 바탕으로 마코프 체인이 어떻게 페이지랭크의 핵심 아이디어를 제공했는지 설명한다.

다음과 같이 다섯 개의 웹페이지 1,2,3,4,5가 있다고 하자. 웹페이지 1은 웹페이지 4,5를 링크하고 있고, 웹페이지 2는 1,3,5, 웹페이지 3은 1,2,4,5, 웹페이지 4는 3,5를, 웹페이지 5는 1을 링크하고 있다.

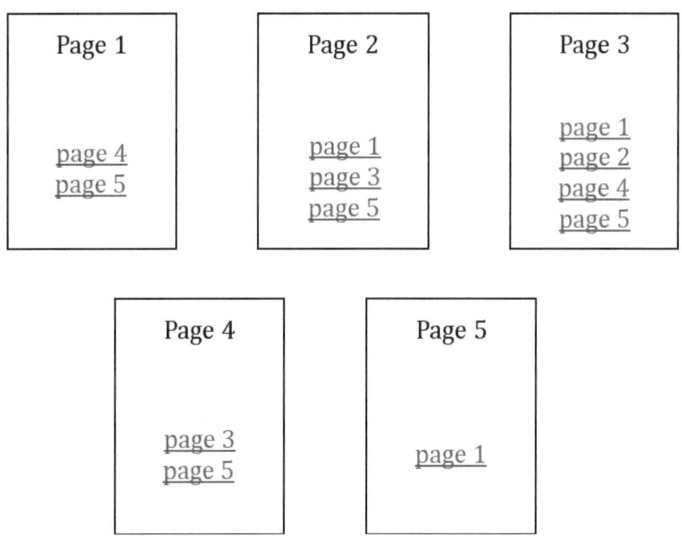

[그림 3.10] 웹페이지들의 링크 관계 예 (기약 마코프 체인)

웹 사용자가 현재 페이지에서 다른 페이지로 옮겨갈 때 이전에 어떤 페이지들을 방문했는지는 상관이 없고 또 각 링크를 선택할 확률이 동일하다고 가정한다. 단계 n에 방문하고 있는 웹페이지를 X_n이라고 하면 이는 상태공간이 $\{1,2,3,4,5\}$인 마코프 체인이며 1단계 전이확률 행렬은 다음과 같다.

$$P=\begin{array}{c}1\\2\\3\\4\\5\end{array}\begin{pmatrix}0 & 0 & 0 & 1/2 & 1/2\\ 1/3 & 0 & 1/3 & 0 & 1/3\\ 1/4 & 1/4 & 0 & 1/4 & 1/4\\ 0 & 0 & 1/2 & 0 & 1/2\\ 1 & 0 & 0 & 0 & 0\end{pmatrix}.$$

이것은 기약 마코프 체인이며 따라서 $\tilde{\pi}=\tilde{\pi}P$, $\Sigma\,\pi_j=1$식에 의해 안정상태 확률을 구하면 $\tilde{\pi}=(0.348, 0.028, 0.110, 0.202, 0.312)$이며, 이것이 각 페이지의 중요도라고 할 수 있다. 웹페이지 5는 다른 모든 페이지들이 링크하고 있으므로 중요한 페이지라고 할 수 있는데, 이 웹페이지 5가 웹페이지 1을 링크하고 있으므로 웹페이지 1의 랭크가 가장 높다.

하지만 아래 그림에서 보는 예와 같이 모든 페이지가 다 연결되어 있지도 않고 링크를 가지고 있지 않은 페이지도 많다. 이 경우 마코프 체인은 가약(reducible)이며, 따라서 페이지의 중요도를 정하기 위해 안정상태 확률을 위와 같은 방법으로 구하는 것은 적절하지 않다. 그림의 마코프 체인의 1단계 전이확률 행렬은 아래와 같다.

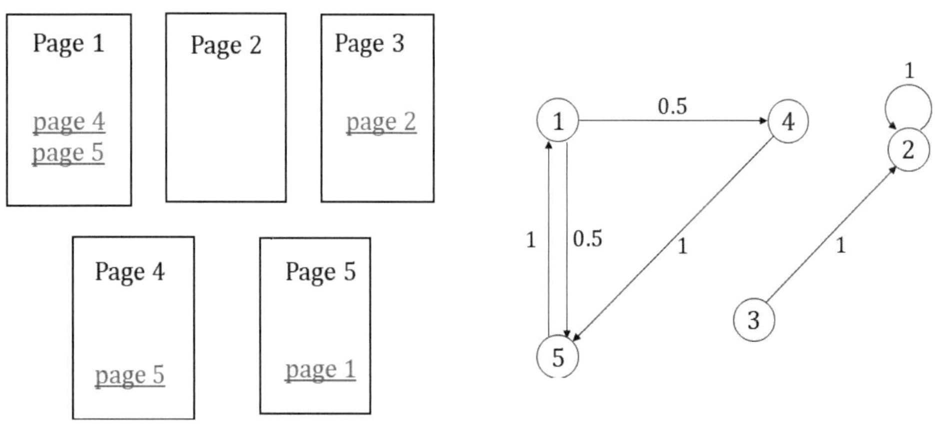

[그림 3.11] 웹페이지들의 링크 관계 예 (가약 마코프 체인)

$$\hat{P}=\begin{array}{c}1\\2\\3\\4\\5\end{array}\begin{pmatrix}0 & 0 & 0 & 0.5 & 0.5\\ 0 & 1 & 0 & 0 & 0\\ 0 & 1 & 0 & 0 & 0\\ 0 & 0 & 0 & 0 & 1\\ 1 & 0 & 0 & 0 & 0\end{pmatrix}$$

이를 해결하기 위해 페이지랭크 알고리즘은 다음과 같이 변형된 전이확률 행렬을 사용한다.

$$M = (1-d)\hat{P} + dB \text{ , 단 } B = \frac{1}{N}\begin{pmatrix} 1 & \cdots & 1 \\ \vdots & \cdots & \vdots \\ 1 & \cdots & 1 \end{pmatrix}.$$

여기서 N은 전체 웹페이지의 개수이며, $0 \le d \le 1$ 는 댐핑계수(damping factor)인데 연결되어 있지 않은 웹페이지망을 연결해 주는 역할을 한다. 즉, 랜덤하게 웹을 서핑하는 사용자가 현재의 웹페이지에서 서핑을 중단하고 전혀 새로운 웹페이지로 옮겨갈 확률이다. $d=0$이면 사용자는 현재 웹페이지에 있는 링크만을 따라서 무한정 서핑을 한다는 것이고, $d=1$이면 현재 웹페이지에 있는 링크는 전혀 무시하고 매번 새로운 웹페이지를 열면서 서핑한다는 의미이다. 이 때 새로운 웹페이지들을 방문할 확률은 모두 동일하다고 본다 $(1/N)$. 저자들은 경험적으로 댐핑계수 0.15를 사용하였다.

이렇게 변형된 전이확률 행렬은 원래와는 다른 기약 마코프 체인의 전이확률 행렬이며 따라서 안정상태 확률이 존재하고, 이를 페이지랭크로 결정한다. 위의 예의 경우에 $N=5,\ d=0.15$로 두면

$$M = (1-0.15)\begin{pmatrix} 0 & 0 & 0 & 0.5 & 0.5 \\ 0 & 1 & 0 & 0 & 0 \\ 0 & 1 & 0 & 0 & 0 \\ 0 & 0 & 0 & 0 & 1 \\ 1 & 0 & 0 & 0 & 0 \end{pmatrix} + 0.15\begin{pmatrix} 0.2 & 0.2 & 0.2 & 0.2 & 0.2 \\ 0.2 & 0.2 & 0.2 & 0.2 & 0.2 \\ 0.2 & 0.2 & 0.2 & 0.2 & 0.2 \\ 0.2 & 0.2 & 0.2 & 0.2 & 0.2 \\ 0.2 & 0.2 & 0.2 & 0.2 & 0.2 \end{pmatrix} = \begin{pmatrix} 0.03 & 0.03 & 0.03 & 0.455 & 0.455 \\ 0.03 & 0.88 & 0.03 & 0.03 & 0.03 \\ 0.03 & 0.88 & 0.03 & 0.03 & 0.03 \\ 0.03 & 0.03 & 0.03 & 0.03 & 0.88 \\ 0.88 & 0.03 & 0.03 & 0.03 & 0.03 \end{pmatrix}$$

이므로 $\tilde{\pi} = \tilde{\pi} P$, $\Sigma\, \pi_j = 1$식에 의해 $\tilde{\pi} = (0.233, 0.37, 0.03, 0.129, 0.238)$ 이다. 웹페이지 2가 가장 중요도가 높고 5와 1이 그 뒤를 따른다. 웹페이지 3은 랜덤하게 방문하는 경우를 제외하고는 다른 페이지에서 인용하는 적이 없으므로 중요도가 가장 낮다.

행렬 M의 행과 열의 개수는 웹페이지의 개수와 동일하다. 전 세계적으로 웹페이지의 수가 수십 조(trillion)개에 달한다고 추정되므로 이 행렬 M의 크기는 어마어마하기 때문에 $\tilde{\pi} = \tilde{\pi} P$, $\Sigma\, \pi_j = 1$를 정확하게 풀어내기란 거의 불가능하다. 하지만 M은 매우 성긴(sparse) 행렬이므로, 축소사상(contraction mapping)을 이용한 순환식으로 근사값을 구할 수 있다. 이 방식에 의해 그림 3.11의 예에 대해서 페이지랭크를 계산하면 소수점 셋째 자리에서 반올림하여 14번의 순환계산 만에 $\tilde{\pi}^{(14)} = (1.163, 1.850, 0.150, 0.645, 1.192)$ 를 얻고 이를 정규화하면 $\tilde{\pi} = (0.233, 0.37, 0.03, 0.129, 0.238)$로, 연립방정식을 푼 것과 동일한 결과를 얻는다.

(2) 프로야구 타자들의 성과평가 모형에의 응용

과학적 경영기법을 스포츠 산업에 적용하기 위한 노력이 많아지고 있다. 예를 들어 프로야구 선수들의 다양한 측면에서의 성과를 기존의 단순한 통계치 만으로 측정하기에는 부족하다는 인식아래, 야구선수의 성과측정에 있어서 경영과학적 기법들이 적용되고 있다. 여기서는 타자들의 성과를 정량적으로 측정, 분석하는 데에 있어서 마코프 체인을 활용한 OERA (Offensive Earned-Run Average) 기법의 예를 제시한다. OERA는 Cover와 Keilers(1977)에 의해 처음 제안된 방법으로, 투수의 방어율 개념을 타자에게 적용한다. 즉,

- 타자가 타석에 들어섰을 때 결과로 나올 수 있는 경우를 사사구, 단타, 이루타, 삼루타, 홈런, 범타로 구분
- 쓰리아웃에 의한 공수교대 상황을 흡수상태(absorbing state)로 하는 마코프 체인을 형성
- 타자의 실제 타격성적으로 전이확률을 생성하고 적용하여 이닝당 득점을 계산한 후 이를 9회로 연장시킨다면 몇 점을 얻을 수 있는가를 계산

이렇게 해서 9회까지 총 27아웃동안 모든 타순에 갑(甲)이라는 타자가 들어서서 경기를 치른다는 가정하에 기대득점을 구함으로써 그 선수에 대한 성과를 수치화한다. 타자가 타석에 등장할 때의 공격 상황은 다음의 24개 상황이 있으며 공격이 진행되고 나면 최종적으로 쓰리아웃 공수교대 상태로 흡수된다. 따라서 모두 24개의 일시적 상태와 1개 흡수상태로 구성된 마코프 체인이라고 할 수 있다.

[표 3.1] 프로야구의 24개의 전이 상태

주자위치 / 아웃수	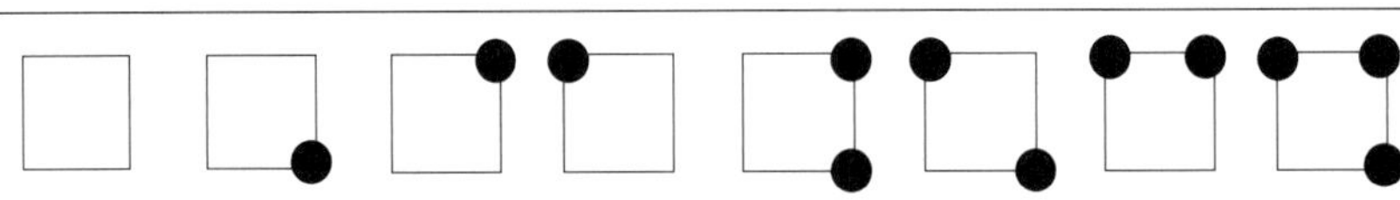							
0	1	2	3	4	5	6	7	8
1	9	10	11	12	13	14	15	16
2	17	18	19	20	21	22	23	24
3	0 (흡수상태)							

$p_O = \dfrac{\text{아웃 수}}{\text{타수} + \text{사사구 수}}$, $\quad p_B = \dfrac{\text{사사구의수}}{\text{타수} + \text{사사구 수}}$,

$p_i = \dfrac{i\,\text{루타의수}}{\text{타수} + \text{사사구 수}}\ (i = 1,2,3)$, $\ p_4 = \dfrac{\text{홈런 수}}{\text{타수} + \text{사사구 수}}$ 라고 하자.

상태의 전이는 타자의 아웃(범타 또는 삼진), 단타/이루타/삼루타/홈런, 사사구에 의해서 이루어진다. 예를 들어 상태 1에서 상태 1로의 전이는 타자가 홈런을 친 경우이며, 따라서 전이확률 $p_{11} = p_4$이다. 또 다른 예로 상태 1에서 상태 2로의 전이는 단타 또는 사사구를 얻은 경우이므로 전이확률 $p_{12} = p_1 + p_B$이다. 상태 0은 흡수상태이므로 $p_{00} = 1$이다. 이와 같은 방법으로 1단계 전이확률 행렬을 구하면 다음과 같다.

$P = \begin{pmatrix} 1 & 0 \\ T & Q \end{pmatrix}$, 단 T는 24×1 행렬이고 Q는 24×24 행렬이며, 세부적으로는

$$T = \begin{pmatrix} T_1 \\ T_2 \\ T_3 \end{pmatrix},\quad Q = \begin{pmatrix} Q_{11} & Q_{12} & Q_{13} \\ Q_{21} & Q_{22} & Q_{23} \\ Q_{31} & Q_{32} & Q_{33} \end{pmatrix},\ \text{여기에서},\ T_1 = \begin{pmatrix} 0 \\ 0 \\ \vdots \\ 0 \end{pmatrix},\ T_2 = \begin{pmatrix} 0 \\ 0 \\ \vdots \\ 0 \end{pmatrix},\ T_3 = \begin{pmatrix} p_O \\ p_O \\ \vdots \\ p_O \end{pmatrix},$$

$$Q_{11} = \begin{pmatrix} p_4 & p_1 + p_B & p_2 & p_3 & 0 & 0 & 0 & 0 \\ p_4 & 0 & p_2 & p_3 & p_B & p_1 & 0 & 0 \\ p_4 & p_1 & p_2 & p_3 & p_B & 0 & 0 & 0 \\ p_4 & p_1 & p_2 & p_3 & 0 & p_B & 0 & 0 \\ p_4 & 0 & p_2 & p_3 & 0 & p_1 & 0 & p_B \\ p_4 & 0 & p_2 & p_3 & 0 & p_1 & 0 & p_B \\ p_4 & p_1 & p_2 & p_3 & 0 & 0 & 0 & p_B \\ p_4 & 0 & p_2 & p_3 & 0 & p_1 & 0 & p_B \end{pmatrix},\quad Q_{12} = \begin{pmatrix} p_O & 0 & 0 & 0 & 0 & 0 & 0 & 0 \\ 0 & p_O & 0 & 0 & 0 & 0 & 0 & 0 \\ 0 & 0 & p_O & 0 & 0 & 0 & 0 & 0 \\ 0 & 0 & 0 & p_O & 0 & 0 & 0 & 0 \\ 0 & 0 & 0 & 0 & p_O & 0 & 0 & 0 \\ 0 & 0 & 0 & 0 & 0 & p_O & 0 & 0 \\ 0 & 0 & 0 & 0 & 0 & 0 & p_O & 0 \\ 0 & 0 & 0 & 0 & 0 & 0 & 0 & p_O \end{pmatrix},$$

$$Q_{13} = 0,\ Q_{12} = Q_{23},$$
$$Q_{11} = Q_{22} = Q_{33},$$
$$Q_{13} = Q_{21} = Q_{31} = Q_{32}.$$

행렬 Q는 일시적 상태 1~24 간의 전이확률 행렬로서 $I + Q + Q^2 + \cdots = (I - Q)^{-1}$이고 이 기본행렬(fundamental matrix)은 흡수상태(즉 쓰리아웃 공수교대)로 가기 전까지 각 일시적 상태를 방문하는 평균횟수를 나타낸다. 각 상태 1~24에서의 기대득점을 나타내는 벡터를 R이라고 하면

$$R = \begin{pmatrix} R_1 \\ R_2 \\ R_3 \end{pmatrix},\ \text{단},\ R_1 = \begin{pmatrix} p_4 \\ 2p_4 + p_3 + p_2 \\ 2p_4 + p_3 + p_2 + p_1 \\ 2p_4 + p_3 + p_2 + p_1 \\ 3p_4 + 2p_3 + 2p_2 + p_1 \\ 3p_4 + 2p_3 + 2p_2 + p_1 \\ 3p_4 + 2p_3 + 2p_2 + 2p_1 \\ 4p_4 + 3p_3 + 3p_2 + 2p_1 + p_B \end{pmatrix} = R_2 = R_3$$

이다. 즉, R_1은 상태 1~8 (무사 상태)에서의 기대득점이고 R_2, R_3은 각각 상태 2~16(1사 상태), 17~24(2사 상태)에서의 기대득점이다. 이제 한 이닝에서의 기대득점은 다음과 같이 계산할 수 있다.

$$E = \sum_{k=0}^{\infty} Q^k R = (I - Q)^{-1} R \ .$$

항상 무사에 주자가 없는 상태(상태 1)에서 시작하므로 한 이닝에서의 기대득점은 24차원 벡터 E의 첫 번째 요소인 $(E)_1$이고, 경기당 기대득점은 9이닝을 치른 후의 기대득점인 OERA는 $9 \times (E)_1$이다.

이와 관련된 세부적인 내용은 참고문헌 "DEA/OERA를 이용한 프로야구 선수들에 대한 성과 측정" (이덕주, 양원모, 2004)을 참고하기 바란다.

3.6 연습문제

01 상태가 5개이고, 기약인 닫힌집합이 두 개 있으며, 일시적 상태가 두 개인 마코프 체인을 만들고 이의 전이확률 다이어그램과 1단계 전이확률 행렬을 써라.

02 다음과 같은 iid 베르누이 과정을 고려하자. $X_n = \begin{cases} 1, & \text{확률 } p, \\ -1, & \text{확률 } q \equiv 1-p \end{cases}$ 이다.

$Z_n = (X_{n-1} + X_n)/2$라고 정의하자.

(1) $P(Z_3 = 1 | Z_2 = 0, Z_1 = -1)$의 값과 $P(Z_3 = 1 | Z_2 = 0, Z_1 = 1)$를 구하라. 두 값이 같은가?

(2) 확률과정 $\{Z_n, n = 1,2,\cdots\}$은 마코프 체인인가? 이유는?

03 앞면(H)이 나올 확률이 p인 동전을 던지는데, X_n은 n번째 던진 결과이다. 새로운 이차원 확률과정 $Y_n = (X_n, X_{n+1}),\ n = 1,2,\cdots$을 정의한다.

(a) $\{Y_n, n = 1,2,\cdots\}$이 마코프 체인임을 보여라.

(b) 이의 1단계 전이확률행렬을 구하여라.

04 $\{X_n; n = 0,1,2,\cdots\}$이 상태공간 $E = \{1,2,\cdots\}$의 확률과정이다. 그런데 이 확률과정은 모든 과거가 주어져 있을 때, 미래는 현재와 바로 전 과거의 두 상태에 의존한다. 즉, $P(X_{n+1} = j | X_0, \cdots, X_n) = P(X_{n+1} = j | X_{n-1}, X_n),\ \forall\, i, n.$
따라서 이 확률과정은 마코프 체인이 아니며 이를 2-의존 체인 (2-dependent chain)이라고 부른다. 모든 $k = 1,2,\cdots$에 대해 $Y_k = (X_{k-1}, X_k)$라고 정의하자. 그러면 $\{Y_k, k = 1,2,\cdots\}$는 상태공간이 $E \times E$인 이차원의 확률과정이다. 이 확률과정 $\{Y_k, k = 1,2,\cdots\}$이 마코프 체인임을 보여라.

05 주사위를 던진다. 다음 확률과정이 마코프 체인임을 보이고, 1단계 전이확률 행렬을 써라.

(a) $\{X_n, n=1,2,\cdots\}$, X_n은 n번째 던질 때까지 나온 눈금 중에 가장 큰 숫자를 나타낸다.

(b) $\{Y_n, n=1,2,\cdots\}$, Y_n은 n번째 던질 때까지 6이 나온 횟수이다.

06 다음은 상태공간이 $\{a,b,c\}$이고 1단계 전이확률 행렬이 P이며, 초기 상태확률 벡터는 $(0.3, 0.2, 0.5)$인 마코프 체인이다. 아래 확률값들을 구하라.

$$P = \begin{matrix} a \\ b \\ c \end{matrix}\begin{pmatrix} 0.1 & 0.9 & 0 \\ 0.6 & 0.4 & 0 \\ 0 & 0.2 & 0.8 \end{pmatrix}.$$

(a) $P(X_2 = b | X_1 = c)$

(b) $P(X_2 = b | X_1 = c, X_0 = c)$

(c) $P(X_2 = b, X_3 = c | X_1 = c)$

(d) $P(X_2 = b)$

(e) $P(X_2 = b, X_3 = c)$

(f) $P(X_1 = c | X_2 = b)$

07 상태공간이 $\{0,1,2\}$인 마코프 체인의 1단계 전이확률 행렬이 다음과 같다.

$$P = \begin{pmatrix} 0.0 & 1.0 & 0.0 \\ 0.2 & 0.5 & 0.3 \\ 0.0 & 0.9 & 0.1 \end{pmatrix}.$$

(a) $F(i,j) = P(T_j < \infty | X_0 = i) = \sum_{k=1}^{\infty} P(T_j = k | X_0 = i)$라고 하자. 여기서 T_j는 상태 j를 처음으로 방문하게 될 때까지의 단계수이다. $F(0,0)$, $F(1,0)$, $F(1,1)$, $F(2,2)$를 각각 구하라.

(b) 각 상태를 양의재귀, 영의재귀, 일시적 상태로 각각 분류하라.

08 Y_n은 상태공간이 $\{0,1,2,3,4,5\}$이며 확률분포가 각각 1/21, 2/21, 3/21, 4/21, 5/21, 6/21인 iid 확률변수이다. 이제 $X_0 = 0$이며 $X_{n+1} = ((X_n + Y_{n+1}) \bmod 6)$ 이라고 하자. (k mod$n$)은 k를 n으로 나눈 나머지를 표시한다. 예를 들어 (4 mod 6)은 4이며 (9 mod 6)=3이고 (23 mod 6)=5이다. 이 때 X_n이 마코프 체인임을 보이고 이의 1단계 전이확률 행렬을 구하라.

09 다음의 1단계 전이확률 행렬을 가지는 마코프 체인을 생각하자.

$$P = \begin{matrix} a \\ b \\ c \end{matrix}\begin{pmatrix} 0.3 & 0.7 & 0.0 \\ 0.0 & 0.6 & 0.4 \\ 0.4 & 0.1 & 0.5 \end{pmatrix}.$$

초기상태 확률벡터는 (0.1, 0.3, 0.6)이다. 다음을 구하라.

(a) $P(X_2 = b | X_1 = c)$

(b) $P(X_2 = b)$

(c) $P(X_2 = b | X_1 = c, X_0 = c)$

(d) $P(X_2 = b, X_3 = c | X_1 = c)$

(e) $P(X_2 = b, X_3 = c)$

(f) $P(X_{100} = b | X_{99} = c)$

(g) $P(X_{99} = b | X_{100} = c)$

(h) $\lim_{n\to\infty} P(X_n = c | X_0 = a)$

(i) $\lim_{n\to\infty} P(X_n = c)$

(j) $P(X_{1000001} = b, X_{1000002} = b)$

10 다음의 마코프 체인을 생각하자. 상태공간은 $E = \{1,2,3\}$이다.

$$P = \begin{pmatrix} 0.3 & 0.2 & 0.5 \\ 0.4 & 0.3 & 0.3 \\ 0.2 & 0.6 & 0.2 \end{pmatrix}.$$

(a) 극한확률 $\pi_i, i = 1,2,3$을 구하라.

(b) 상태 1을 방문한 후 다음번 상태 1을 다시 방문할 때까지 평균 단계수는 얼마인가?

(c) 상태 1을 방문한 후 다음번 상태 1을 다시 방문할 때까지 상태 2를 몇 번 방문하는가?

11 도시 A에 사는 인구 가운데 1/3은 다음 해에 도시 B로 이사를 가고, 1/4은 도시 C로 이사를 가며 나머지는 그대로 A에 머문다. 도시 B의 인구 중 1/6는 도시 A로, 1/3은 도시 C로 이사를 간다. 도시 C에서는 도시 A로 1/6이, 도시 B로 1/2이 이동한다. 장기적으로 각 도시별 인구 분포를 구하여라.

12 (예 3.2)의 상태집합 {ㄱ, ㄴ, ㄷ}은 모두 양의재귀상태임을 설명하라.

13 초기상태 확률벡터가 $(0.3, 0.2, 0.5)$인 상태공간 $E=\{0,1,2\}$의 마코프 체인이 있다. 다음의 전이확률행렬에 대해 답하여라.

$$P=\begin{pmatrix} 0.1 & 0.4 & A \\ 0.1 & 0.2 & B \\ C & 0.1 & 0.6 \end{pmatrix}.$$

(a) A, B, C의 값을 써라.

(b) 극한확률 $\pi_i, i=0,1,2$를 구하라.

(c) $P(X_0=2\,|X_1=1)$을 구하라.

(d) $E(X_\infty)$, 즉 $E(\lim_{n\to\infty} X_n)$을 구하라.

(e) 비용벡터가 (1000,1200,1250)일 때, 두 번째 단계에서의 기대비용을 구하라.

(f) (e)의 비용벡터에서 단위시간당 기대 평균비용을 구하라.

14 상태공간 $E=\{a,b,c,d,e\}$의 마코프 체인의 전이확률행렬이 다음과 같다.

$$P=\begin{pmatrix} 1/2 & 1/4 & 0 & 0 & 0 & 1/4 \\ 1/3 & 2/3 & 0 & 0 & 0 & 0 \\ 1/3 & 0 & 1/3 & 0 & 1/3 & 0 \\ 0 & 1/4 & 1/4 & 1/4 & 1/4 & 0 \\ 0 & 0 & 0 & 0 & 1 & 0 \\ 1/3 & 0 & 0 & 0 & 0 & 2/3 \end{pmatrix}.$$

다음을 계산하라.

(a) 각 상태들이 재귀상태인지 일시적 상태인지 밝히고 이유를 써라.

(b) $\lim_{n\to\infty} P(X_n=a|X_0=a)$

(c) $\lim_{n\to\infty} P(X_n = a|X_0 = b)$

(d) $\lim_{n\to\infty} P(X_n = a|X_0 = c)$

(e) $\lim_{n\to\infty} P(X_n = a|X_0 = f)$

15 상태공간이 $\{1,2,3\}$인 다음과 같은 마코프체인을 생각하자.

$$P = \begin{pmatrix} 0 & 1-p & p \\ 1 & 0 & 0 \\ 0 & \alpha & 1-\alpha \end{pmatrix}.$$

(a) 안정상태 확률벡터가 존재하려면 p,α가 어떤 범위의 값을 가져야 하는가? 이 때 안정상태확률 π_i를 구하라.

(b) (a)에서 상태 2를 거친 후 다시 상태 2로 돌아오는 데 거치는 평균 단계수는 얼마인가?

(c) α,p가 각각 얼마일 때 $\pi_1 = \pi_2 = \pi_3$인가?

16 상태 j를 방문한 후 다음 j를 방문하는 동안 $i \neq j$인 상태 i를 방문하는 평균 회수는 얼마인가? 안정상태 확률 π_i와 π_j를 사용하여 답하라.

17 어느 자동차 세일즈맨이 한 주당 판매하는 자동차 수는 0대에서 4대이다. 어떤 주의 판매대수와 그 다음 주의 판매대수와의 사이에는 다음의 전이확률이 성립한다.

$$P = \begin{pmatrix} 1/4 & 1/2 & 1/8 & 1/8 & 0 \\ 1/4 & 1/4 & 1/4 & 1/8 & 1/8 \\ 0 & 0 & 1/4 & 1/2 & 1/4 \\ 0 & 0 & 1/4 & 1/4 & 1/2 \\ 0 & 0 & 1/4 & 1/4 & 1/2 \end{pmatrix}.$$

(a) 1년 후(안정상태) 한 주에 $i = 0,1,2,3,4$대를 판매할 확률들을 각각 구하라.

(b) 한 대를 팔면 커미션으로 10만원을 받는다면, 1년 후 주당 커미션은 평균적으로 얼마를 받는가?

18 한 게으른 학생이 학기말 성적사정에서 세 가지 평가 가운데 하나를 받는다. 즉, 확률 1/4로 "good"이라는 평가를 받으면 다음 학년으로 진급을 하지만 확률 1/4로 "bad" 평가를 받으면 한 학년을 내려가야 한다. "보통"이라는 평가를 받으면 (확률 2/4) 현 학년에 머문다. 1학년 상태에서 "bad" 평가가 나오면 학교를 나가야 하고 4학년에서 진급을 하면 졸업이 된다.

(a) 이를 마코프 체인으로 모형화하여 1단계 전이확률 행렬을 써라.
(b) 이 학생이 현재 3학년이라면 결국 졸업을 하게 될 확률을 구하라.

19 다음과 같은 마코프 체인을 생각하자. 단, 상태공간은 $E=\{0,1,2,3,4\}$이다.

$$P=\begin{pmatrix} 1/2 & 1/2 & 0 & 0 & 0 \\ 1/3 & 2/3 & 0 & 0 & 0 \\ 1/4 & 0 & 1/4 & 1/4 & 1/4 \\ 0 & 1/4 & 1/4 & 1/4 & 1/4 \\ 0 & 0 & 0 & 0 & 1 \end{pmatrix}.$$

(a) 여기에는 두 개의 닫힌집합이 있다. 이를 각각 C_1, C_2라고 하자. 일시적 상태 i에서 출발했을 때, C_1, C_2로 들어갈 확률 s_i, t_i를 각각 구하라.
(b) $\lim_{n\to\infty} p_{44}^{(\infty)}$, $\lim_{n\to\infty} p_{02}^{(\infty)}$, $\lim_{n\to\infty} p_{32}^{(\infty)}$, $\lim_{n\to\infty} p_{22}^{(\infty)}$를 구하라.

20 한 그릇이 얇은 막에 의해 A 구역과 B 구역으로 나누어져 있다. 양쪽 합해서 a개의 분자가 있는데, 각 분자들은 A에서 B로, 또는 B에서 A로 이동, 즉 "전이"를 한다. 매 전이마다 분자 한 개 씩 이동한다. 어느 분자가 전이할 확률은 그 분자가 현재 있는 구역의 분자수에 비례한다. 이를 에른페스트(Ehrenfest) 확산모델이라고 한다. X_n을 n번째 전이가 발생한 후 A 구역에 남아있는 분자의 수라고 하자. 이 마코프 체인의 1단계 전이확률행렬을 구하라.

21 미사일에 센서를 달고 발사해서 센서로부터 오는 신호를 추적해서 궤도 조정을 한다. 미사일 시스템이 다음의 네 가지 상태중 하나에 있을 수 있다: 0＝정상궤도(더이상의 궤도수정 필요없음), 1＝약간 벗어남, 2＝크게 벗어남, 3＝발사실패로 자폭신호 송신. X_n이 발사후 n번째 궤도 조정후의 상태라고 하고 이를 마코프 체인으로 다음과 같이 모형화하였다.

$$P = \begin{matrix} 0 \\ 1 \\ 2 \\ 3 \end{matrix} \begin{pmatrix} 1 & 0 & 0 & 0 \\ 1/2 & 1/4 & 1/4 & 0 \\ 0 & 1/2 & 1/4 & 1/4 \\ 0 & 0 & 0 & 1 \end{pmatrix}$$

(a) 처음에 상태 1에서 출발했다면 최종적으로 정상궤도로 될 확률을 계산하라.

(b) 미사일이 상태 1 또는 2에서 출발할 확률이 반반이라면 최종적으로 정상궤도로 될 확률을 계산하라.

22 총액 N원으로 두 사람 A,B가 게임을 한다. 매 판 A가 이길 확률은 1/3이고 B가 이길 확률은 2/3이다. A가 이기면 B로부터 2원을 받고, A가 지면 B에게 1원을 준다. 다음 판에 질 경우 돈을 줄 수 없는 상태가 되면 이번 판으로 게임이 종료된다. n번째 판 후 A가 가지고 있는 금액을 X_n이라고 할 때 이 마코프 체인의 전이확률행렬을 써라.

23 다음을 구하여라.

(a) 앞면이 나올 확률이 p인 동전이 있다. 앞면이 연속해서 세 번 나와야 '성공'이라고 한다면 성공할 때까지 동전을 평균 몇 번 던져야 하는가? 성공할 때까지 앞면이 나온 총 회수는 평균 얼마인가? (힌트: $i = 0,1,2,3$을 앞면이 연속해서 나온 횟수라고 정의한다)

(b) 앞면이 나올 확률이 p인 동전이 있다. 앞면이 연속해서 두 번 나오든가 뒷면이 연속해서 두 번 나오면 던지기를 멈춘다. 멈출 때까지 동전을 평균 몇 번 던져야 하는가?

24 상태공간이 $\{0,1,2,3,4\}$이고 1단계 전이확률행렬이 다음과 같은 마코프 체인이 있다. $m_{i4}, i = 0,1,2,3$는 상태 i에서 출발하여 상태 4에 처음 도착할 때까지 걸리는 평균 단계 수이다. m_{04}를 구하라.

$$P = \begin{pmatrix} q & p & 0 & 0 & 0 \\ q & 0 & p & 0 & 0 \\ q & 0 & 0 & p & 0 \\ q & 0 & 0 & 0 & p \\ 0 & 0 & 0 & 0 & 1 \end{pmatrix}$$

25 댐핑계수가 $p = 0,\ 0.15,\ 0.5,\ 1$일 때 다음 그래프의 페이지랭크 벡터를 구해서 각 노드의 중요도를 계산하라.

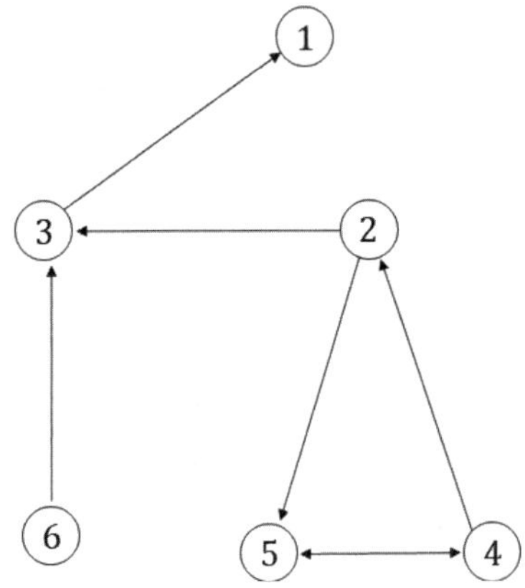

4장

마코프 체인의 최적화 응용

앞의 장에서 다룬 마코프 체인에서는 1단계 전이확률과 비용함수가 모형의 특성을 결정해 주는 모수이며, 따라서 풀고자 하는 현실 문제에서 전이확률과 비용함수에 관한 정보를 추출해 내면 이를 바탕으로 수리모형을 만들고 안정상태 확률이나 총 기대비용 등과 같은 여러 가지 성능값들을 유도할 수 있다. 이들은 마코프 체인에 의해 수리모형으로 만들어진 현실문제를 잘 이해하고 파악하는 데에는 크게 도움이 될 수 있지만, 이를 어떻게 의사결정에 활용해서 현실 시스템의 최적의 설계 또는 최적의 운용방안을 도출할 것인가에 대한 답을 주기에는 충분하지 않다.

이 장에서는 마코프 체인으로 만든 모형을 통해 시스템의 최적 운용을 위한 정책을 어떻게 결정하는가에 대한 문제를 다룬다. 그 중에서도 시스템의 운영특성에 대해 적응형으로 의사결정을 하는 마코프 결정과정과 최적 정지시간 모형을 설명한다. 특히 최근 빅데이터 분석의 핵심 기술중 하나인 강화학습의 기본 원리를 마코프 결정과정과 연관지어서 설명한다.

4.1 최적 정지시간

(1) 게임의 값

최적 정지시간 모형은 다음 절에서 언급할 마코프 결정과정(Markov decision process, MDP) 보다는 덜 복잡해 보이면서 MDP의 특수한 경우로써 풀이가 가능하기는 하지만, 가지고 있는 특이한 구조 때문에 여기서 따로 언급할 가치가 있다.

상태 $i \in E$ 에서 출발한 마코프 체인 $\{X_n, n=0,1,2,\cdots\}$이 여러 상태를 방문해 가면서 궁극적으로 특정 상태에서 정지하면 비용 또는 보상이 발생하는데, 이 비용이나 보상을 게임의 값(value of the game)이라고 하고 $v(i)$로 표시한다. 게임의 값의 개념을 예제를 통해 보다 자세히 설명한다.

예 4.1

상태공간이 $E=\{1,2,3,4,5\}$인 다음의 마코프 체인을 고려하자. 상태전이 다이어그램은 그림과 같다.

$$P = \begin{array}{c} 1 \\ 2 \\ 3 \\ 4 \\ 5 \end{array}\begin{pmatrix} 0 & 0.7 & 0 & 0 & 0.3 \\ 0 & 0 & 0.4 & 0.2 & 0.4 \\ 0 & 0 & 1 & 0 & 0 \\ 0 & 0 & 0.6 & 0 & 0.4 \\ 0 & 0 & 0 & 0 & 1 \end{pmatrix}$$

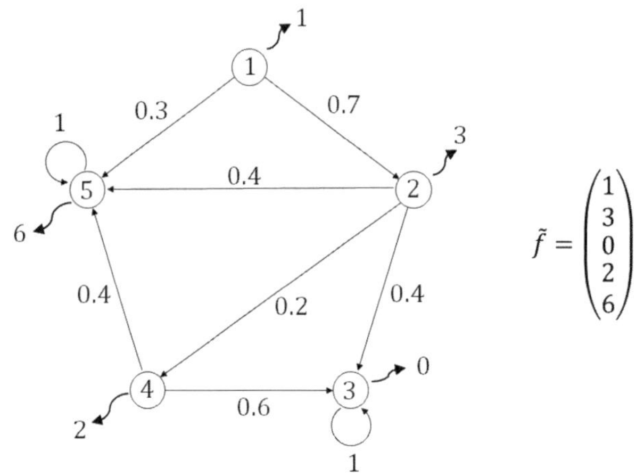

[그림 4.1] 예제 마코프 체인의 다이어그램과 보상

마코프 체인이 진행하는 동안에는 보상이 발생하지 않지만 특정 상태에 도달한 후 멈추면 그 상태에 대응하는 보상을 얻는다. 상태공간에 대한 보상이 $\tilde{f} = (1,3,0,2,6)^T$로 주어졌다고 가정한다. 예를 들어 마코프 체인이 상태 2에서 멈추면 3의 보상을 받지만 2에서 멈추지 않고 다음 단계에 3으로 전이한 후 멈추면 0의 보상을 받는다.
전이확률 다이어그램에서 보는 것과 같이 상태 3,5는 흡수상태이므로 마코프 체인이 상태 5로 흡수되면 6의 보상을 얻지만 상태 3에 흡수되면 보상은 0이다. 따라서 게임의 값은 각각 $v(3) = 0,\ v(5) = 6$이다. 또한 상태 4에서의 기대보상은 $\max(2,\ 0.6 \times 0 + 0.4 \times 6) = 2.4$이므로 $v(4) = 2.4$이다.

$v(1)$과 $v(2)$를 구하기 위해 다음을 살펴보자. 우선 마코프 체인이 상태 1에서 출발하는 경우를 생각해 보면,
(i) 상태 1에서 "정지"를 선택하고 더 이상 진행을 하지 않으면 보상 1을 받는다.
(ii) 상태 1에서 정지하지 않고 한 단계 "계속 진행"을 선택한다면
  (ii)–1: 0.7의 확률로 2로 진행하고 거기서 정지하면 3의 보상을 받거나,
  (ii)–2: 0.3의 확률로 5로 진행하고 나서 정지하면 최대의 보상값 6을 받고 정지한다.
어떤 쪽으로 진행하건 간에 상태 1에 머무는 것보다는 보상이 높기 때문에 상태 1에서는 당연히 "계속 진행"을 선택한다.
(iii) 만약 상태 1에서 상태 2로 진행했다면 고민에 빠진다. 즉,
  (iii)–1: 여기서 "정지"하면 보상 3을 얻는다.
  (iii)–2: "계속 진행"을 하면 확률 0.4로 상태 5로 가서 최대보상을 얻을 수도 있으나
  (iii)–3: 0.4의 확률로 흡수상태 3으로 가면 보상을 하나도 얻지 못하며,

(iii)–4: 0.2의 확률로 상태 4로 가면 보상이 $v(4)=2$가 된다.

이처럼 (iii)–3과 (iii)–4의 경우에는 "정지"를 선택한 경우보다 못하다. 그러면 상태 2에서 어떤 선택을 해야 할까?

이처럼 각 상태에서 어떤 행동을 취하는 것이 최선의 선택인가, 그 경우에 얼마의 보상(또는 비용)이 발생하는가를 찾는 것이 최적 정지시간을 구하는 목표이다.

(iv) 상태 2에서의 기대보상을 계산해 보자.

(iv)–1: 상태 2에서 "정지"를 선택한 경우: 보상 = 3

(iv)–2: 상태 2에서 "계속 진행"을 선택한 경우:

기대보상 = $0.4\times v(3)+0.2\times v(4)+0.4\times v(5) \ =0.4\times 0+0.2\times 2.4+0.4\times 6=2.88.$

따라서 상태 2에서는 "정지"를 선택하는 것이 바람직하며, 게임의 값은 $v(2)=3$이다.

(v) 상태 1에서의 게임의 값 $v(1)$은 다음과 같이 계산할 수 있다.

$$v(1)=\max(1,\ 0.7\times v(2)+0.3\times v(5)=0.7\times 3+0.3\times 6=3.9.$$

결론적으로 마코프 체인이 상태 $\{2,3,5\}$에서 정지하는 것이 최적의 정책이며 게임의 값의 벡터는 $\tilde{v}=(3.9,\ 3,\ 0,\ 2.4,\ 6)$이다. □

(2) 정지시간과 정지집합

정의 정지시간(stopping time)과 정지집합(stopping set)

상태집합 S가 상태공간 E의 부분집합일 때, 확률변수 N_S를 마코프 체인이 처음으로 집합 S 안에 있는 상태 가운데 하나에 들어갈 때까지의 단계수일 때 이를 정지시간이라고 한다. 즉,

$N_S=\min\{n\geq\ 0:\ X_n\in S\}$,

이 때 상태집합 S를 정지집합이라고 하고, 다음의 값이 상태 i에서의 게임의 값이다.

$v_S(i)=E(f(X_{N_S})\,|\,X_0=i),i\in E,$

여기서 $f(k),\ k\in E$는 상태 k에서의 보상이다.

최적정지시간(optimal stopping time)을 구하는 문제는 결국 다음의 식을 만족하는 최적의 정지집합 S^*를 구하는 것과 같다.

$v(i)=\max_S\ E(f(X_{N_S})\,|\,X_0=i),\ i\in E.$

위의 예에서 보는 바와 같이 최적의 정지집합 S^* 안의 모든 상태들 $j\in S^*$에 대하여 $v(j)=f(j)$이다.

예 4.2

다음의 마코프 체인과 보상함수를 고려하자. 최적 정지집합과 게임의 값을 구하라.

$$P = \begin{matrix} 1 \\ 2 \\ 3 \end{matrix} \begin{pmatrix} 1 & 0 & 0 \\ 1/2 & 1/6 & 1/3 \\ 1/3 & 3/5 & 1/15 \end{pmatrix}, \quad \tilde{f} = (0,2,6)^T.$$

풀이

상태 1은 흡수상태이므로 정지집합에 속하며 $v(1)=0$이다.
상태 3은 최대보상을 받으므로 다른 곳으로 이동할 이유가 없어 정지집합에 속하고 $v(3)=6$.
상태 2에서는 다음을 비교한다.

$$\begin{aligned} v(2) &= 1/2\,v(1) + 1/6\,v(2) + 1/2\,v(3) \\ &= 1/6\,v(2) + 2 \\ &= 12/5 > 2 = f(2), \end{aligned}$$

즉 $v(2) > f(2)$이므로 상태 2는 정지집합에 속하지 않으며 $v(2) = 12/5$이다. □

이하에서는 정지집합과 게임의 값을 구하는 몇 가지 기준과 방법을 제시한다.

(기준 1) 마코프 체인 내에 모든 상태들이 기약이며 양의재귀인 유한의 상태집합 C가 있다면, 그 안의 모든 상태들은 서로 왕래하므로 최대 보상을 가지는 상태들이 정지집합을 구성함은 자명하다. 즉, 유한의 상태집합 C가 기약이고 재귀상태이면 모든 $i \in C$ 에 대하여

$$v(i) = \max_{j \in C} f(j)$$

이다. 따라서 $v(i)$의 계산이 자명하지 않은 것은 상태 i가 일시적 상태인 경우이다.

참고 (기준 1)은 C가 무한개의 원소를 가지는 무한집합이면 성립하지 않을 수도 있다.

예 4.3

다음의 마코프 체인과 보상함수에 대해 답하라.

$$P = \begin{matrix} a \\ b \\ c \\ d \\ e \end{matrix} \begin{pmatrix} 1/2 & 0 & 0 & 0 & 1/2 \\ 1/4 & 1/4 & 0 & 1/2 & 0 \\ 1/3 & 0 & 1/3 & 0 & 1/3 \\ 1/4 & 1/2 & 0 & 1/4 & 0 \\ 0 & 0 & 2/3 & 0 & 1/3 \end{pmatrix}, \quad \tilde{f} = (1,5,2,4,3)^T.$$

(a) 정지집합과 게임의 값을 구하라.

(b) 다음의 확률분포를 구하여라. 단 T_0는 최적정지시간이다.

$$P(f(X_{T_0}) = k \mid X_0 = d),\ k = 1,2,3,4,5.$$

(c) (b)에서 구한 확률분포에 의해 $E(f(X_{T_0}) \mid X_0 = d)$를 구하고 이것이 (a)에서 구한 $v(d)$와 같음을 확인하라.

풀이

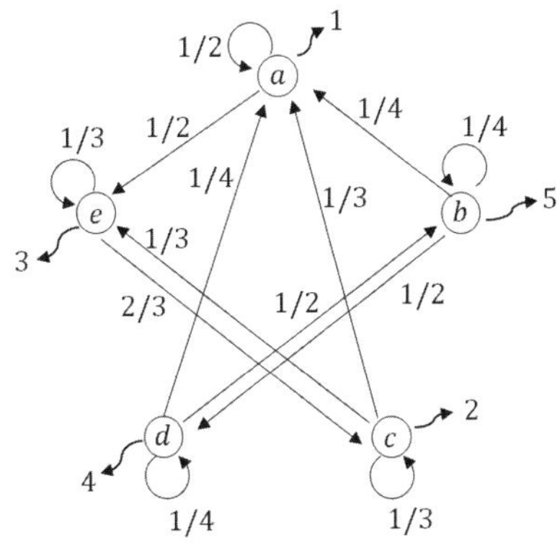

[그림 4.2] (예 4.3)의 마코프 체인의 다이어그램

(a) 전이확률 다이어그램을 그려보면 상태 $\{a,c,e\}$는 기약이며 재귀상태이다. 따라서 $v(a)=v(c)=v(e)=\max(f(a),f(c),f(e))=3$이다. 또한 $v(e)=f(e)=3$이므로 $e\in S^*$이다. 또한 $v(b)=5$임은 자명하므로 $b\in S^*$이다.
마지막으로 $v(d)=1/4v(a)+1/2v(b)+1/4v(d)$
$=13/4+1/4v(d)$
$=13/3>4=f(d),$
따라서 $d\not\in S^*$이다. 결국 $S^*=\{b,e\}$이고, $\tilde{v}=(3,5,3,13/3,3)$이다.

(b) 최적정지시간에서 취할 수 있는 값은 3과 5이다.

$P(f(X_{T_0})=k|X_0=d)=0, k=1,2,4,$

$P(f(X_{T_0})=3|X_0=d)=P(X_{T_0}=e|X_0=d)=\dfrac{1/4}{1/4+1/2}=1/3,$

$P(f(X_{T_0})=5|X_0=d)=P(X_{T_0}=b|X_0=d)=\dfrac{1/2}{1/4+1/2}=2/3.$

(c) $E(f(X_{T_0})|X_0=d)=1/3\times 3+2/3\times 5=13/3=v(d)$. □

(기준 2) 게임의 값 $\tilde{v}$는 다음 부등식을 만족하는 모든 벡터 $\tilde{u}$ 가운데 가장 작은 값이다(증명은 생략).

$\tilde{u}\geq P\tilde{u}$, $\tilde{u}\geq\tilde{f}$.

이에 따라 다음과 같은 선형계획법(linear programming, LP) 모형을 만들 수 있다.

결정변수: $u(i), i\in E$

목적식: $\min\sum_{i\in E}u(i)$

제약식: $u(i)\geq\sum_{j\in E}p_{ij}u(j), i\in E$,

$$u(i) \geq f(i), \in E$$

비음조건: $u(i) \geq 0, i \in E$.

예 4.4

상태공간이 $\{a,b\}$이고 $P=\begin{pmatrix}1/2 & 1/2\\ 2/3 & 1/3\end{pmatrix}$, $\tilde{f}=\begin{pmatrix}5\\3\end{pmatrix}$이다. 이를 LP 모형으로 만들면

$$\begin{aligned} &\min u(a)+u(b)\\ &\text{subject to } u(a) \geq 1/2u(a)+1/2u(b),\\ &\qquad u(b) \geq 2/3u(a)+1/3u(b),\\ &\qquad u(a) \geq 5,\ u(b) \geq 3. \end{aligned}$$

그림에서 보는 가능해(feasible solution) 영역에서 목적식을 최소로 하는 점은 $v(a)=v(b)=5$이며 이것이 게임의 값이다. 그리고 최적의 정지집합은 $\{a\}$이다. □

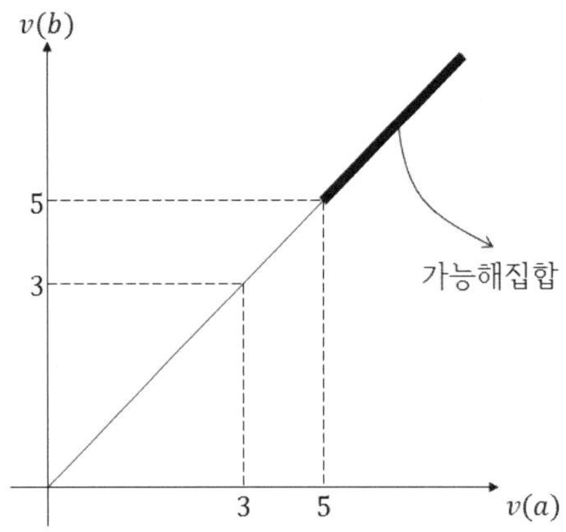

[그림 4.3] (예 4.4)의 LP 모형의 가능해집합

(기준 3) $\tilde{u} \geq P\tilde{u}$ 와 $\tilde{u} \geq \tilde{f}$ 를 만족하고 $u(j)=f(j)$인 어떤 함수 $\tilde{u}$가 존재한다면 상태 j는 정지집합의 원소이며 따라서 $v(j)=f(j)$이다(증명은 생략).

예 4.5

다음의 마코프 체인과 보상함수를 고려하자. 게임의 값과 최적의 정지집합을 구하라.

$$P=\begin{matrix}a\\b\\c\\d\\e\\g\\h\end{matrix}\begin{pmatrix}0.5 & 0.5 & 0 & 0 & 0 & 0 & 0\\ 0.8 & 0.2 & 0 & 0 & 0 & 0 & 0\\ 0 & 0 & 0 & 0.4 & 0.6 & 0 & 0\\ 0 & 0 & 1 & 0 & 0 & 0 & 0\\ 0 & 0 & 1 & 0 & 0 & 0 & 0\\ 0.1 & 0 & 0.2 & 0.2 & 0.1 & 0.3 & 0.1\\ 0.1 & 0.1 & 0.1 & 0 & 0.1 & 0.2 & 0.4\end{pmatrix},\quad \tilde{f}=\begin{matrix}a\\b\\c\\d\\e\\g\\h\end{matrix}\begin{pmatrix}2\\0\\1\\3\\2\\4\\2.6\end{pmatrix}.$$

풀이

상태집합 $\{a,b\}$와 $\{c,d,e\}$는 각각 기약이고 재귀이며 $\{g,h\}$가 일시적 상태이다.

(i) $v(a)=v(b)=\max(f(a),f(b))=2$, $v(c)=v(d)=v(e)=\max(f(c),f(d),f(e))=3$이며, 따라서 $a,d\in S^*$이다.

(ii) $\tilde{u}=(4,4,4,4,4,4,4)$는 $\tilde{u}\geq P\tilde{u}$와 $\tilde{u}\geq\tilde{f}$를 만족한다. 그런데 $u(g)=f(g)=4$이므로 $g\in S^*$이고 따라서 $v(g)=4$이다.

(iii) $\tilde{v}$는 $\tilde{u}\geq P\tilde{u}$, $\tilde{u}\geq\tilde{f}$를 만족하는 모든 벡터 $\tilde{u}$ 가운데 가장 작은 값이므로

$u(h)\geq(P\tilde{u})(h)=0.1u(a)+0.1u(b)+0.1u(c)+0u(d)+0.1u(e)+0.2u(g)+0.4u(h)$,

두 식으로부터 $u(h)\geq 3$을 얻으므로 결과적으로 $v(h)=3$이다. $v(h)\neq f(h)$이므로 $h\notin S^*$이다.

최종 결과는 $\tilde{v}=(2,2,3,3,3,4,3)$이고 $S^*=\{a,d,g\}$이다. □

(3) 할인과 단계별 비용이 있는 정지시간

여기서 다룰 모형은 앞 절의 최적정지시간 모형을 확장한 것이다. 만약 매 단계마다 할인율 $\beta\,(0<\beta\leq 1)$ 을 적용한다면 정지시간, 즉 정지집합 S에 들어갈 때까지의 시간 N_S에서 얻은 보상은 현재가로 환산하면 β^{N_S}배가 될 것이다. 따라서 상태 $i\in E$ 에서 출발할 경우 게임의 값 $v(i)$는 다음과 같다.

$$v(i)=\max_S E(\beta^{N_S}f(X_{N_S})\mid X_0=i),\ i\in E.$$

여기서 주의할 것은, 이같이 할인율을 고려하는 경우에는 정지집합에 도달하는 단계수가 게임의 값에 영향을 줄 수 있으므로 (기준 1)에 의해 게임의 값을 구하는 것은 더 이상 유효하지 않다는 점이다.

게임의 값은 (기준 3)을 다음과 같이 수정하면 된다.

(기준 4) 게임의 값 $\tilde{v}$는 다음 부등식을 만족하는 모든 벡터 $\tilde{u}$ 가운데 가장 작은 값이다.

$$\tilde{u}\geq\beta P\tilde{u}\,,\ \tilde{u}\geq\tilde{f}\,,$$

또는 다음과 같이 쓸 수도 있다.

목적식: $\min\sum_{i\in E}u(i)$

제약식: $u(i)\geq\ \beta\sum_{j\in E}p_{ij}u(j),\ i\in E\,,$

$u(i)\geq f(i),\ \in E$

비음조건: $u(i)\geq 0,\ i\in E.$

이 때, 최적 정지집합은 $S^*=\{j: v(j)=f(j)\}$ 이다.

이제 이를 더욱 확장하여, 매번 "정지" 또는 "계속 진행"의 두 가지 가운데 하나를 선택할 때, "계속 진행"을 선택하는 데에 따른 수수료(fee)를 고려하자. 즉, 단계 n에서 마코프 체인이 상태 X_n에 있을 때 "정지"를 택하지 않는다면 $g(X_n)$의 수수료가 발생하며 이는 최종적으로 "정지"할 때까지 누적된다. 따라서 게임의 값은 다음과 같으며 이를 최대화하는 최적 정지집합을 구해야 한다.

$$v(i) = \max_S E\left[\beta^{N_S} f(X_{N_s}) - \sum_{n=0}^{N_S} g(X_n) \mid X_0 = i\right],\ i \in E.$$

이 $v(i)$는 다음 부등식을 만족하는 $u(i)$ 가운데 제일 작은 값임이 알려져 있다. 이의 증명 역시 생략한다.

(기준 5) 게임의 값 $\tilde{v}$는 다음 부등식을 만족하는 모든 벡터 $\tilde{u}$ 가운데 가장 작은 값이다.

$$u(i) \geq \beta \sum_{j \in E} p_{ij} u(j) - g(i),\ i \in E,$$
$$u(i) \geq f(i),\ i \in E.$$

역시 최적 정지집합은 $S^* = \{j : v(j) = f(j)\}$ 이다.

예 4.6

상태공간 $\{a,b,c\}$이고 전이확률 행렬이 다음과 같이 주어지며 보상함수와 수수료 함수가 다음과 같다. 할인율을 $\beta = 0.8$이라고 할 때 최적 정지시간을 구하라.

$$P = \begin{pmatrix} 0 & 0 & 1 \\ 0.2 & 0.8 & 0 \\ 0 & 0.5 & 0.5 \end{pmatrix},\ \tilde{f} = \begin{pmatrix} 3 \\ 4 \\ 9 \end{pmatrix},\ \tilde{g} = \begin{pmatrix} 3 \\ 1 \\ 0 \end{pmatrix}.$$

풀이

부등식은 다음과 같다.

$$u(a) \geq 0.8(\qquad 1v(c)) - 3,\ v(a) \geq 3,$$
$$u(b) \geq 0.8(0.2v(a) + 0.8v(b)) \qquad - 1,\ v(b) \geq 4,$$
$$u(c) \geq 0.8(\qquad 0.5v(b) + 0.5v(c)) - 0,\ v(c) \geq 9.$$

$v(c) = 9$임이 자명하다. 이를 첫째 식에 대입하면 $v(a) \geq 4.2$이므로 (최소값인) $v(a) = 4.2$이다. 다시 이를 둘째 식에 적용하면 $v(b) = 4$를 얻는다. 결론적으로 $\tilde{v} = (4.2, 4, 9)$이며 정지집합은 $S^* = \{b,c\}$이고 $N_{S^*} = \min\{T : X_T \in \{b,c\}\}$이다. □

예 4.7 (Çinlar(1975))

두 개의 상태 $\{a,b\}$를 가지는 마코프 체인을 생각하자. 전이확률은 $p_{aa}=1/2$이고 $p_{ba}=2/3$이다 (따라서 $p_{ab}=1/2,\ p_{bb}=1/3$이다). 보상함수는 $\tilde{f}=(5,3)^T$이고 할인은 없다. 매 단계마다 1의 수수료를 지불한다.

(a) 게임의 값을 결정하라.

풀이

기준 4에서 보는 것과 같이 LP 형태의 식을 만들면 다음과 같다.

min $u(a)+u(b)$,

subject to $u(a)\geq -1+1/2u(a)+1/2u(b),\ u(a)\geq 5,$
$u(b)\geq -1+2/3u(a)+1/3u(b),\ u(b)\geq 3.$

가능해 영역은 다음 그림의 빗금친 부분이므로 목적식을 최소로 하는 점은 $(5,7/2)$이며, 게임의 값은 $\tilde{v}=(5,7/2)$이고 정지집합은 $S^*=\{a\}$이다.

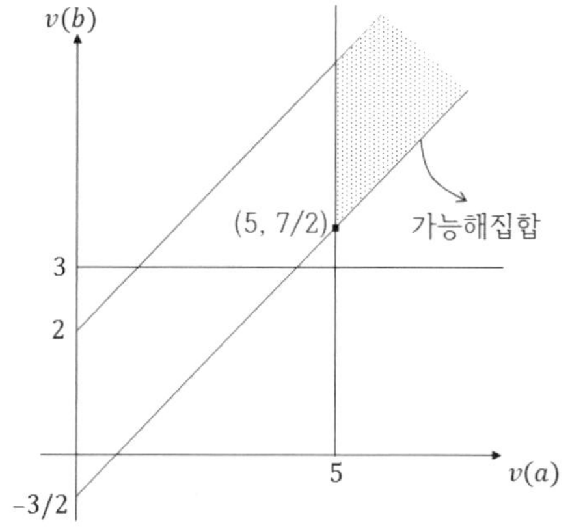

[그림 4.4] (예 4.7)의 LP 모형의 가능해집합

(b) 만약 가지고 있는 돈이 3 밖에 없다고 하면, 즉 최대 3회의 단계까지 갈 수 있다면 게임의 값과 최적 정지시간은 얼마인가?

풀이

$v_i(a),\ v_i(b)$를 각각 남은 단계수가 $i=0,1,2,3$이고 상태 a,b일 때의 게임의 값이라고 하자. 그러면 다음과 같이 생각할 수 있다.

$v_0(a)=5,\ v_0(b)=3,$

$v_1(a)=5,\ v_1(b)=\max(3,-1+2/3\times 5+1/3\times 3)=10/3,$

$v_2(a)=5,\ v_2(b)=\max(3,-1+2/3\times 5+1/3\times 10/3)=31/9,$

$v_3(a)=5,\ v_3(b)=\max(3,-1+2/3\times 5+1/3\times 31/9)=94/27.$

따라서 게임의 값은 $\tilde{v}=(5,94/27)$이다.

(c) 가지고 있는 돈의 액수가 무한대라면 게임의 값은 어디로 수렴하는가? 이는 (a)에서 구한 값과 일치하는가?

풀이

(b)에 의해 다음의 순환식이 얻어진다.

$v_n(b) = \max(3, -1+2/3\times 5+1/3\times v_{n-1}(b)) = 7/3+1/3\times v_{n-1}(b)$. $\lim_{n\to\infty} v_n(b) = \lim_{n\to\infty} v_{n-1}(b)$이므로 결국 $v(b) = \lim_{n\to\infty} v_n(b) = 7/2$이며 이는 (a)에서 얻은 결과와 일치한다. □

4.2 마코프 결정과정

앞 절에서 다루었던 최적 정지시간은 전이확률들과 비용함수로 특징지어진 마코프 체인을 최적으로 운영할 수 있는 의사결정 방법을 제시하고 있다. 그렇지만 일단 주어진 모수들에 의해 수동적으로 그에 맞는 의사결정 방법을 찾는 것이므로 의사결정자의 의사결정에 의해 변동되었을 수도 있는 모형의 특성을 동적으로(dynamically) 또는 적응형으로(adaptively) 반영하지는 못한다.

이 절에서는 마코프 체인에 의해 매 단계마다 전개되는 상태들이 전이확률에 의해서만이 아니라 각 단계에서의 의사결정에 의해서도 변화하는 모형을 다룬다. 즉, 시스템의 상태 변화를 모형으로 하는 확률과정과, 각 상태에서 내려지는 연속적인 의사결정들을 모형으로 하는 확률과정 등 두 개의 확률과정이 2차원으로 혼합되어 있는 마코프 결정과정(Markov decision process, MDP)이다. 비용을 최소화(또는 이익을 최대화)하는 방향으로 매 단계에서의 의사결정 방법을 정하는 것이 이 모형의 목표이며, 생산공정에서의 품질검사, 선물 및 옵션거래에서의 의사결정 등에서 널리 이용되고 있으며 특히 기계학습 가운데 딥러닝의 일종인 강화학습(reinforcement learning, RL)의 핵심 기법이기도 하다.

의사결정은 비용의 최적화를 목표로 하고 있기 때문에 시스템의 비용을 계산하기 위해서 제 3장의 3.3절의 (4)에서 설명하였던 다음의 두 가지 기준을 활용한다.

상태 i에서 출발하였을 때 할인율을 고려한 총 기대 할인비용:

$$v_i \equiv E\left[\sum_{m=0}^{\infty} \beta^m C(X_m) \mid X_0 = i\right] = ((I-\beta P)^{-1}\tilde{C})_i.$$

단위기간당 기대 평균비용:

$$\psi = \lim_{m\to\infty}\frac{1}{m+1}E_R\left[\sum_{n=0}^{m}C(X_n)\,|X_0=i\right]=\sum_{j\in E}\pi_j C(j).$$

두 비용기준의 차이와 유도과정은 3.3절의 (4)를 다시 참고하기 바란다.

(1) 정의와 정상정책

최적 정지시간 모형에서는 마코프 체인 X_n이 여러 상태를 방문해 가면서 최후에 정지하는 단계에서만 비용(또는 보상)이 발생하였다. 하지만 마코프 의사결정 과정에서는 마코프 체인이 방문하는 각 상태 $j\in E$ 마다 각각 $C(j)$의 비용이 발생한다. MDP의 기본 구조에 대한 설명은 다음의 예를 중심으로 살펴보기로 하자.

예 4.8

부품을 만드는 기계장치를 매일 점검하는데, n일차의 기계장치의 상태를 X_n이라고 하고 $\{X_n, n=0,1,2,\cdots\}$가 마코프 체인이다. 상태공간은 $E=\{0,1,2,3\}$이며, 각각 0 = 정상, 1 = 일부결함, 2 = 중요결함, 3 = 고장을 의미한다.
기계 장치가 각 상태에 머무는 단위기간 동안 제품 판매에 의한 수익과 생산비용 등을 고려하면, 기계장치가 정상인 상태에서 부품을 생산하면 30의 이익이 발생하지만 일부결함일 때에는 이익이 5이고 중요 결함상태에서 생산할 때에는 20의 비용이 발생한다. 고장난 상태에서는 기회손실 비용이나 생산차질 등으로 100의 비용이 든다.

가동중이거나 고장난 기계장치는 수리과정을 거치면 상태가 좋아질 수도 있지만 반드시 좋아진다고는 보장할 수 없다. 하지만 동일한 종류의 새 것으로 교체한다면 교체후에는 정상인 상태로 다시 가동한다. 이렇게 매일 기계장치의 상태에 따라 적절한 행동을 취하는데, n일차의 기계장치의 상태에 따른 의사결정 내용을 D_n이라고 하면 $\{D_n, n=0,1,2,\cdots\}$이라는 확률과정이 정의된다. 이를 결정과정(decision process)이라고 하는데, D_n이 가질 수 있는 값의 집합 A를 행동공간(action space) 또는 결정공간(decision space)이라고 한다. 여기서는 행동공간의 원소들에 대해 '행동'과 '결정' 또는 '의사결정'의 단어를 혼용해서 쓴다. 이 예에서 행동공간은 다음과 같다.
$A=\{a,b,c\}$, a="그냥 둔다," b="수리해서 사용한다," c="새 기계로 교체한다"

한편 수리비용은 20이며 기계를 교체하는 비용은 100이라고 하자. 그러면 각 행동 a,b,c에 따른 비용함수 벡터는 다음과 같다(음수는 이익을 의미함).
$\tilde{C}(a)=(-30,-5,20,100)^T,\ \tilde{C}(b)=(-10,15,40,120)^T,\ \tilde{C}(c)=(70,95,120,200)^T.$

또한 각 행동 a,b,c에 따라서 기계상태의 전이확률 행렬은 다음과 같다고 하자.

$$P(a) = \begin{matrix} 0 \\ 1 \\ 2 \\ 3 \end{matrix}\begin{pmatrix} 0.6 & 0.3 & 0.05 & 0.05 \\ 0 & 0.6 & 0.3 & 0.1 \\ 0 & 0 & 0.7 & 0.3 \\ 0 & 0 & 0 & 1 \end{pmatrix}, \quad P(b) = \begin{matrix} 0 \\ 1 \\ 2 \\ 3 \end{matrix}\begin{pmatrix} 0.6 & 0.35 & 0.03 & 0.02 \\ 0.2 & 0.5 & 0.2 & 0.1 \\ 0.1 & 0.1 & 0.6 & 0.2 \\ 0 & 0 & 0.7 & 0.3 \end{pmatrix}, \quad P(c) = \begin{matrix} 0 \\ 1 \\ 2 \\ 3 \end{matrix}\begin{pmatrix} 1 & 0 & 0 & 0 \\ 1 & 0 & 0 & 0 \\ 1 & 0 & 0 & 0 \\ 1 & 0 & 0 & 0 \end{pmatrix}.$$

예를 들면, 기계상태가 '일부결함'(즉 상태 1에서)인데, 그냥 둔다면(즉 행동 a를 택한다면) 단위 시간당 5의 이익만 발생하고, 다음 단계에서 기계의 상태가 '정상, '일부결함', '중요결함', '고장' 상태로 전이할 확률은 각각 0, 0.6, 0.3, 0.1이다. 하지만 수리를 하게 되면(즉 행동 b를 택하면) 수리비용으로 인해 해당 기간에서는 15(=−5+20)의 비용이 발생하는 대신 전이확률은 0.2, 0.5, 0.2, 0.1로 향상한다. □

$X_n = i$		$D_n = k$	$C(i,k)$	$p_{ij}(k)$
'일부결함' ($i=1$)	↗	"그냥 둔다" → ($k=a$)	단위시간당 5의 이익	전이확률(0, 0.6, 0.3, 0.1)에 의해 다음 상태가 결정
	↘	"수리후사용" → ($k=b$)	단위시간당 15의 비용	전이확률(0.2, 0.5, 0.2, 0.1)에 의해 다음 상태가 결정

이처럼 MDP에서는 상태를 관찰하고 ($X_n = i$), 어떤 행동을 택할지 결정을 하면 ($D_n = k$), 비용을 계산하고 ($C(i,k)$), 해당 결정에 의한 전이확률($p_{ij}(k)$)에 의해 다음 단계로 전이가 이루어진다.

정의 마코프 결정과정

$\{X_n, n = 0,1,2,\cdots\}$는 상태공간 E의 마코프 체인이고 $\{D_n, n = 0,1,2,\cdots\}$는 결정공간 A의 결정과정이라고 하자. 이차원 확률과정 $\{(X_n, D_n), n = 0,1,2,\cdots\}$이 다음 성질을 만족할 때 이를 마코프 결정과정이라고 한다: 모든 $j \in E$, $n = 0,1,2,\cdots$에 대하여
$P(X_{n+1} = j \mid X_0, D_0, X_1, D_1, \cdots, X_n, D_n) = P(X_{n+1} = j \mid X_n, D_n)$.

어떤 시점에서 마코프 체인의 상태가 주어졌을 때 과거와 현재의 정보들을 사용해서 어떤 행동을 택할 것인가를 정한 규칙을 정책(policy)이라고 하며 $R \equiv (d_i)_{i \in E}$로 표시한다. d_i는 상태 i에서의 행동을 의미한다. 위에 든 (예 4.8)에서 정책의 몇 가지 예를 들면 다음과 같다.

정책 1: $R_1 = (a,b,c,c)$은 기계가 정상적일 때에는(상태 0) 그냥 두고(행동 a), 일부 결함(상태 1)이면 수리를 하고(행동 b), 중요 결함이나 고장이 난 상태라면(상태 2와 3) 교체한다(행동 c).

정책 2: $R_2 = (a,\ b,\ 0.4b + 0.6c,\ c)$는 정책 1과 동일하지만 중요 결함(상태 2)일 때에는 40%의 확률로 수리, 60%의 확률로 교체하는 방법을 택한다. 이와 같은 정

책을 랜덤화 정책(randomized policy)이라고 한다.

정책 3: R_3는 다음과 같이 정한다: 새 기계로 가동한 후 3일 이내이면 (a,a,a,b) 정책을 쓰고, 4일 이후에는 $X_n > X_{n-1}$이고(기계의 상태가 나빠지고) $X_{n-2} = 0$이었다면 $D_n = b$로 하고(수리하고) 만약 $X_n > X_{n-1}$이고 $X_{n-2} = 1,2$ 이었다면 $D_n = c$로 하고(교체하고), 나머지의 경우에는 $D_n = a$로 한다(그냥 둔다).

어떤 정책을 쓰는가에 따라서 전이확률 행렬과 비용벡터가 달라지므로 여러 정책들 가운데 다음과 같이 총 기대할인비용 v_i나 단위시간당 기대 평균비용인 ψ를 최소로 하는 최적 정책(optimal policy) R^*를 찾아야 한다.

$$v_i \equiv E_R\left[\sum_{m=0}^{\infty} \beta^m C(X_m, D_m) \,|\, X_0 = i\right] = ((I-\beta P)^{-1}\widetilde{C})_i, \qquad v_i^* = \min_R v_i.$$

$$R^* = \arg\min_R v_i.$$

$$\psi = \lim_{m\to\infty} \frac{1}{m+1} E_R\left[\sum_{n=0}^{m} C(X_n, D_n) \,|\, X_0 = i\right] = \sum_{j\in E} \pi_j C(j), \quad \psi^* = \min_R \psi,$$

$$R^* = \arg\min_R \psi.$$

하지만 위에서 예시한 것처럼 매우 많은 정책이 가능하므로 이들을 모두 탐색하는 것은 적절하지 않다. 특히 정책 3의 경우에는 X_n에서 결정을 하기 위해서는 X_{n-1}과 X_{n-2}도 알아야 하므로 확률과정 $\{X_n, n = 0,1,2,\cdots\}$은 더 이상 마코프 성질을 가지지 못한다. 따라서 일반적인 정책이 아닌 좀 더 구체적이고 제한적인 정책들을 대상으로 최적 정책을 탐색해야 한다. 우선 다음의 정책을 정의하자.

정의 정상정책(stationary policy)

시점 n에서 선택하는 결정 D_n이 상태 X_n에만 의존하고 시점과는 무관한 비랜덤화 정책을 정상정책(stationary policy)이라고 한다.

이에 따르면 정책 R_1은 정상정책이지만 R_2와 R_3는 정상정책이 아니다. 정상정책이 중요한 이유는 아래와 같은 성질에 의해서 최적 정책을 탐색할 때 그 대상을 정상정책으로 한정해도 되기 때문이다.

정리

상태공간 E가 유한하고 마코프 체인이 기약이라면 총 기대할인비용 v_i나 단위시간당 기대 평균비용인 ψ를 최소로 하는 최적의 정상정책이 존재한다.

위의 (예 4.8)에서는 (a,a,a,a) 부터 (c,c,c,c)까지 총 $3^4 = 81$개의 정상정책이 존재하며, 이 81개의 정책 각각에 대하여 총 기대 할인비용이나 단위시간당 기대 평균비용을 구하고 가장 작은 비용을 주는 정책을 선택하면 최적 정책이 된다.

하지만 일반적으로 마코프 체인의 상태의 개수가 m이고 각 상태에서 내릴 수 있는 의사결정의 개수, 즉 결정공간 A의 원소가 k개이라면 총 k^m개의 정책이 가능한데, 이들 정책 하에서 기대비용을 최소로 하는 (또는 기대이익을 최대로 하는) 최적의 정책을 찾기 위해서는 효율적인 알고리즘이 필요하다.

가장 널리 사용되는 알고리즘은 정책개선(policy improvement) 알고리즘과 선형계획법(linear programming, LP)에 의한 방법이 있다. 정책개선 알고리즘은 임의로 선택한 정책으로부터 시작하여 최소의 기대비용을 달성할 때까지 정책을 수정해 가는 방법이다. 선형계획법에 의한 방법은 선형계획법 모형으로 만들어서 심플렉스 알고리즘과 같이 LP를 푸는 알고리즘을 사용하여 최적의 정책을 찾는다.

두 가지 비용기준 가운데 어느 것을 사용하는가에 따라 알고리즘이 약간 차이가 있다. 알고리즘에 대한 설명을 하기 전에 다음과 같이 용어를 정리하자.

마코프 체인의 상태공간 $E = \{1, 2, \cdots, m\}$.

결정과정의 행동공간 $A = \{1, 2, \cdots, K\}$.

정책 $R = (d_1, \cdots, d_m)$, $d_i \in A$, $i \in E$.

결정 $k \in A$하에서의 마코프 체인의 전이확률 행렬 $P(k)$, 단 행렬의 각 항은

$$(P(k))_{ij} \equiv p_{ij}(k) = P(X_{n+1} = j \mid X_n = i, D_n = k).$$

상태 i에서 행동 k를 선택할 때 비용 $C(i,k)$, $i = 1, 2, \cdots m$, $k = 1, 2, \cdots, K$.

(2) 총 기대할인비용 기준의 알고리즘

먼저 기대비용의 기준으로 총 기대할인비용 v_i를 사용하는 경우의 알고리즘을 살펴본다. 할인율 $\beta(0 < \beta < 1)$일 때, 무한 기간 동안의 총 기대비용을 최소로 하는 정책을 찾고자 한다.

(i) **정책개선 알고리즘**

v_i^n을 정책 R하에서 초기상태 i에서 출발하고 총 기간의 길이가 n일 때의 총 기대할인 비용이라고 하자. 그러면 마코프 성질에 의해서 다음과 같이 순환 형태의 식을 만들 수 있다.

$$v_i^n = C(i,k) + \beta \sum_{j \in E} p_{ij}(k) v_j^{n-1}.$$

즉, 최초 단계의 상태 i에서 정책 R에 의거하여 행동 k를 선택하였고, 이에 따라 비용 $C(i,k)$가 발생하였다. 한 단계가 지나서 $p_{ij}(k)$의 확률로 상태 j로 전이하면 거기서부터 나머지 $n-1$ 기간 동안의 총 기대비용이 v_j^{n-1} 발생할 것이며 이를 현재 시점으로 환산하기 위해 할인율 β를 곱하였다.

무한 기간을 고려하므로 $n \to \infty$로 하면 위 식은 다음과 같다.

$$v_i = C(i,k) + \beta \sum_{j \in E} p_{ij}(k) v_j, \quad i \in E = \{1, 2, \cdots, m\}.$$

이는 총 m개의 미지의 값 v_i과 m개의 식을 가진 연립방정식이며 유일한 해를 가진다. 벡터와 행렬 형태로 쓰면, $\tilde{v} = (v_1, v_2, \cdots, v_m)^T$이고 $\tilde{C}(k) = (C(1,k), C(2,k), \cdots, C(m,k))^T$라고 하면

$$\tilde{v} = \tilde{C}(k) + \beta P(k) \tilde{v},$$

최종적으로 다음을 얻는다.

$$\tilde{v} = (I - \beta P(k))^{-1} \tilde{C}(k).$$

이 식을 통해서 현재 주어진 정책 R 하에서의 총 기대 할인비용을 계산할 수 있다. 각 상태하에서 이 값을 최소로 해 주는 행동을 선택함으로써 새로운 정책 R'으로 업데이트해 나아가는 것이 알고리즘의 핵심이다.

정책개선 알고리즘은 다음과 같다. 위첨자의 괄호 안의 숫자는 순환 번호를 의미한다.

Step 1: $n = 0$으로 두고, 초기 행동은 $d_i^{(0)} = \arg\min_{k \in A} C(i,k)$로 정한다.

설명: 정책의 초기값 $R^{(0)} = (d_1^{(0)}, d_2^{(0)}, \cdots, d_m^{(0)})$에서는 각 상태 i에서 비용이 최소인 행동을 우선 선택하고 시작한다.

Step 2: 현재 정책 하에서 $C(i,k) \equiv C(i, d_i^{(n)})$와 $p_{ij}(k) \equiv p_{ij}(d_i^{(n)})$를 계산한다.

설명: 현재 정책 $R^{(n)} = (d_1^{(n)}, d_2^{(n)}, \cdots, d_m^{(n)})$ 하에서 비용들과 전이확률들을 계산한다.

Step 3: 연립방정식 $v_i = C(i,k) + \beta \sum_{j \in E} p_{ij}(k) v_j,\ i \in E$를 풀어서 v_i를 구한다.

설명: $\tilde{v} = (I - \beta P(k))^{-1} \tilde{C}(k)$ 를 계산해서 구할 수도 있다.

Step 4: 다음 식에 의해 행동들을 갱신한다.

$$d_i^{(n+1)} = \arg\min_{k \in A}\left(C(i,k) + \beta \sum_{j \in E} p_{ij}(k) v_j \right),\ i \in E.$$

Step 5: 모든 $i \in E$에 대해서 $d_i^{(n+1)} = d_i^{(n)}$ 이면 중단한다. 아니면 $n \leftarrow n+1$이고 Step 2로 간다.

설명: 행동들이 더 이상 업데이트되지 않으면 현재의 정책 $R^{(n)}$이 최적정책 R^*이며 그 때의 $\tilde{v}$가 최적의 총 기대할인비용벡터 $\tilde{v}^*$이다.

간단한 예를 통해서 정책개선 알고리즘을 예시하기로 한다.

예 4.9

인형을 만들어 파는 회사가 있다. 인형은 인기가 있거나(상태 1), 인기가 없거나(상태 2) 둘 중의 하나다. 회사의 의사결정은 그대로 두거나(행동 a), 판촉활동을 하거나(행동 b) 둘 중의 하나다. 즉, $E = \{1,2\},\ A = \{a,b\}$이다.
각 행동에 따라서 수익 벡터와 전이확률 행렬은 다음과 같다고 알려져 있다.
$\tilde{C}(a) = (6, -3),\ \tilde{C}(b) = (4, -5)$, $P(a) = \begin{matrix}1\\2\end{matrix}\begin{pmatrix}0.5 & 0.5\\0.4 & 0.6\end{pmatrix},\ P(b) = \begin{matrix}1\\2\end{matrix}\begin{pmatrix}0.8 & 0.2\\0.7 & 0.3\end{pmatrix}$.
예를 들어 인기가 있을 때 판촉을 하면 이익이 4이다. 또한 인기가 있을 때 다음 기간에도 인기가 있을 확률은 0.5이지만 판촉을 하면 확률이 0.8로 상승한다. 비용이 아니라 수익 데이터이므로 비용 최소화 문제가 아니라 이익 최대화임에 유의하기 바란다. 할인율은 $\beta = 0.87$로 가정한다.
이 예제에 알고리즘을 적용해 보자.

(순환 1)

Step 1: $d_1^{(0)} = \arg\max(6,\ 4) = a,\ d_2^{(0)} = \arg\max(-3,\ -5) = a$ 이므로 초기 정책은 $R^{(0)} = (a,a)$이다.

Step 2: 이익은 $C(1, d_1^{(0)}) = C(1,a) = 6,\ C(2, d_2^{(0)}) = C(2,a) = -3$이고 전이확률 행렬은 $P(R^{(0)}) = \begin{matrix}1\\2\end{matrix}\begin{pmatrix}0.5 & 0.5\\0.4 & 0.6\end{pmatrix}$이다.

Step 3: 연립방정식을 푼다.

$$i = 1:\ v_1 = C(1,a) + 0.87 \times (p_{11}(a) v_1 + p_{12}(a) v_2) = 6 + 0.87 \times (0.5 v_1 + 0.5 v_2),$$
$$i = 2:\ v_2 = C(2,a) + 0.87 \times (p_{21}(a) v_1 + p_{22}(a) v_2) = -3 + 0.87 \times (0.4 v_1 + 0.6 v_2),$$

이를 풀면 $v_1 = 13.17,\ v_2 = 3.31$이다.

Step 4: 정책을 갱신한다.

$$d_1^{(1)} = \arg\max_{k=a,b}\left(C(1,k) + \beta \sum_{j \in E} p_{ij}(k)\, v_j \right)$$
$$= \arg\max(6 + 0.87 \times (0.5 \times 13.17 + 0.5 \times 3.31),\ 4 + 0.87 \times (0.8 \times 13.17 + 0.2 \times 3.31))$$
$$= \arg\max(13.17,\ 13.74) = b,$$
$$d_2^{(1)} = \arg\max_{k=a,b}\left(C(2,k) + \beta \sum_{j \in E} p_{ij}(k)\, v_j \right)$$
$$= \arg\max(-3 + 0.87 \times (0.4 \times 13.17 + 0.6 \times 3.31),\ -5 + 0.87 \times (0.7 \times 13.17 + 0.3 \times 3.31))$$
$$= \arg\max(3.31,\ 3.88) = b,$$

따라서 $R^{(1)} = (b, b)$로 갱신한다.

Step 5: $R^{(0)} \neq R^{(1)}$이므로 $n = 1$로 두고 Step 2로 간다.

(순환 2)

Step 2: 이익은 $C(1, d_1^{(1)}) = C(1,b) = 4$, $C(2, d_2^{(1)}) = C(2,b) = -5$이고 전이확률 행렬은

$$P(R^{(1)}) = \begin{matrix} 1 \\ 2 \end{matrix}\begin{pmatrix} 0.8 & 0.2 \\ 0.7 & 0.3 \end{pmatrix}$$ 이다.

Step 3: 연립방정식을 푼다.

$$i = 1:\ v_1 = C(1,b) + 0.87 \times (p_{11}(b) v_1 + p_{12}(b)\, v_2) = 4 + 0.87 \times (0.8 v_1 + 0.2 v_2),$$
$$i = 2:\ v_2 = C(2,b) + 0.87 \times (p_{21}(b) v_1 + p_{22}(b)\, v_2) = -5 + 0.87 \times (0.7 v_1 + 0.3 v_2),$$

이를 풀면 $v_1 = 17.57$, $v_2 = 7.72$이다.

Step 4: 정책을 갱신한다.

$$d_1^{(2)} = \arg\max_{k=a,b}\left(C(1,k) + \beta \sum_{j \in E} p_{ij}(k)\, v_j \right)$$
$$= \arg\max(6 + 0.87 \times (0.5 \times 17.57 + 0.5 \times 7.72),\ 4 + 0.87 \times (0.8 \times 17.57 + 0.2 \times 7.72))$$
$$= \arg\max(17.0,\ 17.58) = b,$$
$$d_2^{(2)} = \arg\max_{k=a,b}\left(C(2,k) + \beta \sum_{j \in E} p_{ij}(k)\, v_j \right)$$
$$= \arg\max(-3 + 0.87 \times (0.4 \times 17.57 + 0.6 \times 7.72),\ -5 + 0.87 \times (0.7 \times 17.57 + 0.3 \times 7.72))$$
$$= \arg\max(7.14,\ 7.72) = b,$$

따라서 $R^{(2)} = (b, b)$이다.

Step 5: $R^{(1)} = R^{(2)}$이므로 멈춘다.

최적의 정책은 $R^* = (b, b)$이고 이 때 총 기대 할인이익은 $v_1^* = 17.57$, $v_2^* = 7.72$이다. □

(ii) 선형계획법에 의한 방법

선형계획법(LP)으로 모형을 만들면 심플렉스 알고리즘과 같이 선형계획법을 풀어주는 알고리즘으로 최적 정책을 구할 수 있다. 다만 이 경우에는 상태공간 E와 행동공간 A가 유한의 집합들이어야 한다.

LP에 의한 모형수립은 최적의 총 기대할인비용 벡터 $\tilde{v}^*$는 다음 부등식을 만족하는 모든 벡터들 $\tilde{u} = (u_1, u_2, \cdots, u_m)^T$ 가운데 가장 큰 값이라는 사실에 바탕을 둔다(이의 증명은 생략한다).

$$u_i \le \min_{k\in A}\left(C(i,k)+\beta\sum_{j\in E}p_{ij}(k)u_j\right),\quad \forall\, i\in E.$$

따라서 $\tilde{v}^*$는 다음의 LP 문제를 풂으로써 구할 수 있다.

결정변수: $u_i,\ i\in E$

목적식: $\max\sum_{i\in E}u_i$

제약식: 모든 $i\in E,\ k\in A$에 대하여 $u_i\le\ C(i,k)+\beta\sum_{j\in E}p_{ij}(k)u_j$

참고 최적해 $\tilde{v}^*$가 구해지면 최적 정책 R^*는 여유변수(slack variable) 값이 0일 때의 상태 i와 행동 k을 택하면 된다.

참고 (예 4.8)의 인형 판매회사의 경우에서와 같이 비용 최소화가 아니라 이익 최대화의 경우에는 LP에서 목적식은 min으로, 제약식의 부등호는 반대방향으로 한다.

예 4.10

(예 4.9)의 문제를 LP 방법으로 풀기 위해 다음과 같이 식을 세운다.

Minimize u_1+u_2,

subject to
$(i=1,k=a)\quad u_1\ \ge\ 6+0.87\times(0.5u_1+0.5u_2),$
$(i=1,k=b)\quad u_1\ \ge\ 4+0.87\times(0.8u_1+0.2u_2),$
$(i=2,k=a)\quad u_2\ \ge\ -3+0.87\times(0.4u_1+0.6u_2),$
$(i=1,k=b)\quad u_3\ \ge\ -5+0.87\times(0.7u_1+0.3u_2).$

이 LP를 풀면 최적해는 $u_1^*=17.57,\ u_2^*=7.72$이며 여유변수가 0인 제약식은 둘째와 넷째, 즉 $i=1,k=b$일 때와 $i=2,k=b$일 때 이므로 최적 정책은 $R^*=(b,b)$이다. □

참고 선형계획법으로 구한 최적해는 가능해 영역내에 있는 기저해(basic feasible solution)이다. 이는 정책 2와 같은 랜덤화 정책(randomized policy), 예를 들어 40%의 확률로 행동 b를 택하고 60%의 확률로 다른 행동 c를 택하는 등은 최적의 정책이 될 수 없음을 뒷받침하고 있다.

(iii) 유한기간일 경우의 최적 정책과 총 기대할인비용

전체 기간이 유한할 경우에는 동적계획법(dynamic programming)을 사용하면 된다. 총 기간의 수를 n이라고 가정하고, $v_i^{(k)}$를 현재 마코프 체인이 상태 $i\in E$에 있고 마지막 기간까지 남은 기간의 수가 $k\ (k=1,2,\cdots,n)$일 때, 나머지 기간 동안의 최적의 총 기대할인비용이라고 하자. 그러면 다음과 같은 후방향(backward)의 순환식을 세울 수 있다.

$$v_i^{(1)} = \min_{k \in A} C(i,k),$$
$$v_i^{(2)} = \min_{k \in A}\left\{C(i,k) + \beta \sum_{j \in E} p_{ij}(k) v_j^{(1)}\right\},$$
$$\cdot\ \cdot\ \cdot\ \cdot\ \cdot\ \cdot$$
$$v_i^{(n)} = \min_{k \in A}\left\{C(i,k) + \beta \sum_{j \in E} p_{ij}(k) v_j^{(n-1)}\right\},$$

그리고 최적 정책 $R^* = (d_i)_{i \in E}$는 마지막 $v_i^{(n)}$에서 최소값을 제공한 k들로 결정한다.

이 방법은 무한기간의 경우와 달리 매 단계마다 연립방정식을 풀 필요가 없으므로 계산이 훨씬 간단하다. 또한 정확히 n번의 계산으로 최적의 정책을 찾아낼 수 있다. 이런 장점으로 인해서 무한기간인 경우라도 기간의 수를 적당히 큰 수의 유한기간으로 간주하고 위의 동적계획법을 적용함으로써 근사값을 찾을 수 있다. 이런 이유로 위의 방법을 연속적 근사법(method of successive approximation)이라고 한다.

(3) 단위시간당 기대비용 기준의 알고리즘

전체 기간에 걸쳐서 단위기간당 기대되는 평균비용을 기준으로 하는 경우를 살펴보자. 즉, 다음의 비용 ψ를 최소로 하는 ψ^*를 구하고 그 때의 정책 R^*를 구하는 것이 목적이다.

$$\psi = \lim_{m \to \infty} \frac{1}{m+1} E_R\left[\sum_{n=0}^{m} C(X_n, D_n) \mid X_0 = i\right].$$

만약 어떤 정책 $R = (d_1, d_2, \cdots, d_m)$ 이 주어져 있다면 이 정책에 의한 마코프 체인의 1단계 전이확률행렬 $P(R)$을 구성할 수 있으며 이로써 안정상태 확률벡터 $\tilde{\pi}$를 구하고 $\psi(R) = \tilde{\pi}\,\tilde{C} = \sum_{i \in E} \pi_i C(i, d_i)$ 로 단위기간당 기대 평균비용을 얻을 수 있다. 예로써, (예 4.9)에서 정책 $R = (a,b)$에 대해서는 $P = \begin{matrix} 1 \\ 2 \end{matrix}\begin{pmatrix} 0.5 & 0.5 \\ 0.7 & 0.3 \end{pmatrix}$이며 $\tilde{\pi} = \tilde{\pi} P$, $\Sigma \pi_i = 1$ 식에 의해 $\tilde{\pi} = (0.583,\ 0.417)$이다. 따라서 $\psi = 0.583 \times 6 + 0.417 \times (-5) = 1.413$ 이다.

하지만 이렇게 해서 최적의 정책을 찾으려면 모든 정책 R에 대해서 $P(R)$을 구성하고 $\tilde{\pi} = \tilde{\pi} P(R)$, $\Sigma \pi_j = 1$ 을 통해 $\tilde{\pi}$를 구한 후 $\psi(R) = \tilde{\pi}\,\tilde{C} = \sum_{i \in E} \pi_i C(i, d_i)$ 를 구해서 비교해야 한다. 그 대신 총 기대할인비용 기준와 유사한 방법으로 최적의 정책을 구할 수 있는데, 여기서도 정책개선 알고리즘과 LP에 의한 방법 등 두 가지가 있다.

(i) 정책개선 알고리즘

총 기간의 수가 유한인 n개라고 가정하자. 그러면 이 기간 동안의 총 기대비용 $v_i^{(n)}$은 다음과 같이 쓸 수 있다. 정책 R이 주어져 있을 때, 모든 $i \in E$에 대하여

$$v_i^n = C(i,k) + \sum_{j \in E} p_{ij}(k) v_j^{n-1},\ n = 2,3,\cdots,$$

그리고 $v_i^1 = C(i,k)$이다. 이 값들은 초기상태 i에 따라 달라질 수 있는 값이다.

단위 기간당 평균비용 $\psi = \tilde{\pi}\tilde{C}$은 초기상태와는 무관한 값이다. 이는 단 하나의 기간 동안의 평균비용이므로 n개의 기간 동안 총 기대비용은 근사적으로 다음과 같이 쓸 수 있다.

$$v_i^n \approx n \times \psi + h_i,\ i \in E,$$

우변의 첫째 항은 초기 상태와 무관한 부분이며 둘째 항은 초기상태의 영향을 나타내 주는 상대적인 값이다. 이 두 식을 연립하면

$$n\psi + h_i \approx C(i,k) + \sum_{j \in E} p_{ij}(k) v_j^{n-1} = C(i,k) + \sum_{j \in E} p_{ij}(k)((n-1)\psi + h_j), i \in E,$$

결국 다음을 얻는다.

$$\psi + h_i \approx C(i,k) + \sum_{j \in E} p_{ij}(k) h_j,\ i \in E.$$

이 연립방정식에서 식의 개수는 총 m개이지만 변수는 ψ와 $h_1, \cdots, h_m$ 등 총 $m+1$개가 있다. 따라서 한 개 변수의 값이 정해져야 나머지 변수의 값들도 구할 수 있다.

여기서 h_i에 대해 해석하면, $v_i^n - v_1^n \approx h_i - h_1$이므로 h_i는 상태 1에서 출발했을 때와 비교할 때 총 기대비용이 얼마나 늘어나는지를 나타내는 상대적인 값이다($h_1 \equiv 0$으로 두는 경우를 생각해 보라). 관심 대상은 ψ와 그에 따른 정책이기 때문에 상대적인 값들인 h 변수 가운데 하나를 임의로 정하여 연립방정식을 풀어서 ψ를 결정해도 된다. 통상 $h_1 \equiv 0$으로 하거나 $h_m \equiv 0$으로 한다.

이제 정책개선 알고리즘을 다음과 같이 제시한다.

Step 1: $n = 0$으로 두고, 초기 행동은 $d_i^{(0)} = \arg\min_{k \in A} C(i,k)$로 정한다.

Step 2: 현재 정책 하에서 $C(i,k) \equiv C(i, d_i^{(n)})$와 $p_{ik}(k) \equiv p_{ij}(d_i^{(n)})$를 계산한다.

Step 3: 연립방정식 $\psi + h_i = C(i,k) + \sum_{j \in E} p_{ij}(k) h_j, i \in E$를 풀어서 ψ와 h_i를 구한다.

이 때 $h_1 \equiv 0$ 또는 $h_m \equiv 0$으로 둔다.

Step 4: 다음 식에 의해 행동들을 갱신한다.

$$d_i^{(n+1)} = \arg\min_{k \in A}\left(C(i,k) + \sum_{j \in E} p_{ij}(k) h_j - h_i\right),\ i \in E.$$

Step 5: 모든 $i \in E$에 대해서 $d_i^{(n+1)} = d_i^{(n)}$ 이면 중단한다. 아니면 $n \leftarrow n+1$이고 Step 2로 간다.

이 알고리즘은 상태공간 E와 행동공간 A가 유한하다면 ψ는 매 순환마다 감소하다가 유한 회수의 순환 만에 최적해에 도달하는 것이 보장된다고 알려져 있다.

예 4.11

(예 4.9)의 인형판매 문제를 할인을 고려하지 않은 단위기간당 평균 기대비용 기준에서의 최적 정책을 구해보자.

(순환 1)

Step 1: $d_1^{(0)} = \arg\max(6, 4) = a,\ d_2^{(0)} = \arg\max(-3, -5) = a$ 이므로 초기 정책은 $R^{(0)} = (a,a)$이다.

Step 2: 이익은 $C(1, d_1^{(0)}) = C(1,a) = 6,\ C(2, d_2^{(0)}) = C(2,a) =-3$이고 전이확률 행렬은 $P(R^{(0)}) = \begin{matrix} 1 \\ 2 \end{matrix}\begin{pmatrix} 0.5 & 0.5 \\ 0.4 & 0.6 \end{pmatrix}$이다.

Step 3: 연립방정식을 푼다.

$$i=1:\ \psi + h_1 = C(1,a) + p_{11}(a)h_1 + p_{12}(a)h_2 = 6 + (0.5h_1 + 0.5v_2),$$
$$i=2:\ \psi + h_2 = C(2,a) + p_{21}(a)h_1 + p_{22}(a)h_2 =-3 + (0.4h_1 + 0.6h_2),$$

$h_2 \equiv 0$으로 두고 이를 풀면 $\psi = 1,\ h_1 = 10$이다.

참고 여기서 $P(R^{(0)}) = \begin{matrix} 1 \\ 2 \end{matrix}\begin{pmatrix} 0.5 & 0.5 \\ 0.4 & 0.6 \end{pmatrix}$에 의한 안정상태 확률벡터 $\tilde{\pi}$을 구하면 $\tilde{\pi}\tilde{C} = 1 = \psi$임을 확인할 수 있다.

Step 4: 정책을 업데이트한다.

$$\begin{aligned} d_1^{(1)} &= \arg\max_{k=a,b}\left(C(1,k) + \sum_{j \in E} p_{ij}(k)\, h_j - h_1 \right) \\ &= \arg\max(6 + 0.5 \times 10 + 0.5 \times 0 - 10,\ 4 + 0.8 \times 10 + 0.2 \times 0 - 10) \\ &= \arg\max(11 - 10,\ 12 - 10) = b, \end{aligned}$$

$$\begin{aligned} d_2^{(1)} &= \arg\max_{k=a,b}\left(C(2,k) + \sum_{j \in E} p_{ij}(k)\, h_j - h_2 \right) \\ &= \arg\max(-3 + 0.4 \times 10 + 0.6 \times 0 - 0,\ -5 + 0.7 \times 10 + 0.3 \times 0 - 0) \\ &= \arg\max(1,\ 2) = b, \end{aligned}$$

따라서 $R^{(1)} = (b, b)$로 갱신하였다.

Step 5: $R^{(0)} \neq R^{(1)}$이므로 $n=1$로 두고 Step 2로 간다.

(순환 2)

Step 2: 이익은 $C(1, d_1^{(1)}) = C(1,b) = 4,\ C(2, d_2^{(1)}) = C(2,b) =-5$이고 전이확률 행렬은

$$P(R^{(1)}) = \begin{matrix} 1 \\ 2 \end{matrix}\begin{pmatrix} 0.8 & 0.2 \\ 0.7 & 0.3 \end{pmatrix}$$ 이다.

Step 3: 연립방정식을 푼다.

$$i=1: \ \psi + h_1 = C(1,b) + p_{11}(b)h_1 + p_{12}(b)h_2 = 4 + 0.8h_1 + 0.2h_2,$$
$$i=2: \ \psi + h_2 = C(2,b) + p_{21}(b)h_1 + p_{22}(b)h_2 = -5 + 0.7h_1 + 0.3h_2$$

$h_2 \equiv 0$으로 두고 이를 풀면 $\psi = 2, \ h_1 = 10$이다.

Step 4: 정책을 갱신한다.

$$d_1^{(2)} = \arg\max_{k=a,b}\left(C(1,k) + \sum_{j\in E} p_{ij}(k)h_j - h_1\right)$$
$$= \arg\max(6 + 0.5\times 10 + 0.5\times 0 - 10, \ 4 + 0.8\times 10 + 0.2\times 0 - 10) = b,$$
$$d_2^{(2)} = \arg\max_{k=a,b}\left(C(2,k) + \sum_{j\in E} p_{ij}(k)h_j\right)$$
$$= \arg\max(-3 + 0.4\times 10 + 0.6\times 0 - 0, \ -5 + 0.7\times 10 + 0.3\times 0 - 0) = b,$$

따라서 $R^{(2)} = (b,b)$이다.

Step 5: $R^{(1)} = R^{(2)}$이므로 멈춘다.

최적의 정책은 $R^* = (b,b)$이고 이 때 단위 기간당 평균기대비용은 $\psi^* = 2$이다. □

(ii) 선형계획법에 의한 방법

단위시간당 기대비용 기준에서도 선형계획법으로 모형을 만들고 최적해를 구할 수 있다. 여기서는 다음의 변수를 정의하자.

$$D_{ik} = P(D_n = k | X_n = i), \ i \in E, \ k \in A,$$

즉 D_{ik}는 마코프 체인이 상태 i일 때 행동을 k로 취하게 될 조건부 확률이다. 조건을 해제하기 위해 안정상태확률 π_i를 곱하고 다음과 같이 새로운 변수 y_{ik}로 표현하자.

$$y_{ik} \equiv P(X_n = i, \ D_n = k) = D_{ik}\pi_i,$$

또는 $\pi_i = \sum_{\ell \in A} y_{i\ell}$이므로 다음과 같이 쓸 수 있다.

$$D_{ik} = y_{ik}/\pi_i = y_{ik}/\sum_{\ell \in A} y_{i\ell}.$$

또한, $\tilde{\pi} = \tilde{\pi}P$와 $\Sigma \pi_i = 1$은 다음과 같이 y_{ik}에 의해 표현이 가능하다.

$$\sum_{k\in A} y_{ik} = \sum_{i\in E}\sum_{k\in A} y_{ik}p_{ij}(k), \quad \sum_{i\in E}\sum_{k\in A} y_{ik} = 1.$$

그리고 비용함수 $\psi = \tilde{\pi}\tilde{C}$ 는 다음과 같다.

$$\psi = \sum_{i\in E}\sum_{k\in A}\pi_i D_{ik} C(i,k) = \sum_{i\in E}\sum_{k\in A} C(i,k) y_{ik}.$$

이제 모든 식을 결정변수 y_{ik}에 의해 표시하였으므로 다음과 같이 LP 문제를 형성한다.

결정변수: $y_{ik}, \ i \in E, \ k \in A$

목적식: $\min \sum_{i\in E}\sum_{k\in A} C(i,k)y_{ik}$

제약식: 모든 $i\in E$, $k\in A$에 대하여

$$\sum_{k\in A} y_{ik} = \sum_{i\in E}\sum_{k\in A} y_{ik}p_{ij}(k),\quad \sum_{i\in E}\sum_{k\in A} y_{ik} = 1$$

비음조건: $y_{ik} \ge 0$.

최적해 y_{ik}^*가 결정되면 $D_{ik} = y_{ik}/\sum_{\ell\in A} y_{i\ell}$를 활용하여 상태 i일 때 행동을 k로 취하게 될 조건부 확률들을 구할 수 있다.

4.3 강화학습과 마코프 결정과정

(1) 개요

강화학습(reinforcement learning)은 빅데이터로 주어지는 문제를 컴퓨터 프로그램에 의해 고성능으로 해결하는 기계학습(machine learning)의 한 종류이다. 이는 외부 환경과 상호작용하면서 목표를 달성하는 목표지향적인 기계학습 방법이며, '에이전트(agent)'가 현재의 상태를 인식하여 선택가능한 행동들 가운데 보상을 최대로 하는 행동을 학습에 의해 선택하면 '환경(environment)'이 미리 정해진 보상과 다음의 상태를 결정해 주는데, 목표가 달성될 때까지 이와 같은 과정을 반복하면서 총 보상이 최대가 되도록 매 단계마다 취해야 할 행동, 즉 최적정책을 결정한다.

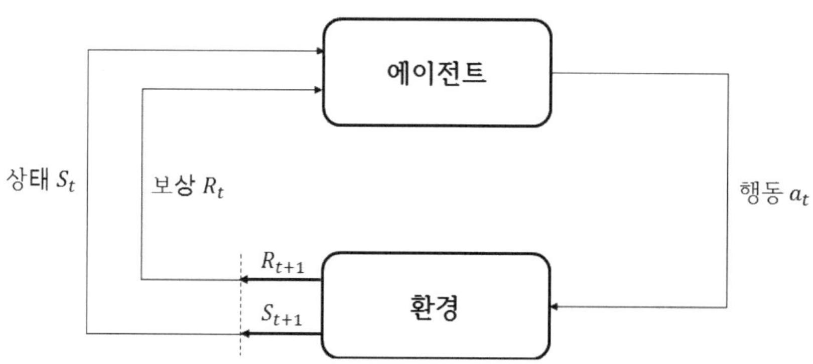

[그림 4.5] 강화학습의 작동원리

강화학습은 이 장에서 설명한 마코프 결정과정(MDP)에 의해 최적의 행동을 결정하는 방법을 찾아내므로 MDP는 강화학습의 핵심 기술이라고 할 수 있다. 강화학습은 딥러닝(deep learning)과 결합하여 알파고(AlphaGo)의 바둑 학습에 사용되었고 이밖에도 자율주행자동차, 온라인게임, 생산라인 제어 등 많은 분야에서 활용되고 있다. 여기서는 강화학습에 MDP가 어떻게 적용되는지 간단한 예제를 통해서 알아보기로 한다.

강화학습은 목표지향적이므로 총 단계가 무한이기 보다는 바둑 두기의 경우와 같이 유한단계인 경우가 많다. 따라서 단위시간당 기대비용 기준 보다는 총 기대(할인)보상 기준을 사용한다.

MDP에서 총 기대할인비용 기준의 비용함수는 다음과 같다.

$$v_i = C(i,k) + \beta \sum_{j \in E} p_{ij}(k) v_j, \quad i \in E.$$

이에 비해 강화학습에서 사용되는 기대보상 모형은 다음의 벨만방정식(Bellman equation)을 바탕으로 하고 있다. 현재 정책이 R이라고 할 때,

$$v_R(i) = \sum_{k \in A} \pi(k|i) \sum_{j \in E} \sum_{r} p_{ij}(k,r)(r + \beta v_R(j)), \quad i \in E.$$

MDP에서의 식보다는 다소 복잡한데, 그 이유는 다음과 같다.

우변의 첫 항 $\pi(k|i)$는 $\pi(k|i) = P(D_n = k | X_n = i)$, 즉 상태 i에서 행동 k를 택할 확률이다. 이는 R이 랜덤화 정책임을 의미한다. 특정한 상태 i에서 택할 수 있는 행동이 여럿 있을 때 각각에 대해 그 행동을 선택할 확률을 학습에 의해 찾아낼 수 있다.

$p_{ij}(k,r)$은 상태 i에서 행동 k를 택할 경우 다음 단계에는 상태 j로 전이하며 보상이 r일 확률이다. 이전 모형에서는 상태 i에서 행동 k를 택하면 (다음 전이상태가 어디인지와는 무관하게) 얻게 되는 보상(또는 비용)이 $C(i,k)$라고 표현했는데, 강화학습 모형에서는 선택한 행동에 의해 다음 전이된 상태가 무엇인가에 따라 보상이 달라질 수 있으므로 전이상태와 보상액을 함께 고려한 확률을 사용한다.

참고 확정적 정책(non-randomized policy)이라면 상태 i에서는 특정한 행동 하나만을 택하므로 $\sum_{k \in A} \pi(k|i) = 1$이다. 또한 상태 i에서 행동 k를 택할 때의 보상 r이 다음 전이상태와 무관하다면 $p_{ij}(k,r) = p_{ij}(k)\, q(r|i,k)$와 같이 쓸 수 있다(단, $q(r|i,k)$는 상태 i에서 행동 k를 택할 때의 보상이 r일 확률). 따라서 $\sum_{r} r\, q(r|i,k) = C(i,k)$와 같이 쓸 수 있으므로 벨만방정식은 이전 모형과 동일해 진다.

정책을 업데이트하기 위해 각 상태에서 최대의 보상을 주는 행동을 찾을 때에는 다음의 식을 사용한다.

$v_R(i) = \max_{k \in A} q_R(i,k)$, 단, $q_R(i,k) = \sum_{j \in E} \sum_r p_{ij}(k,r)(r + \beta v_R(j))$.

식 $v_R(i)$는 상태가치함수, $q_R(i,k)$는 상태-행동가치함수라고 구분해서 부르기도 한다.

(2) 가치개선 알고리즘

최대보상을 주는 정책을 찾기 위해서 MDP의 정책개선 알고리즘을 사용할 수 있다. 하지만 정책개선 알고리즘에서는 보상액을 구하기 위해 필연적으로 역행렬을 구해야 하는데, 현실 문제에서는 상태의 개수가 매우 많으므로 행렬의 크기가 커서 계산량이 엄청나게 많아지며 계산결과도 안정적이지 못하다. 따라서 다음과 같은 가치개선 알고리즘(value improvement)을 사용하는 경우가 많다.

Step 1: $n=0$으로 두고, 편의상 초기값으로 모든 $i \in E$에 대하여 $v_i^{(n)} \equiv 0$으로 둔다.

Step 2: 다음을 계산한다.

$$v_i^{(n+1)} = \max_{k \in A} \sum_{j \in E} \sum_r p_{ij}(k,r)(r + \beta v_j^{(n)}), \quad i \in E.$$

Step 3: 다음의 증분을 계산한다.

$$\delta = \max_{i \in E} \left| v_i^{(n+1)} - v_i^{(n)} \right| .$$

Step 4: 미리 정한 $\epsilon > 0$ 에 대해 $\delta \leq \epsilon$ 이면 중단하고 현재의 $\tilde{v}^{(n+1)}$이 최적해이다. 아니면 $n \leftarrow n+1$이고 Step 2로 간다.

그리고 최적 정책 $R^* = (d_i)_{i \in E}$는 최적해 $\tilde{v}^{(n+1)}$에서 최대보상을 제공한 k들로 결정한다. 만약 그러한 k가 여럿 있다면 동일한 확률을 부여하면 된다.

예 4.12 격자세계 (grid world)

다음과 같은 3×3 격자를 랜덤하게 돌아다니는 로봇을 생각하자. 로봇은 1번 격자에서 출발하여 9번 격자로 가장 빠른 시간에 도달해야 하는데, 7번 격자를 거쳐서는 안 된다. 각 격자에서는 위(u), 아래(d), 좌(l), 우(r) 등 네 방향을 각각 1/4의 확률로 선택하는데, 경계선 밖으로 나가는 방향을 선택하면 나가지 못하고 제자리로 돌아온다. 로봇이 가야 할 경로에 대한 정책을 구하고자 한다. 할인율은 $\beta=1$로 한다.

①	2	3
4	5	6
❼	8	⑨

[그림 4.6] 격자세계

우선 로봇이 빠른 경로를 찾기 위해서 매 격자를 이동할 때마다 -1의 보상을, 경계선 바깥 방향을 선택할 경우 -2의 보상을 준다. 피해야 할 7번 격자를 선택하면 -3의 보상이 있으며, 마지막으로 9번 격자 쪽으로 선택하면 +5의 보상을 주기로 한다.

상태공간은 7과 9가 제외된 $E=\{1,2,3,4,5,6,8\}$이고, 행동공간은 $A=\{u,d,l,r\}$이다. 네 가지 행동에 따라 7×7의 전이확률행렬이 만들어진다. 예를 들어 행동 u(위로 이동)와 r(오른쪽으로 이동)의 전이확률 행렬은 다음과 같다($P(l)$, $P(d)$는 생략).

$$P(u)=\begin{array}{c|ccccccc|} & 1&2&3&4&5&6&8\\ \hline 1&1&0&0&0&0&0&0\\ 2&0&1&0&0&0&0&0\\ 3&0&0&1&0&0&0&0\\ 4&1&0&0&0&0&0&0\\ 5&0&1&0&0&0&0&0\\ 6&0&0&1&0&0&0&0\\ 8&0&0&0&0&1&0&0 \end{array},\qquad P(r)=\begin{array}{c|ccccccc|} & 1&2&3&4&5&6&8\\ \hline 1&0&1&0&0&0&0&0\\ 2&0&0&1&0&0&0&0\\ 3&0&0&1&0&0&0&0\\ 4&0&0&0&0&1&0&0\\ 5&0&0&0&0&0&1&0\\ 6&0&0&0&0&0&1&0\\ 8&0&0&0&0&0&0&1 \end{array}.$$

.

이 예에서는 상태에서 택한 행동에 따라 보상이 정해진다. 보상 $C(i,k)$의 예를 몇 가지 들면 다음과 같다.

$C(1,u)=C(1,l)=-2$ (경계선 바깥으로의 선택), $C(1,r)=C(1,d)=-1$ (한 격자 이동), $C(4,d)=-3$ (금지된 격자로 이동), $C(8,r)=+5$ (목적지 도달이동).

나머지 i,k 에서의 보상에 대해서는 독자들이 정해보기 바란다.

예제의 구조가 독특하기 때문에 벨만방정식은 단순하지만 강화학습의 동작원리를 이해하는 데에는 충분하다.

(순환 1)

Step 1: $v_i^{(0)}=0,\ i=1,2,3,4,5,6,8$로 둔다.

Step 2:
$$\begin{aligned}
v_1^{(1)}&=\max(-2+v_1,-1+v_4,-2+v_1,-1+v_2)=\max(-2,-1,-2,-1)=-1,\\
v_2^{(1)}&=\max(-2+v_2,-1+v_5,-1+v_1,-1+v_3)=\max(-2,-1,-1,-1)=-1,\\
v_3^{(1)}&=\max(-2+v_3,-1+v_6,-1+v_2,-2+v_3)=\max(-2,-1,-1,-2)=-1,\\
v_4^{(1)}&=\max(-1+v_1,-3+v_4,-2+v_4,-1+v_5)=\max(-1,-3,-2,-1)=-1,\\
v_5^{(1)}&=\max(-1+v_2,-1+v_8,-2+v_4,-1+v_6)=\max(-1,-1,-1,-1)=-1,\\
v_6^{(1)}&=\max(-1+v_3,+5,-1+v_5,-2+v_6)=\max(-1,+5,-1,-2)=+5,\\
v_8^{(1)}&=\max(-1+v_5,-2+v_8,-3+v_8,+5)=\max(-1,-2,-3,+5)=+5,
\end{aligned}$$

(순환 2)

Step 2: $v_1^{(2)} = \max(-2+v_1, -1+v_4, -2+v_1, -1+v_2) = \max(-3, -1, -3, -2) = -2,$
$v_2^{(2)} = \max(-2+v_2, -1+v_5, -1+v_1, -1+v_3) = -2,$
$v_3^{(2)} = \max(-3, +4, -2, -3) = +4,$
$v_4^{(2)} = -2,$
$v_5^{(2)} = +4,$
$v_6^{(2)} = +5,$
$v_8^{(2)} = +5,$

(순환 3)(순환 4) 생략

(순환 5)

Step 2: $v_1^{(5)} = \max(-2+v_1, -1+v_4, -2+v_1, -1+v_2) = \max(0,2,0,2) = 2,$
$v_2^{(5)} = \max(1,3,1,3) = 3,$
$v_3^{(5)} = \max(2,4,2,2) = 4,$
$v_4^{(5)} = 3,$
$v_5^{(5)} = 4,$
$v_6^{(5)} = 5,$
$v_8^{(5)} = 5,$

순환 5에서 얻은 $\tilde{v}^{(5)}$는 종료조건을 만족한다. 따라서 최적해는

$\tilde{v}^* = (v_1, v_2, v_3, v_4, v_5, v_6, v_8) = (2,3,4,3,4,5,5)$

이며 최적 정책은

$R^* = (d_1, d_2, d_3, d_4, d_5, d_6, d_8) = (dr, dr, d, r, dr, d, r)$

이다. 여기서 $d=$ 아래로 이동, $r=$ 오른쪽으로 이동, $dr=$ 아래 또는 오른쪽으로 이동을 의미한다. 따라서 예를 들어 $d_1 = dr$이므로 격자 1에서는 아래 또는 오른쪽으로 이동하되 선택은 반반으로 하면 된다. □

↓→	↓→	↓
→	↓→	↓
❼	→	⑨

[그림 4.7] 최적 정책을 나타내는 화살표

참고 예를 들어 상태 1에서 행동 d를 택하면 다음 단계에는 상태 4로 이동한다. 즉 $p_{14}(d) = 1$이다. 하지만 로봇이 d를 택해도 실제로는 의지와 상관없이 위, 오른쪽, 왼쪽으로 이동할 수도 있다. 이 경우에는 전이확률을 다음의 예와 같이 확률분포로 표현해야 한다.

$$p_{1j}(d) = \begin{cases} 0.05, & j=1, \\ 0.03, & j=2, \\ 0.90, & j=4, \\ 0.02, & j=5. \end{cases}$$

참고 이 알고리즘에 의해 최적 정책을 구하기 위해서는 $p_{ij}(k,r), i \in E, k \in A$가 모두 주어져야 한다. 이들 확률들을 추정하기 위해서 강화학습에서는 불완전한 모형 정보로부터 시뮬레이션 등을 통해 표본을 생성하거나, 에이전트와 환경과의 상호작용을 통해 직접 표본을 수집한다. 예를 들면 바둑에서는 과거에 바둑기사들이 두었던 수만 건의 기보(棋譜)를 표본으로 할 수도 있고, 두 프로그램을 서로 맞대결하게 하여 표본을 만들 수도 있다. 이들 표본을 통해 목표지점까지의 경로(이를 에피소드(episode)라고 한다)를 수집하고 이 때 총 기대보상을 계산하는 방식으로 학습을 한다.

4.4 연습문제

01 상태공간 $\{1,2,3,4,5\}$인 다음의 마코프 체인을 고려하자. 보상함수와 수수료 함수는 다음과 같으며, 할인율은 $\beta = 0.75$이다.

$$P = \begin{pmatrix} 0 & 0 & 0 & 0 & 1 \\ 0 & 0 & 1/3 & 2/3 & 0 \\ 0 & 0 & 0 & 1 & 0 \\ 0 & 0 & 1/2 & 0 & 1/2 \\ 1/3 & 0 & 0 & 0 & 2/3 \end{pmatrix},\ \tilde{f} = \begin{pmatrix} 15 \\ 2 \\ 3 \\ 5 \\ 4 \end{pmatrix},\ \tilde{g} = \begin{pmatrix} 0 \\ 1 \\ 0 \\ 1 \\ 2 \end{pmatrix}.$$

(a) 최적 정지집합을 구하고 최적 정지시간을 표현하라.

(b) 마코프체인이 만약 $X_0 = 3, X_1 = 5, X_2 = 5, X_3 = 1, \cdots$ 이라면 언제 정지하겠는가? 이 때 총 보상은 얼마인가?

(c) 마코프체인이 만약 $X_0 = 3, X_1 = 5, X_2 = 5, X_3 = 5, \cdots, X_8 = 5, X_9 = 1, \cdots$ 이라면 언제 정지하겠는가? 이 때 총 보상은 얼마인가?

02 보상함수가 $\tilde{f}$이며 전이확률행렬이 P, 상태공간이 $E = \{a,b,c,d,e\}$이고 할인율은 $\beta = 0.5$이다. 또한 각 상태에서 "계속진행"을 선택하는 경우에는 다음 함수 $\tilde{g}$의 비용이 발생한다.

$\tilde{f} = (50,40,10,20,30)^T$, $\tilde{g} = (1,1,2,2,3)^T$,

$$P = \begin{pmatrix} 0.3 & 0 & 0 & 0.7 & 0 \\ 0 & 1 & 0 & 0 & 0 \\ 0.5 & 0.2 & 0.3 & 0 & 0 \\ 0.6 & 0 & 0 & 0.4 & 0 \\ 0.2 & 0.1 & 0.1 & 0.3 & 0.3 \end{pmatrix}.$$

(a) 이 문제를 풀기 위한 선형계획법을 만들어라.

(b) 이익을 최대화하기 위한 정책을 구하라. 즉, 최적의 정지집합을 구하라.

03 상태공간 $\{a,b,c\}$이고 전이확률 행렬과 보상함수와 수수료 함수가 다음과 같다.

$$P = \begin{pmatrix} 1/2 & 0 & 1/2 \\ 1 & 0 & 0 \\ 0 & 2/3 & 1/3 \end{pmatrix},\ \tilde{f} = \begin{pmatrix} 7 \\ 2 \\ 3 \end{pmatrix},\ \tilde{g} = \begin{pmatrix} 0 \\ 3 \\ 1 \end{pmatrix}.$$

(a) 할인율을 고려하지 않는다면(즉 $\beta = 1$), 최적 정지집합은 무엇인가?

(b) (a)에서 구한 정지집합이 그대로 유지되기 위한 할인율의 범위를 구하라.

04 본문의 (예 4.7)을 다시보자. 가지고 있는 돈이 유한인 값 $K(K \geq 2)$ 이라고 하자. 출발 상태 a,b에 대해 게임의 값은 다음을 만족한다. 단 기댓값 $E_i(\cdot)$에서의 아래첨자는 출발상태가 $i = a,b$임을 의미한다.

$$v(a) = \max_{n \leq K}\{E_a(f(X_n) - n)\} = \max\{E_a(f(X_0)), E_a(f(X_1) - 1), \cdots, E_a(f(X_K) - K)\},$$

$$v(b) = \max_{n \leq K}\{E_b(f(X_n) - n)\} = \max\{E_b(f(X_0)), E_b(f(X_1) - 1), \cdots, E_b(f(X_K) - K)\}.$$

이제 $E_i(f(X_n) - n) = (f(a) - n)p_{ia}^{(n)} + (f(b) - n)p_{ib}^{(n)}$ 임을 이용하여 출발상태가 각각 a,b일 때 정지시간을 구하라.

05 총 기대할인비용 기준의 정책개선 알고리즘은 Step 1에서 초기 행동을 $d_i^{(0)} = \arg\min_{k \in A} C(i,k)$로 정하고 시작한다. 이는 모든 $i \in E$에 대하여 $v_i = 0$으로 두고 Step 4부터 시작하는 것과 다를 바 없음을 보여라.

06 다음의 마코프 결정과정을 생각하자. 상태는 1과 2이며 행동공간은 $\{a,b\}$이다. 비용은 $C(1,a) = 1$, $C(1,b) = 2$, $C(2,a) = 6$, $C(2,b) = 7$이다.

$$P(a) = \begin{pmatrix} 0.4 & 0.6 \\ 0.2 & 0.8 \end{pmatrix}, \ P(b) = \begin{pmatrix} 0.7 & 0.3 \\ 0.5 & 0.5 \end{pmatrix}.$$

(a) 초기 정책을 $R_0 = (a,a)$로 두고 다음 기준에 의해 정책개선 알고리즘을 한 번 적용해서 새로운 정책 R_1을 구하라.

(i) $\alpha = 0.8$의 총 기대할인비용 기준

(ii) 단위시간당 기대비용 기준

(b) (a)의 (i)과 (ii) 모형에 대해 각각 선형계획법 문제로 식을 만들고 풀어라.

07 다음과 같은 마코프 결정과정 모형이 있다. 시스템의 상태는 1과 2이며 행동공간은 $\{a,b\}$이다. 비용은 각각 $C(1,a) = 1$, $C(1,b) = 2$, $C(2,a) = 6$, $C(2,b) = 7$이다. 단위기간은 1개월이며, 각 행동에서의 전이확률행렬은 다음과 같다.

$$P^a = \begin{pmatrix} 0.4 & 0.6 \\ 0.2 & 0.8 \end{pmatrix},\ P^b = \begin{pmatrix} 0.7 & 0.3 \\ 0.5 & 0.5 \end{pmatrix}.$$

(a) 총 기간이 1월초부터 3월말까지 총 3개월(유한)이다. 1개월당 할인율은 $\beta = 0.9$이다. 동적계획법 방법을 사용하여 1월 초에서의 최적정책 R^*를 구하라.

(b) 무한기간을 가정한다. 단위기간당 기대평균비용 기준을 사용한다고 할 때, 정책 $R_1^* = (a,a)$와 $R_2^* = (a,b)$중 어느 정책이 좋은지 각각의 비용을 구하여 비교하라.

08 매주 초에 기계장치의 상태를 점검한 후 그 결과를 보고 기계를 교체할 지, 그냥 사용할 지를 결정한다. 기계의 상태는 0(매우 좋음), 1(좋음), 2(주의 필요), 3(좋지 않음), 4(고장)로 구분하는데, 상태간의 전이확률 행렬은 다음과 같다. 만약 교체를 결정하면 즉시 500의 비용이 들고 한 주만에 교체가 이루어져서 다음주 초에는 상태 0으로 된다. 기계가 각 상태에 있을 때마다 다음 $\tilde{f}$의 이익이 발생한다. 행동 0은 "교체하지 않음", 행동 1은 "교체함"이라고 하자.

$$P = \begin{matrix} 0 \\ 1 \\ 2 \\ 3 \\ 4 \end{matrix} \begin{pmatrix} 0.8 & 0.15 & 0.05 & 0 & 0 \\ 0 & 0.8 & 0.1 & 0.1 & 0 \\ 0 & 0 & 0.85 & 0.1 & 0.05 \\ 0 & 0 & 0 & 0.9 & 0.1 \\ 0 & 0 & 0 & 0 & 1 \end{pmatrix}, \qquad \tilde{f} = (1000,\ 900,\ 700,,\ 400,\ -200)^T,$$

초기 정책을 $(0,0,1,0,1)^T$라고 하고 총 기대할인 이익을 최대로 하는 최적 정책을 구하라. 단, 할인율은 $\beta = 0.9$이다.

09 (Feldman) 다음과 같은 재고문제를 고려하자. 매주 금요일마다 재고를 점검하는데, 필요하다면 금요일 밤에 주문을 하고 주문한 상품은 월요일 이른 아침에 도착한다. 주말에는 문을 닫는다. 상품을 n개 주문하는 비용은 다음과 같다.

$$c(n) = \begin{cases} 0, & n = 0, \\ 100 + 500n, & n \geq 1. \end{cases}$$

매주 수요량은 각각 확률 0.05, 0.15, 0.22, 0.22, 0.18, 0.18로 0,1,2,3,4,5개이다. 상품의 판매가격은 개당 750원이지만 재고가 없을 때에는 손해를 감수하면서도 고객을 잃지 않으려고 경쟁업체로부터 개당 800원에 구입하여 판매한다. 할인율은 0.9이다.

(a) 채움주문량(order-up-to quantity)을 k라고 하면 집합 $A = \{0,1,2,3,4,5\}$이 행동공간이다. 즉, 현재 재고량이 i이면 $k-i$가 주문량이다. 예를 들어 채움주문량이 $k=3$일 때의 전이확률 행렬 $P(3)$과 비용함수 $\widetilde{C}(3)$을 구해 보라.

(b) 이 문제를 마코프 결정과정으로 만들어라.

(c) 총 할인비용을 최소로 하도록 매주 금요일에 주문해야 하는 최적의 주문정책을 구하라.

(d) 주말에 남는 재고는 추가로 10원의 재고비용이 발생한다고 할 때, 총 할인비용을 최소로 하도록 매주 금요일에 주문해야 하는 최적의 주문정책을 구하라.

(e) 10원의 재고비용 이외에, 재고부족의 경우 경쟁업체로부터 구입하는 대신에 고객에게 10% 할인한 가격으로 다음 월요일에 판매(backorder)한다면 최적 주문정책은 어떻게 달라지는가?

(f) 할인이 없이 평균비용 기준으로 최적 정책을 구해 보라.

10 (Feldman) 다음과 같은 기계 수리센터를 생각하자. 매일 도착하는 기계 수가 1,2,3대일 확률이 각각 0.25, 0.6, 0.15이다. 시스템에는 최대 5대의 기계까지 수용할 수 있으며 이를 초과하게 되는 기계들은 시스템에 들어오지 못하고 가버린다. 예를 들어 하루가 시작할 때 4대의 기계가 수리대기중인데 추가로 두 대의 기계가 더 도착한다면 한 대만 시스템에 들어오고 한 대는 다른 곳으로 가버린다. 대기중인 총 기계 대수를 보고 작업자를 한 명을 쓸 지 두 명을 쓸 지 결정한다. 작업자가 1명이면 그 날 기계를 1대만 수리할 수 있을 확률이 50%, 두 대까지 수리할 수 있을 확률이 50%이다. 하지만 작업자가 두 명이면 두 대까지 수리할 확률이 60%, 세 대까지 수리할 확률은 30%, 네 대를 수리할 확률은 10%이다. 작업자의 인건비는 하루당 75,000원이며 기계를 그날 수리하지 못하고 다음날로 넘기면 30,000원의 비용이 발생한다. 평균비용 기준에 의해 몇 명의 작업자를 두어야 할지 결정하라.

11 ㅎ교수는 정부로부터 경제상황에 따라 어떤 경제정책을 쓸 지 자문요청을 받았다. 경제상황은 호황, 보통, 불황 등 세 가지 상태중 하나이며 이에 대한 정책은 성장유도 정책과 안정유도 정책 등 두 가지가 있다. 과거 기록을 검토해 보니 다음과 같았다.

(i) 호황일 때 성장유도 정책을 쓰면 32만개의 새 일자리가 만들어지지만 450억 원의 예산이 소요되며 정책집행의 결과 경제상황이 호황, 보통, 불황으로 이어질 확률은 각각 0.75, 0.2, 0.05가 된다. 하지만 안정유도 정책을 쓰면 30만 개의 일자리를 만들고 400억 원이 소요되며 나중에 경제상황이 호황, 보통, 불황으로 이어질 확률이 각각 0.8, 0.15, 0.05이다.

(ii) 경제가 보통일 때 성장정책을 쓰면 일자리 20만개에 350억 원, 경제상황은 호황, 보통, 불황으로 이어질 확률이 각각 0.3, 0.5, 0.2이다. 안정정책을 쓴다면 일자리 23만개에 450억 원, 호황, 보통, 불황으로 이어질 확률이 각각 0.2, 0.6, 0.2이다.

(iii) 불황일 때 성장정책은 일자리 10만개에 250억 원, 경제상황은 호황, 보통, 불황으로 이어질 확률이 각각 0.2, 0.2, 0.6이고 안정정책은 일자리 12만개에 300억 원, 호황, 보통, 불황으로 이어질 확률 0.1, 0.3, 0.6이다. 하지만 경제불황 타개를 위해 성장이나 안정정책 대신에 특별한 조치를 취하는 경우에는 15만개의 일자리가 만들어지고 예산은 330억 원이 드는 대신 호황, 보통, 불황으로 이어질 확률은 각각 0.05, 0.4, 0.55이다.

아래 문항에 답하라. 단, 할인율은 0.9이다.

(a) 기간 동안 평균 일자리의 개수를 최대로 하는 것이 목표일 때 각 경제상황에서 어떤 정책을 쓰는 것이 좋은지 결정하라.
(b) 전체 기간동안 총 예산을 최소로 쓰는 것이 목표이라면 어떤 정책이 바람직한지 결정하라.
(c) 하나의 일자리당 소요되는 전체 기간중의 총 예산을 최소로 하고 싶을 때 최적의 정책을 구하라.

12 (Feldman) 제품을 생산하는 한 기계장치가 있는데 기계의 상태는 "좋음"과 "나쁨" 중 하나이다. 기계의 상태가 좋을 때에 생산되는 제품은 양품일 확률이 95%이고, 나쁜 상태에서 생산되는 제품은 불량일 확률이 100%이다. 또한 기계가 오늘 좋은 상태일 경우 내일도 좋은 상태를 유지할 확률은 98%이고 2%의 확률로 나쁜 상태로 전이한다. 오늘 나쁜 상태이었으면 다음날도 나쁜 상태가 유지된다. 제품 한 개를 생산하는 데에는 재료와 생산비를 합하여 5,000원이 들며, 양품일 경우에는 10,000원에 판매되지만 불량품인 경우에는 잔존가치 250원을 남기고 버려진다. 기계를 수리하는 데에는 25,000원이 들고 수리후에는 즉시 좋음 상태가 된다. 기계의 상태는 직접 알 수 없고 다만 제품의 양/불량 판정에 의해서 추론할 뿐이다. 제품은 생산할 때마다 검사하며, 검사후 생산을 지속할지 수리할 지를 결정한다.

X_n을 기계의 상태라 하면 $\{X_n, n=0,1,2,\cdots\}$는 이산상태 마코프 체인이다. X_n은 직접 관찰할 수 없으므로 다음을 정의하자: $Z_n = P(X_n = \text{나쁨})$. 마코프 체인 $\{Z_n, n=0, 1,2,\cdots\}$은 상태공간이 구간 $[0,1]$이다. 다시 또 다른 확률변수를 정의하자: n번째 제품에 대한 검사에서 불량이면 $I_n = 0$, 양품이면 $I_n = 1$이다.

(a) $Z_n = p$일 때, $I_{n+1} = i$, $i = 0,1$일 확률을 각각 구하여라.
(b) $Z_n = p$이라면 Z_{n+1}이 가질 수 있는 값은 무엇인가?
(c) 언제 수리를 할 지에 대한 정책을 정하고 싶다. 할인율이 0.9일 때 이 문제를 상태공간이 $[0,1]$인 마코프 결정과정으로 모형을 만들어라.

(d) 이 문제의 최적정책은 다음과 같은 형태가 될 것이다. 즉 만약 $Z_n = p < p^*$이면 기계를 그대로 사용하고, $p \geq p^*$이면 기계를 수리하도록 하는 p^*가 존재한다. 이 p^*를 구하라(힌트: p가 취할 수 있는 값들을 고려한다).

13 확정적 정책만을 쓰고, 행동에 의한 보상이 다음 전이상태와는 무관하다면 벨만방정식은 MDP에서의 총 기대할인비용의 식과 동일함을 식을 통해 설명하라.

(벨만방정식) $v_R(i) = \sum_{k \in A} \pi(k|i) \sum_{j \in E} \sum_r p_{ij}(k,r)(r + \beta v_R(j)), \quad i \in E,$

(MDP에서의 총 기대할인비용의 식) $v_i = C(i,k) + \beta \sum_{j \in E} p_{ij}(k) v_j, \quad i \in E.$

14 다음과 같은 4×4 격자가 있다. 1번에서 출발하여 7번과 10번을 피하고 11번으로 빠르게 도착하는 로봇을 만들고자 한다. 각 격자에서 어떤 방향으로 움직여야 하는지 최적의 정책을 MDP를 이용하여 구하라.

①	2	3	4
5	6	❼	8
9	❿	⑪	12
13	14	15	16

15 컴퓨터가 상태 하나에 대한 다음의 계산 하나를 하는 데에 1마이크로(10^{-6})초가 걸린다고 하자.

$$v_i^{(n+1)} = \max_{k \in A} \sum_{j \in E} \sum_r p_{ij}(k,r)(r + \beta v_j^{(n)}), \quad i \in E.$$

(a) 본문에서 사용한 격자세계의 상태의 수는 7개, 행동의 개수는 4개이었다. 이 예제를 처리하는 데에 걸리는 시간이 최대 얼마일까?

(b) 14번 문제의 4×4 격자의 경우에는 시간이 최대 얼마나 걸리겠는가?

(c) 격자의 크기가 $n \times n$이고 각 격자에서 취할 수 있는 행동의 개수가 k개라고 하면 최적 정책을 구하는 데에 최대 얼마의 시간이 소요될 것인지 예측해 보라.

5장

마코프 과정

확률과정은 상태공간 E의 이산형 또는 연속형 여부와 더불어 인덱스 집합이 이산형인가 연속형인가에 따라서 분석 방법이 크게 달라진다. 이산시간 모형에서는 상태간의 전이 간격이 일정하다고 간주하고 분석을 수행하지만, 연속시간 모형은 연속된 두 전이 사이의 간격도 고려하므로 상대적으로 훨씬 복잡할 수 있다. 하지만 안정상태, 즉 상태확률의 변화가 없는 상황에 있어서의 분석에 초점을 둔다면 연속시간 모형도 손쉽게 분석해서 각종 성능들을 파악해 낼 수 있다.

앞선 장에서 살펴본 포아송 과정은 이산상태, 연속시간의 확률과정이며, 이후 장에서 다룬 마코프 체인은 이산상태, 이산시간의 확률과정이었다. 여기서는 포아송 과정을 보다 일반화한 연속형 마코프 체인이라고 할 수 있는 마코프 과정에 대해 알아본다. 마코프 과정은 그 자체로도 훌륭한 확률모형이지만 이 장의 후반부에 소개되는 출생사멸과정과 이를 확장한 대기행렬 모형의 기본이 되는 매우 중요한 확률과정이다.

5.1 정의

정의 마코프 과정 (Markov process, 또는 continuous-time Markov chain)

상태공간 E가 이산형이며 연속시간 확률과정 $\{ Y(t), t \geq 0 \}$ 를 고려하자. 다음을 만족하면 이 확률과정을 마코프 과정이라고 한다: 모든 $j, i, i_u \in E$, 그리고 $t, s \geq 0$에 대하여

$$P(Y(t+s)=j \mid Y(s)=i,\ Y(u)=i_u, 0 \leq u \leq s) = P(Y(t+s)=j \mid Y(s)=i) .$$

마코프 과정도 “특정시점 이후 미래의 상태 전개는 가장 최근의 상태에만 의존하며 그 이전의 상태 전개들과는 독립이다”라는 마코프 성질(Markov property, 또는 Markovian)을 가진다. 마코프 체인의 경우와 마찬가지로 다음의 성질을 만족하면 이를 시간균질(time-homogeneous) 또는 정상(stationary) 마코프 과정이라고 한다.

$$P(Y(t+s)=j \mid Y(s)=i) = P(Y(t)=j \mid Y(0)=i) \equiv p_{ij}(t),$$

즉, 상태 i에서 시간 t가 지난 후 상태 j에 있을 확률은 시간 구간의 위치에 무관하다.

참고 전이확률 $p_{ij}(t)$는 시점 0에 i에 있다는 조건하에 시점 t에서의 상태가 j일 확률이며, 이 값은 시점 0과 t 사이에 어떤 상태들을 거쳤는지는 관계가 없다.

전이확률 $p_{ij}(t)$은 모든 $i,j \in E=\{0,1,2,\cdots\}$에 대해 정의되므로 이들을 모아서 크기 $|E| \times |E|$의 전이확률함수 행렬인 $P(t)$를 만들 수 있다. 이 행렬은 시간 t의 함수이며 고정된 t에 대하여 $\sum_{j \in E} p_{ij}(t)=1$이다.

$$P(t)=\begin{pmatrix} p_{00}(t) & p_{01}(t) & p_{02}(t) & \cdots \\ p_{10}(t) & p_{11}(t) & p_{12}(t) & \cdots \\ p_{20}(t) & p_{21}(t) & p_{22}(t) & \cdots \\ \vdots & \vdots & \vdots & \ddots \end{pmatrix}.$$

마코프 체인에서 다단계 전이확률 행렬을 유도했던 방법을 적용하면 다음과 같은 등식을 유도할 수 있다.

$$\begin{aligned} p_{ij}(t+s) &= P(Y(t+s)=j \mid Y(0)=i) \\ &= \sum_{k \in E} P(Y(t+s)=j \mid Y(s)=k,\ Y(0)=i)P(Y(s)=k \mid Y(0)=i) \\ &= \sum_{k \in E} P(Y(t+s)=j \mid Y(s)=k)P(Y(s)=k \mid Y(0)=i) \\ &= \sum_{k \in E} P(Y(t)=j \mid Y(0)=k)P(Y(s)=k \mid Y(0)=i)=\sum_{k \in E} p_{ik}(s)p_{kj}(t), \end{aligned}$$

이 식을 행렬로 표시하면 다음과 같은 채프만-콜모고로프 방정식(Chapman-Kolmogorov's equation)을 얻는다.

$$P(t+s)=P(s)P(t)=P(t)P(s), \quad \forall s,t \ge 0.$$

예 5.1

다음은 마코프 과정 $\{Y(t), t \ge 0\}$의 전이확률 행렬이다.

$$P(t)=\begin{matrix} 0 \\ 1 \end{matrix}\begin{pmatrix} \frac{3}{8}+\frac{5}{8}e^{-12t} & \frac{5}{8}-\frac{5}{8}e^{-12t} \\ \frac{3}{8}-\frac{3}{8}e^{-12t} & \frac{5}{8}+\frac{3}{8}e^{-12t} \end{pmatrix}.$$

(a) $P(Y(0.5)=0 \mid Y(0)=0)=p_{00}(0.5)=\frac{3}{8}+\frac{5}{8}e^{-6}$.

(b) $P(Y(0.5)=0,\ Y(0.8)=1,\ Y(1.4)=1 \mid Y(0)=0)=p_{00}(0.5)p_{01}(0.3)p_{11}(0.6)$
$=\left(\frac{3}{8}+\frac{5}{8}e^{-6}\right)\left(\frac{5}{8}-\frac{5}{8}e^{-3.6}\right)\left(\frac{5}{8}+\frac{3}{8}e^{-7.2}\right)$.

(c) 초기상태확률 벡터가 $\alpha=(0.3,\ 0.7)$일 때, $P(Y(0.5)=0)=0.3 \times p_{00}(0.5)+0.7 \times p_{10}(0.5)$
$=\frac{3}{8}-\frac{0.6}{8}e^{-6}$.

(d) $\lim_{n \to \infty} P(t)=P(\infty)=\begin{pmatrix} 3/8 & 5/8 \\ 3/8 & 5/8 \end{pmatrix}$. □

예 5.2

포아송 과정은 마코프 과정의 일종임을 보여라.

$N(t)$를 모수가 λ인 정상 포아송 과정이라고 하자. 즉 $N(t) \sim PP(\lambda)$이다. $j \geq i$라고 할 때,

$$\begin{aligned} P(N(t+s)=j|N(s)=i, N(u), u \leq s) &= P(N(t+s)=j|N(s)=i) \\ &= P(N(t+s)-N(s)=j-i\,|N(s)=i) \\ &= P(N(t+s)-N(s)=j-i) \\ &= P(N(t)=j-i) = \frac{e^{-\lambda t}(\lambda t)^{j-i}}{(j-i)!} = p_{ij}(t), \end{aligned}$$

첫째와 셋째 등식은 포아송 과정의 독립증분 성질을 이용한 것이며, 넷째 등식은 정상증분 성질에 따른 것이다. □

5.2 내재 확률과정들

마코프 과정 $\{Y(t), t \geq 0\}$에는 몇 가지 중요한 확률과정들이 내재되어 있으며, 이들에 의해 마코프 과정의 중요한 성질들이 정해진다. 전이가 이루어지는 시점들을 $T_1, T_2, \cdots$라고 하고 확률변수 τ_i를 마코프 과정이 상태 i에 머문 시간이라고 하자(아래 그림 참조). 그리고 마코프 과정이 연속적으로 방문하는 각 상태들을 $X_1, X_2, \cdots$라고 하자.

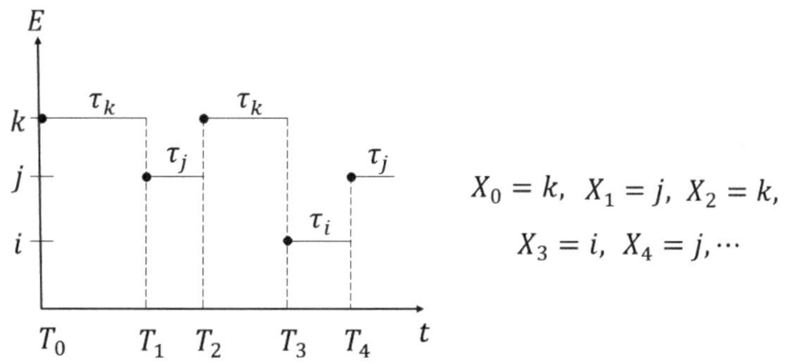

[그림 5.1] 마코프 과정의 예

(1) 상태 지속시간의 분포

마코프 과정이 시점 0에 어떤 상태 k에 있고 시간 s가 지난 시점에도 그 상태에 머물고 있을 때 (즉 $\tau_k > s$일 때), 이후 추가로 시간 t가 지난 후에도 상태 k에 머물 확률을 생각

하자. 마코프 성질에 의해 시점 s 이후 전개되는 마코프 과정은 시점 s에서의 상태인 k에만 의존하고 이전의 상태 전개, 즉 구간 $[0,s]$ 동안의 과정과는 독립이므로, 마치 마코프 과정이 시점 0에 상태 k에 처음 들어간 후 시간 t가 지난 후에 상태 k에 머물 확률과 다를 바 없다.

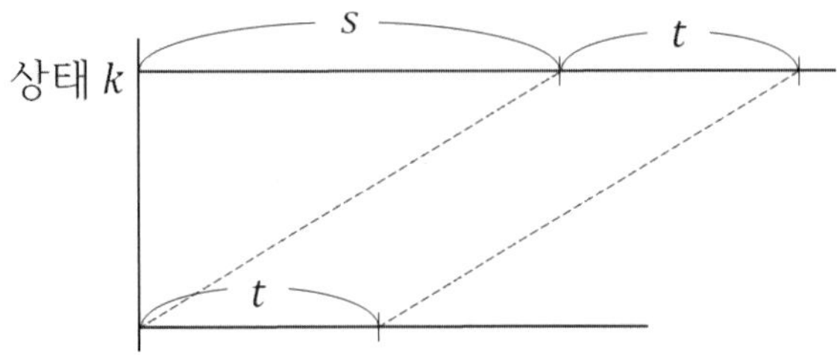

[그림 5.2] 상태 k에 머무는 시간의 기억상실 성질

따라서 다음과 같이 쓸 수가 있다: 모든 $k \in E$와 $s,t \geq 0$ 에 대해
$P(\tau_k > t+s \mid \tau_k > s) = P(\tau_k > t)$.

τ_k는 기억상실 성질(memoryless property)을 가지므로 지수분포를 따른다. 다른 상태 $j(j \neq k)$ 에 머무는 시간 τ_j도 모두 지수분포를 따르지만 그 모수는 다를 수 있다. 다음은 마코프 과정의 전이시간에 대한 성질이다.

(성질) 마코프 과정에서는 각 상태에 머무는 시간이 지수분포를 따르며 특정 상태에 머무는 시간은 다음에 방문할 상태와는 독립이다.

참고 $e^{-\lambda x} = 1 - \lambda x + \frac{(\lambda x)^2}{2!} - \frac{(\lambda x)^3}{3!} + \cdots$이므로 $\Delta t \approx 0$에 대하여는 $e^{-\lambda \Delta t} \approx 1 - \lambda \Delta t$로 근사할 수 있다. 이를 이용하면 $P(\tau_i \leq \Delta t) = 1 - e^{-\lambda_i(\Delta t)} \approx 1 - (1 - \lambda_i(\Delta t)) = \lambda_i(\Delta t)$이다. 즉, 마코프 과정이 상태 i에서 짧은 시간 Δt 이내에 빠져나올 확률이 구간의 길이 Δt에 비례하는 $\lambda_i(\Delta t)$이므로, λ_i는 상태 i에서 다른 상태로 전이하는 전이율(transition rate)이라고 한다.

(2) 방문 상태들의 확률과정

한편, 마코프 과정이 방문하는 연속적인 각 상태들도 마코프 성질을 따르므로 다음과 같이 정리할 수 있다.

(성질) 전이에 걸리는 시간을 무시할 경우 마코프 과정이 방문하는 각 상태들은 이산시간의 마코프 체인을 형성한다.

마코프 과정에 포함된 마코프 체인을 내재 마코프 체인(imbedded Markov chain)이라고 한다. 이 경우 $p_{ii}=0,\ \forall i \in E$이다. 이 책에서는 마코프 과정의 내재 마코프 체인이 기약이며 안정상태 확률을 가진다고 가정한다.

(3) 전이시점들의 확률과정

n번째 전이시점을 T_n이라고 하면 $T_n - T_{n-1}$은 (1)에서 논의한 대로 지수분포이며 그 모수는 시점 T_n에서의 상태에 의해 정해진다.

예 5.3

(예 5.2)에서 모수가 λ인 포아송 과정은 내재 마코프 체인의 전이확률이 $p_{i,i+1}=1,\ i=0,1,2,\cdots$이고 나머지는 모두 0이며, 또한 전이간의 간격이 모두 동일한 모수의 지수분포인 마코프 과정이다. λ는 상태 i에서 $i+1$로 전이하는 전이율이다. □

예 5.4

자동차가 두 대까지 들어갈 수 있는 카센터에 1명의 수리공이 있다. 고장이 나서 카센터에 들어오는 자동차들은 도착률 $\lambda=2$의 포아송 과정을 형성하는데, 카센터가 꽉 차서 들어오지 못하는 고장 난 차들은 다른 곳으로 간다. 수리공은 한 번에 한 대씩 수리를 하는데, 자동차 한 대를 수리하는 데에 드는 시간은 모수가 $\mu=3$(즉 평균이 $1/\mu=1/3$)인 지수 분포를 따른다. $Y(t)$를 시점 t에 카센터에 있는 자동차의 대수(수리중인 것 포함)라고 하자.

(a) 카센터에 들어오는 자동차의 도착 간격은 무슨 분포인가?
(b) $Y(t)$는 마코프 과정인가? 상태공간은 무엇인가?
(c) 각 상태에 머무는 시간은 무슨 분포인가?
(d) 내재 마코프 체인의 1단계 전이확률 행렬은 무엇인가?

풀이

(a) 포아송 과정의 사건발생 간격은 지수분포이며 모수는 포아송 과정의 모수와 동일하다. 고장난 자동차들이 카센터에 들어오는 도착 간격은 기억상실 성질을 감안하면 모수 $\lambda=2$인 지수분포이며 평균은 $1/\lambda=0.5$이다.
(b) 자동차의 도착간격과 수리시간 모두 지수분포이다. 모수는 서로 다르지만 기억상실 성질을 가지므로 시점 t에서의 상태(자동차의 대수)가 주어지면 시점 t이후의 $Y(t)$의 전개과정은 시점 t의 이전과는 무관하므로 마코프 과정이다. 상태공간은 $\{0,1,2\}$이다.
(c) 상태 0에서는 고장난 자동차 한 대가 도착하면 상태 1로 전이하는데, 그 시간은 자동차의 도착 간격이므로, τ_0는 $\mathrm{Exp}(\lambda=2)$를 따른다. 상태 2에서는 한 대는 수리중이고 다른 한 대는 대기중이며, 한 대의 수리가 끝나면 상태 1로 전이하는데 이 시간은 서비스 시간과 동일하므로 $\tau_2 \sim \mathrm{Exp}(\mu=3)$이다.
   상태 1에서의 전이는 2로 (수리가 끝나기 전에 또 한 대가 오는 경우) 또는 0으로 (수리가 끝나도 아직 고장난 차가 들어오지 않는 경우) 가능하다. 따라서 상태 1에 머무는 시간은 자동차의 도착 간격과 수리시간 중 짧은 시간까지이다. 즉, $\tau_1 = \min(\mathrm{Exp}(\lambda), \mathrm{Exp}(\mu))$이므로 $\tau_1 \sim \mathrm{Exp}(\lambda+\mu=5)$이다.

(d) 자명하지 않은 경우는 상태 1에서의 전이이다. 수리가 끝나기 전에 또 한 대가 오면 1→2로 전이하므로 $p_{12} = P(\mathrm{Exp}(\mu) \geq \mathrm{Exp}(\lambda)) = \lambda/(\mu+\lambda) = 0.4$이다.

수리가 끝나도 아직 고장난 차가 들어오지 않으면 1→0의 전이가 발생하며, 그 확률은 $p_{10} = P(\mathrm{Exp}(\mu) < \mathrm{Exp}(\lambda)) = \mu/(\mu+\lambda) = 0.6$이다. 따라서 내재 마코프 체인은 다음과 같다.

$$P = \begin{matrix} 0 \\ 1 \\ 2 \end{matrix}\begin{pmatrix} 0 & 1 & 0 \\ 0.6 & 0 & 0.4 \\ 0 & 1 & 0 \end{pmatrix}. \quad \square$$

이처럼 마코프 과정은 마코프 체인과 지수분포가 결합된 확률과정이라고 할 수 있다. 즉, 어떤 마코프 과정 $Y(t)$가 주어졌을 때, 이로부터 각 상태들에 머무는 시간들의 확률분포인 지수분포들의 모수 λ_i와 내재 마코프 체인의 전이확률 행렬을 유도할 수 있으며, 또한 역으로 마코프 체인의 상태전이 시간을 지수 확률변수로 모형화함으로써 마코프 과정을 형성할 수 있다. 다음은 후자의 예를 보여주고 있다. 전자의 예는 5.4절에서 보이도록 한다.

(4) 마코프 체인과 포아송 과정의 결합에 의한 마코프 과정의 형성

전이확률 행렬이 $\widehat{K}$인 마코프 체인 $\hat{\chi} = \{\widehat{X}_n, n=0,1,2,\cdots\}$이 있다. 그리고 이와 독립인 모수 λ의 포아송 과정 $N = \{N_t,\ t \geq 0\}$이 있다.

- 전이하는 상태들은 마코프 체인 $\hat{\chi}$에 의해 결정
- 전이시점은 포아송 과정 N의 사건발생에 의해 결정

이렇게 해서 정해지는 확률과정 $Y = \{Y_t, t \geq 0\}$을 생각하자. 즉 $Y_t = \widehat{X}_{N_t},\ t \geq 0$이다.

이 Y는 마코프 과정이다. 이 과정을 $(\hat{\chi}, N) \rightarrow Y$로 표시하기로 한다.

그림 5.3에서 각 점프시점 T_n, $n=0,1,2,\cdots$들은 포아송 과정의 사건발생 시점들을 형성하며, 점프간의 간격들 $T_k - T_{k-1}$, $k=1,2,\cdots$은 모두 평균 $1/\lambda$의 iid 지수분포이다.

참고 그림에서 보듯이, 마코프 체인에서는 전이 $i \rightarrow i$, $j \rightarrow j$의 동일 상태로의 전이가 있지만 연속시간의 마코프 과정에서는 전이없이 동일상태에 계속 머무는 것처럼 보인다.

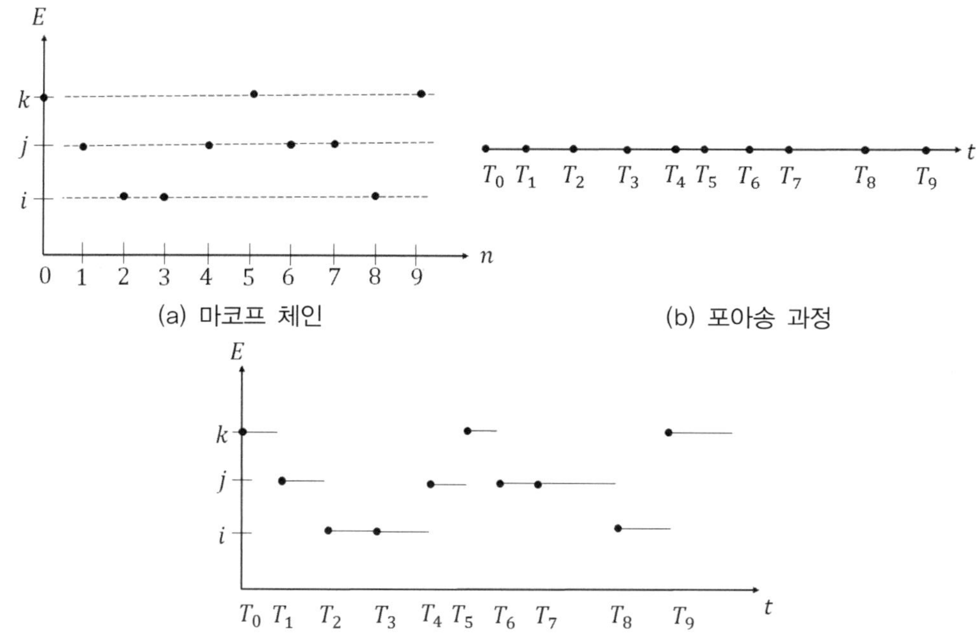

(c) 결합에 의한 마코프 과정

[그림 5.3] 마코프 체인과 포아송 과정의 결합에 의한 마코프 과정의 표본경로의 예

이처럼 마코프 체인의 전이행렬 $\hat{K}$와 포아송 과정의 도착률 λ가 주어졌을 때, 이의 결합에 의해 만들어진 마코프 과정 Y의 전이확률함수 $p_{ij}(t)$를 다음과 같이 전체확률의 법칙에 의해 유도할 수 있다: 시점 $(s, t+s]$ 동안 n번의 전이가 포아송 과정에 의해 발생할 확률에, n단계 전이확률을 곱한 후, 전이횟수에 대한 조건을 해제한다. 즉,

$$\begin{aligned} p_{ij}(t) &= P(Y_{t+s}=j \mid Y_s=i) = \sum_{n=0}^{\infty} P(Y_{t+s}=j \mid Y_s=i,\ n\text{번의 전이})P(n\text{번의 전이} \mid Y_s=i) \\ &= \sum_{n=0}^{\infty} \hat{K}^{(n)}(i,j)\frac{e^{-\lambda t}(\lambda t)^n}{n!}, \end{aligned}$$

행렬로는 다음과 같다.

$$P(t) = \sum_{n=0}^{\infty} \frac{e^{-\lambda t}(\lambda t)^n}{n!}\hat{K}^{(n)}.$$

예 5.5

포아송 과정 N의 모수가 $\lambda = 10$이고, 상태공간이 $\{a,b\}$인 마코프 체인 $\hat{\chi}$의 전이확률 행렬이 다음과 같다. 이 두 확률과정에 의해 생성되는 마코프 과정 $Y_t = X_{N_t},\ t \geq 0$의 $P(t)$를 구하라.

$$\hat{K} = \begin{matrix} a \\ b \end{matrix}\begin{pmatrix} 0.7 & 0.3 \\ 0.4 & 0.6 \end{pmatrix}$$

풀이

행렬 $\hat{K}$의 고유값(eigenvalue)과 고유벡터(eigenvector)값을 구하면 1, 0.3과 $(1,1)^T,(3,-4)^T$이다.

대각화(diagonalization)에 의해 $\begin{pmatrix}0.7 & 0.3\\0.4 & 0.6\end{pmatrix}=\begin{pmatrix}1 & 3\\1 & -4\end{pmatrix}\begin{pmatrix}1 & 0\\0 & 0.3\end{pmatrix}\begin{pmatrix}1 & 3\\1 & -4\end{pmatrix}^{-1}$이므로

$$\hat{K}^n=\begin{pmatrix}0.7 & 0.3\\0.4 & 0.6\end{pmatrix}^n=\begin{pmatrix}1 & 3\\1 & -4\end{pmatrix}\begin{pmatrix}1 & 0\\0 & 0.3\end{pmatrix}^n\begin{pmatrix}1 & 3\\1 & -4\end{pmatrix}^{-1}=\begin{pmatrix}1 & 3\\1 & -4\end{pmatrix}\begin{pmatrix}1 & 0\\0 & 0.3^n\end{pmatrix}\begin{pmatrix}1 & 3\\1 & -4\end{pmatrix}^{-1}$$

$$=\begin{pmatrix}\frac{4}{7}-\frac{3}{7}\times 0.3^n & \frac{3}{7}+\frac{3}{7}\times 0.3^n\\ \frac{4}{7}+\frac{4}{7}\times 0.3^n & \frac{3}{7}-\frac{4}{7}\times 0.3^n\end{pmatrix},$$

따라서

$$P(t)=\begin{pmatrix}\frac{4}{7}-\frac{3}{7}e^{-7t} & \frac{3}{7}+\frac{3}{7}e^{-7t}\\ \frac{4}{7}+\frac{4}{7}e^{-7t} & \frac{3}{7}-\frac{4}{7}e^{-7t}\end{pmatrix}.\ \square$$

참고 $n\times n$의 실수 행렬 A의 고유치를 $\lambda_1,\cdots,\lambda_n$라고 하고 이에 대응하는 고유벡터들을 각각 $v_1,\cdots,v_n$(열벡터)이라고 하자. $D=diag(\lambda_1,\cdots,\lambda_n)$, $E=(v_1 \vdots \cdots \vdots v_n)$이라고 하면 $AE=ED$, 즉 $A=EDE^{-1}$로 쓸 수 있으며 따라서 $A^k=ED^kE^{-1}$로 쓸 수 있다. 이를 대각화라고 한다.

5.3 안정상태 확률

여기서는 마코프 과정에서 안정상태 확률 또는 극한확률 $\nu_j\equiv\lim_{t\to\infty}P(Y(t)=j)$을 구하는 방법을 알아본다. 대기행렬 모형에서도 마코프 과정을 이용하여 안정상태 확률을 구함으로써 시스템의 성능을 사전에 파악해 볼 수 있으므로 대기행렬 시스템의 최적 설계를 위해 매우 중요하다.

(1) 안정상태 확률의 성질

안정상태 확률벡터 $\tilde{\nu}=(\nu_i)_{i\in E}$는 전이확률 행렬 $P(t)$에서 $t\to\infty$를 함으로써 구할 수 있다. 이 때 내재 마코프 체인이 기약이므로, 이산시간의 마코프 체인에서의 경우와 마찬가지로 마코프 과정에서의 안정상태 확률도 최초 출발상태와는 무관하기 때문에 $P(\infty)$의 각

행은 모두 동일하다. 또한 안정상태에서는 확률이 더 이상 시간에 따라 변화하지 않는다.

$$\lim_{t\to\infty} P(t) = P(\infty) = \begin{pmatrix} \nu_0 & \nu_1 & \nu_2 & \cdots \\ \nu_0 & \nu_1 & \nu_2 & \cdots \\ \nu_0 & \nu_1 & \nu_2 & \cdots \\ \vdots & \vdots & \vdots & \ddots \end{pmatrix} = \begin{pmatrix} \tilde{\nu} \\ \tilde{\nu} \\ \tilde{\nu} \\ \vdots \end{pmatrix},$$

$$\nu_j = \lim_{t\to\infty} P(Y(t) = j) = \lim_{t\to\infty} P(Y(t) = j \mid Y(0) = i) = \lim_{t\to\infty} p_{ij}(t).$$

예 5.6

(예 5.1)에서의 전이확률함수의 그래프를 그려보면 다음과 같다. 안정상태에서는 확률의 변화가 없으므로 함수의 기울기가 0이다. 또한 $p_{00}(\infty) = p_{10}(\infty)$이고 $p_{01}(\infty) = p_{11}(\infty)$에서 보는 바와 같이 안정상태 확률은 출발 상태와 무관하다. □

$$P(t) = \begin{matrix} 0 \\ 1 \end{matrix}\begin{pmatrix} \frac{3}{8} + \frac{5}{8}e^{-12t} & \frac{5}{8} - \frac{5}{8}e^{-12t} \\ \frac{3}{8} - \frac{3}{8}e^{-12t} & \frac{5}{8} + \frac{3}{8}e^{-12t} \end{pmatrix}.$$

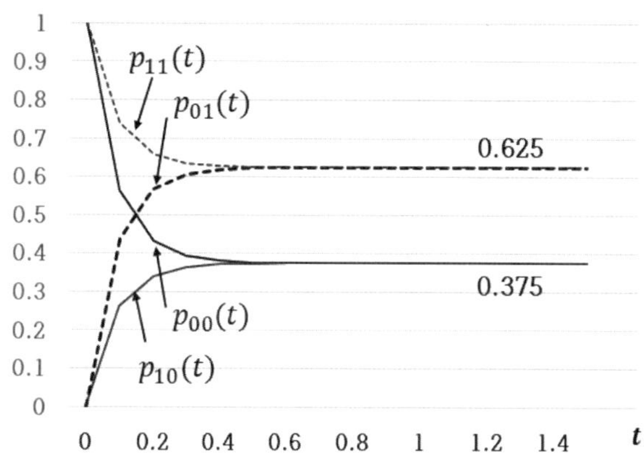

[그림 5.4] (예 5.1)의 전이확률함수의 그래프

에르고딕 마코프 체인에서 안정상태 확률 π_j가 앙상블 평균과 시간평균 개념의 값임을 설명한 바 있다. 연속시간인 마코프 과정에서도 안정상태 확률 ν_j는 동일하게 해석할 수 있다. 즉, 안정상태 확률 ν_j는 임의시점에서 보았을 때 시스템이 상태 j에 있을 확률(앙상블 평균)이며, 또한 총 운용시간 가운데 상태 j에 머문 시간의 비중(시간평균)이라고도 해석할 수 있다.

참고 지시확률변수를 $I_j(Y(t)) = \begin{cases} 1, \text{ if } Y(t)=j, \\ 0, \text{ if } Y(t) \neq j, \end{cases}$ 라고 정의하면 $\int_0^{\tau} I_j(Y(t))dt$는 시점 τ까지 상태 j에 머문 평균 시간이다. $\tau \rightarrow \infty$로 하면 즉, $\int_0^{\infty} I_j(Y(t))dt$은 상태 j에 머문 총 평균 시간이며 시간 평균의 개념에 의해 다음과 같다.

$$\nu_j = \lim_{\tau \rightarrow \infty} \frac{1}{\tau} \int_0^{\tau} I_j(Y(t))dt .$$

(2) 내재 확률과정들과 안정상태 확률

마코프 과정을 규정하는 전이확률함수의 행렬 $P(t)$가 주어졌다면 안정상태 확률은 (1)에서와 같이 $P(t)$에 $t \rightarrow \infty$를 적용한 후 행 $\tilde{\nu}$를 취하면 된다. 즉,

$$\lim_{t \rightarrow \infty} P(t) = (\tilde{\nu}, \tilde{\nu}, \cdots)^T .$$

하지만 현실의 시스템에서는 $P(t)$를 구성하는 것은 매우 어렵거나 불가능하다. 그리고 시스템의 분석 대상이 안정상태, 즉 $t \rightarrow \infty$에서 시스템의 상태에 초점을 둔다면 $P(t)$를 구하는 것이 필요하지 않을 수도 있다.

여기서 유의할 점은, 마코프 과정에 내재되어 있는 내재 마코프 체인의 안정상태 확률벡터 $\tilde{\pi}$는 각 상태에 머무는 시간을 고려하지 않으므로 마코프 과정의 안정상태 확률벡터 $\tilde{\nu}$와는 다르다는 것이다. 즉 $\tilde{\nu} \neq \tilde{\pi}$이다. 다음 마코프 과정의 예를 보자.

예 5.7

$E = \{0, 1\}$인 마코프 과정에서 상태 0에 머무는 시간 τ_0가 평균 1인 지수분포이고 상태 1에 머무는 시간 τ_1은 평균이 10인 지수분포를 따른다면 직관적으로 $\nu_0 = 1/(1+10) = 0.091$이고 $\nu_1 = 10/(1+9) = 0.909$임을 알 수 있다. 하지만 내재 마코프 체인의 1단계 전이확률 행렬은 $\begin{pmatrix} 0 & 1 \\ 1 & 0 \end{pmatrix}$이므로 (극한확률은 존재하지 않지만) 안정상태 확률은 $\tilde{\pi} = \tilde{\pi} P$, $\Sigma \pi_j = 1$에 의해 $\pi_0 = \pi_1 = 0.5$이다. □

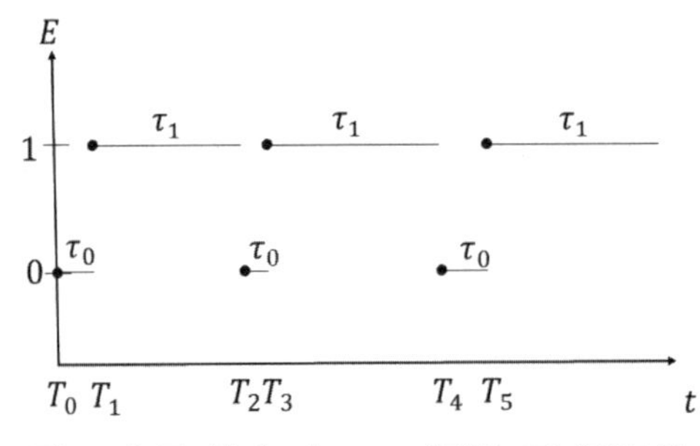

[그림 5.5] 두 상태 마코프 과정의 표본경로의 예

이 예제에서와 같이 τ_i의 모수 λ_i, $i \in E$와 내재 마코프 체인의 1단계 전이확률 행렬 P가 주어졌다면 다음과 같이 마코프 과정의 안정상태 확률 ν_i, $i \in E$를 얻을 수 있다.

$$\nu_i = \frac{\pi_i/\lambda_i}{\sum_{k \in E} \pi_k/\lambda_k}.$$

즉, $1/\lambda_k$는 상태 k를 방문할 때마다 평균적으로 머무는 시간이고, π_k는 상태 k를 방문할 확률이므로 π_k/λ_k는 상태 k에 머무는 시간의 평균이다. 따라서 ν_i는 모든 상태들에 머무는 총 시간의 평균 가운데 상태 i에 머무는 총 시간의 평균이다.

예 5.8

(예 5.4)의 카센터 예제에서는 $\lambda_0 = 2$, $\lambda_1 = 5$, $\lambda_2 = 3$이다. 해당 예제의 (d)에서 구한 내재 마코프 체인의 전이확률 행렬 P에서 $\tilde{\pi} = \tilde{\pi}P$, $\pi_0 + \pi_1 + \pi_2 = 1$를 적용하면 $\tilde{\pi} = (0.3, 0.5, 0.2)$이다. $\pi_0/\lambda_0 = 0.15$, $\pi_1/\lambda_1 = 0.10$, $\pi_2/\lambda_2 = 0.0667$이므로 마코프 과정의 안정상태 확률은 다음과 같다.

$\nu_0 = 0.15/(0.15 + 0.10 + 0.0667) = 0.474,$
$\nu_1 = 0.10/(0.15 + 0.10 + 0.0667) = 0.316,$
$\nu_2 = 0.06675/(0.15 + 0.10 + 0.0667) = 0.211.$

□

따라서 마코프 과정의 안정상태 확률을 구하기 위해서는 내재되어 있는 확률과정인 마코프 체인의 전이확률 행렬 P와 각 상태에서의 평균 지속시간($1/\lambda_i$)을 알아야 한다. 하지만 다음에 제시되는 방법들에 의해 각 상태들 간의 전이 관계를 파악함으로써 보다 간단하게 마코프 과정의 안정상태 확률을 구할 수 있다.

(3) 콜모고로프 방정식과 전이율

채프만-콜모고로프 방정식 $P(t+s) = P(s)P(t) = P(t)P(s)$에 따라 작은 변화량 Δt에 대해서 $P(t+\Delta t) = P(t)P(\Delta t)$이므로, $P(t+\Delta t) - P(t) = P(t)(P(\Delta t) - I)$이고, 따라서

$$\lim_{\Delta t \to 0} \frac{P(t+\Delta t) - P(t)}{\Delta t} = P'(t) = P(t) \lim_{\Delta t \to 0} \frac{P(\Delta t) - I}{\Delta t},$$

이며, $G \equiv \lim_{\Delta t \to 0} \frac{P(\Delta t) - I}{\Delta t}$라고 두면 다음의 미분방정식을 얻는다.

$$P'(t) = P(t)G.$$

이를 콜모고로프의 전진방정식(Kolmogorov's forward equation)이라고 한다.

참고 $P(t+\Delta t)-P(t)=(P(\Delta t)-I)P(t)$로 순서를 바꾸어서 전개하면 콜모고로프의 후진방정식(Kolmogorov's backward equation)인 $P'(t)=GP(t)$를 얻는다. 어떤 방정식을 사용해도 상관없다.

위 식 $P'(t)=P(t)G$의 양변에 $\lim_{t\to\infty}$를 취하면

$$(\text{좌변}) = \lim_{t\to\infty}P'(t)=0, \quad (\text{우변})=\lim_{t\to\infty}P'(t)=\lim_{t\to\infty}P(t)G=P(\infty)G.$$

좌변이 $\lim_{t\to\infty}P'(t)=0$인 이유는 안정상태($t\to\infty$)에서는 확률함수가 시간에 대해 변화가 없는 상수이므로 기울기가 0이기 때문이다. 또한 우변은 $P(\infty)=(\tilde{\nu},\tilde{\nu},\cdots)^T$이므로 최종적으로 다음의 식을 얻는다.

$$0=\tilde{\nu}G.$$

따라서 행렬 G를 알 수 있으면 $\Sigma\nu_i=1$과 함께 이 방정식을 풂으로써 안정상태 확률을 구할 수 있다. 이제 이 행렬 $G=(q_{ij})_{i,j\in E}$ 에 대해 알아보자.

$$G=\lim_{\Delta t\to 0}\frac{P(\Delta t)-I}{\Delta t}=\lim_{\Delta t\to 0}\frac{P(\Delta t)-P(0)}{\Delta t-0}=P'(0),$$

즉 G는 $t=0$에서의 $P(t)$의 도함수이다. 각 항에 대해서는 $q_{ij}=p_{ij}'(0)$이다. 이 행렬 G를 전이율 행렬(transition rate matrix), 또는 극소발생자 행렬 (infinitesimal generator matrix) 또는 발생자(generator)라고 한다.

참고 행렬 G의 각 원소 $q_{ij}, i,j\in E$는 확률이 아니고 확률의 변화율이므로 0과 1 사이의 값이 아닐 수도 있으며 음수일 수도 있다.

q_{ij}에 대해 다음과 같이 정리할 수 있다.

(i) $\sum_{j\in E}p_{ij}(t)=1$이므로, 양변을 t에 관해서 미분하고 $t=0$으로 두면 $\sum_{j\in E}q_{ij}=0$, 즉 행렬 G의 각 행의 합은 0이다. 따라서 안정상태 확률을 구하려면 방정식 $\tilde{\nu}G=0$ 이외에 $\Sigma\nu_j=1$의 식이 추가로 필요하다.

(ii) 시점 $t=0$에서는 $p_{ii}(0)=P(Y(0)=i\,|\,Y(0)=i)=1$이므로 함수 $p_{ii}(t)$의 $t=0$에서의 기울기는 양수일 수 없다. 즉, $q_{ii}\le 0$이다.

(iii) 마찬가지로 $i\ne j$일 때에는 $p_{ij}(0)=P(Y(0)=j\,|\,Y(0)=i)=0$이므로 함수 $p_{ij}(t)$의 시점 $t=0$에서의 기울기는 음수일 수 없다. 즉, $q_{ij}\ge 0$이다.

(iv) 위의 (i)~(iii)에 의해 $-q_{ii} = \sum_{j \neq i} q_{ij}$ 임을 알 수 있다.

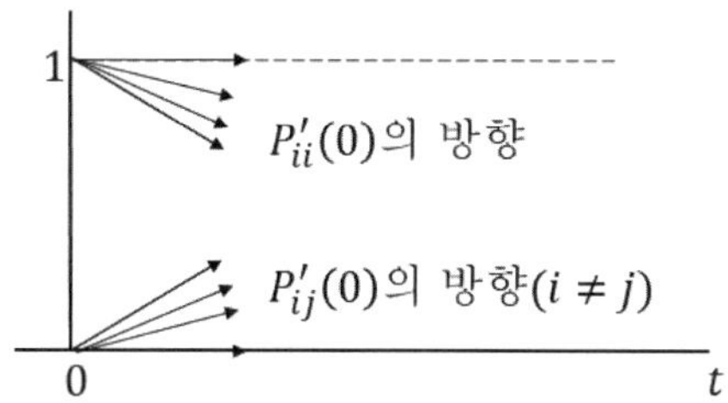

[그림 5.6] $q_{ij}(i \neq j)$와 q_{ii}의 부호

예 5.9

(예 5.1)의 마코프 과정에서 $P(t)$가 아래와 같이 주어졌으므로 행렬 $G = P'(0)$은 다음과 같다.

$$P(t) = \begin{matrix} 0 \\ 1 \end{matrix}\begin{pmatrix} \frac{3}{8} + \frac{5}{8}e^{-12t} & \frac{5}{8} - \frac{5}{8}e^{-12t} \\ \frac{3}{8} - \frac{3}{8}e^{-12t} & \frac{5}{8} + \frac{3}{8}e^{-12t} \end{pmatrix}, \quad G = \begin{matrix} 0 \\ 1 \end{matrix}\begin{pmatrix} -15/2 & 15/2 \\ 9/2 & -9/2 \end{pmatrix}$$

따라서 $\tilde{\nu}G = 0$, $\Sigma \nu_j = 1$ 방정식을 적용하면, $-\frac{15}{2}\nu_0 + \frac{9}{2}\nu_1 = 0, \nu_0 + \nu_1 = 1$에서 안정상태 확률은

$\nu_0 = \frac{3}{8} = 0.375$, $\nu_1 = \frac{5}{8} = 0.625$이다. □

(4) 전이율과 전이확률

G의 각 항 q_{ij}는 전이확률함수 $p_{ij}(t)$의 시점 $t = 0$에서의 기울기지만 다음과 같이 매우 중요한 다른 방식으로 해석할 수 있다. $i \neq j$일 때,

$$q_{ij} = p_{ij}'(0) \approx \frac{p_{ij}(\Delta t)}{\Delta t} = \frac{P(Y(\Delta t) = j \mid Y(0) = i)}{\Delta t}$$

이므로 $q_{ij}\Delta t \approx P(Y(\Delta t) = j \mid Y(0) = i)$이다. 이를 해석하면, 우변은 "현재 시점$(t = 0)$에서 상태 i에 있을 때, 짧은 시간 Δt 이내에 빠져나와서 다른 상태 j로 전이할 확률"이다. 이것이 좌변의 $q_{ij}\Delta t$와 근사적으로 같으므로, $q_{ij}(i \neq j)$는 상태 i에 있을 때 단위시간 당 다른 상태 j로 전이하는 비율, 즉 전이율(transition rate)이다. 이는 포아송 과정에서 $P(N(\Delta t) = 1) \approx \lambda \Delta t$일 때, λ를 "단위시간당 사건의 발생률"로 해석할 수 있던 점과 유사하다. 이로써 행렬 G를 전이율행렬 (transition rate matrix)이라고 한다.

참고 $q_{ii} < 0$이므로 이는 전이율이 아니다. 하지만 $-q_{ii} = \sum_{j \neq i} q_{ij}$이므로, $-q_{ii} \equiv q_i$는 상태 i에서 이탈하는 전이율이다. 독자들은 q_{ii}가 $i \to i$로의 전이율이 아님에 유의하기 바란다. 마코프 과정에서는 자체 상태로의 전이는 고려하지 않는다.

따라서 시스템의 각 상태 간의 전이율을 알 수 있다면 이를 바탕으로 행렬 G를 구성함으로써 안정상태 확률을 구할 수 있다. 마코프 체인에서는 확률구조를 전이확률 다이어그램으로 도식화함으로써 쉽게 파악할 수 있도록 하였는데, 마코프 과정에서는 전이확률이 아니라 전이율을 바탕으로 다이어그램을 그린다.

예 5.10

(예 5.1)의 전이율 행렬은 $G=\begin{matrix}0\\1\end{matrix}\begin{pmatrix}-15/2 & 15/2\\ 9/2 & -9/2\end{pmatrix}$이었다. 전이율 다이어그램은 다음 그림과 같다.

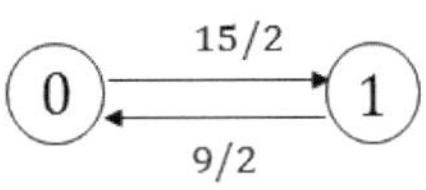

예를 들어 $q_{01} = 15/2$는 상태 0에서는 단위시간당 1로 15/2번의 전이가 있다는 의미이다. 0에서의 전이는 1 이외에는 없으므로 상태 0에서 이탈률은 역시 $-q_{00} \equiv q_0 = 15/2$이다. □

예 5.11

(예 5.4)의 카센터 예제를 다시 보자. 상태 0에서는 고장난 자동차의 도착에 의해서 상태 1로만 전이하므로 전이율은 자동차의 도착률 λ와 같아서 $q_{01} = \lambda = 2$이다. 상태 2에서는 수리 종료에 의해 상태 1로만 전이하므로 $q_{21} = \mu = 3$이다. 1→2로의 전이도 자동차의 도착에 의해서 전이하므로 $q_{12} = \lambda = 2$이고, 1→0으로의 전이 역시 수리 종료에 의하므로 $q_{10} = \mu = 3$이다. 전이율 다이어그램과 전이율 행렬은 다음과 같다.

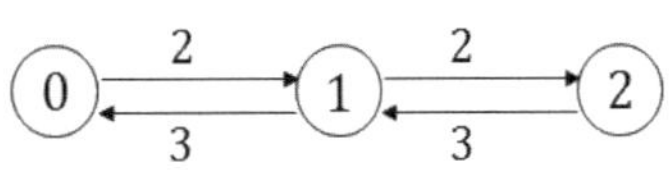

$$G = \begin{matrix}0\\1\\2\end{matrix}\begin{pmatrix}-2 & 2 & 0\\ 3 & -5 & 2\\ 0 & 3 & -3\end{pmatrix}$$

전이율 행렬 G에 의해 안정상태 확률을 다음과 같이 구할 수 있다.

$$0 = \tilde{\nu} G = (\nu_0, \nu_1, \nu_2)\begin{pmatrix}-2 & 2 & 0\\ 3 & -5 & 2\\ 0 & 3 & -3\end{pmatrix}, \quad \nu_0 + \nu_1 + \nu_2 = 1.$$

위 식을 풀면 $\nu_0 = 0.474,\ \nu_1 = 0.316,\ \nu_2 = 0.211$이며 이는 (예 5.8)의 결과와 동일하다. □

예 5.12

다음은 (예 5.2)의 $PP(\lambda)$의 포아송 과정의 전이율 행렬이다.

$$G=\begin{pmatrix} -\lambda & \lambda & 0 & 0\cdots \\ 0 & -\lambda & \lambda & 0\cdots \\ 0 & 0 & -\lambda & \lambda\cdots \\ \vdots & \vdots & \vdots & \vdots\ddots \end{pmatrix}.$$

이 마코프 과정은 내재 마코프 체인이 기약이 아니므로 안정상태 확률이 존재하지 않는다. □

(5) 전이의 평형

전이율 행렬 G를 구성하지 않고 전이율 다이어그램 상에서 평형 개념을 도입하여 안정상태 확률을 구할 수 있다. 이 방법은 마코프 과정에 의해 모형을 수립하였을 때, 안정상태 확률의 해석적인 해(analytic solution), 또는 해의 공식을 유도하는 경우 유용하게 사용할 수 있다.

전이율 q_{ij}는 상태 i에 있다는 조건하에 다음 전이가 j로 향하는 전이율이므로 조건부 전이율이라고 할 수 있다. 따라서 전이율에 안정상태 확률 ν_i를 곱하면 조건이 해제된 전이율이 된다. 즉, $\nu_i q_{ij}$는 마코프 과정에서 이루어지는 모든 전이 가운데 $i \to j$ 전이의 비율이다.

이를 바탕으로 다음의 전이율 다이어그램을 보자.

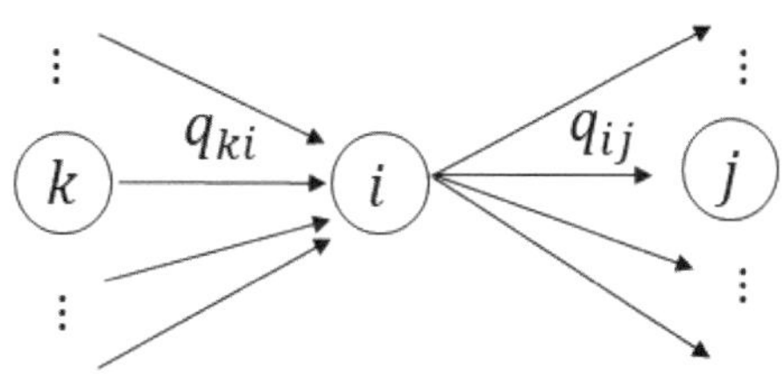

[그림 5.7] 전이의 평형

상태 i에서 다른 상태로 나가는 총 전이율은 $\sum_{j\neq i}\nu_i q_{ij} = \nu_i \sum_{j\neq i} q_{ij} = \nu_i(-q_{ii}) = \nu_i q_i$ 이고 다른 상태에서 상태 i로 들어오는 총 전이율은 $\sum_{k\neq i}\nu_k q_{ki}$이다.

안정상태에서는 (또는 안정상태에 도달하기 위해서는) 이 두 전이율이 같아야 한다. 만약 같지 않다면 장기적으로(in the long run) 특정 상태로 모든 전이가 몰리거나 고갈되어 상태 i를 비롯하여 모든 상태들의 안정상태 확률이 존재하지 않을 것이다. 이제 모든 상태들에 대해서 이와 같은 "rate in = rate out" 원리가 성립해야 한다. 즉,

$$\sum_{k \neq i} \nu_k q_{ki} = \sum_{j \neq i} \nu_i q_{ij},\ i \in E\ .$$

이와 같은 이유로 이 방정식을 평형방정식(equilibrium equation)이라고 하고 이 방정식을 풀어서 얻은 안정상태 확률을 평형 확률(equilibrium probability)이라고도 한다.

예 5.13

(예 5.1)의 평형 방정식은 $\frac{15}{2}\nu_0 = \frac{9}{2}\nu_1$이고 여기에 경계조건 $\nu_0 + \nu_1 = 1$을 적용하면 $\nu_0 = 3/8,\ \nu_1 = 5/8$이다. □

예 5.14

(예 5.4)에서는 경계조건 $\nu_0 + \nu_1 + \nu_2 = 1$과 더불어 다음의 평형방정식을 푼다.

상태 0: $2\nu_0 = 3\nu_1$

상태 1: $(2+3)\nu_1 = 2\nu_0 + 3\nu_2$

상태 2: $3\nu_2 = 2\nu_1$

이를 풀면 $\nu_0 = 0.474,\ \nu_1 = 0.316,\ \nu_2 = 0.211$로, 위에서 구한 것과 동일하다. □

예 5.15

인터넷 쇼핑몰에 제품구매 주문이 시간당 평균 5개의 포아송 과정을 따른다. 쌓인 주문은 몇 개의 주문이 있든 간에 모두 한꺼번에 처리하는데, 처리하는 데에 걸리는 시간은 평균이 $1/\mu$인 지수분포를 따른다. 시간 t에 처리 대기중인 주문의 개수를 $Y(t)$라고 하면 이는 마코프 과정이다.

(a) 마코프 과정의 상태공간을 보이고 전이율 다이어그램을 그려라.

(b) 평형 방정식을 세우고 풀어서 안정상태 확률을 구하라.

(c) 처리하는 데에 걸리는 평균 시간이 $1/\mu = 0.8$시간(48분)일 때, 평균적으로 몇 개의 주문이 쌓여 있는가?

(d) 처리를 기다리는 주문의 개수가 8개 이상일 확률이 10% 이하가 되도록 하려면 처리하는 데에 걸리는 평균 시간을 얼마 이하로 줄여야 하는가?

풀이

(a) (상태 = 대기중인 주문의 개수)이므로 상태공간은 $E = \{0, 1, 2, \cdots\}$이다. 상태 0에서는 주문이 하나 도착함으로써 상태 1로 전이하므로 전이율은 주문 도착률인 5이다. 상태 $i (i \geq 1)$에서는 주문 도착으로 상태 $i+1$로 전이하거나(전이율 5), 주문에 대한 처리가 이루어져 상태 0으로 되돌아가는데, 그 전이율은 주문 처리율인 μ이다.

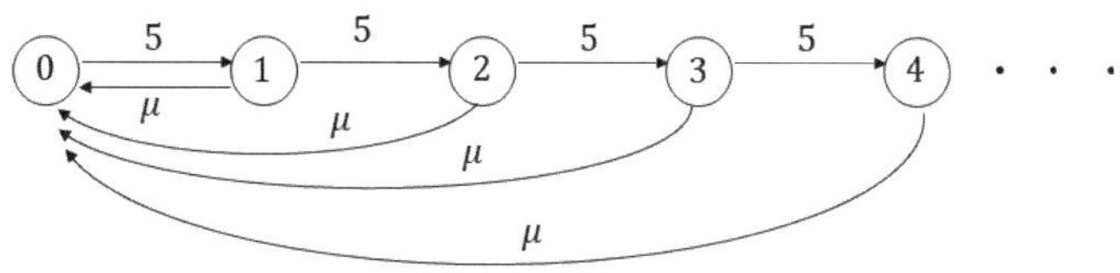

[그림 5.8] (예 5.15)의 전이율 다이어그램

(b) 평형 방정식은 다음과 같다.

0: $5\nu_0 = \mu\nu_1 + \mu\nu_2 + \mu\nu_3 + \cdots,$

1: $(5+\mu)\nu_1 = 5\nu_0,$

2: $(5+\mu)\nu_2 = 5\nu_1,$

$\cdots$

따라서 $\nu_n = \left(\frac{5}{\mu+5}\right)^n \left(\frac{\mu}{\mu+5}\right),\ n = 0,1,2,\cdots$. 이로써 안정상태 확률은 기하분포를 따른다.

(c) 평균은 $\sum_{n=0}^{\infty} n\left(\frac{5}{\mu+5}\right)^n \left(\frac{\mu}{\mu+5}\right) = \frac{\mu+5}{\mu} = 1 + \frac{5}{\mu}$이므로 $1/\mu = 0.8$일 때 평균은 5개이다.

(d) 대기중인 주문 개수를 N이라고 할 때, 구하는 값은 $P(N \geq 8) \leq 0.1$을 만족하는 $1/\mu$이다.

$P(N=n) = \nu_n = \left(\frac{5}{\mu+5}\right)^n \left(\frac{\mu}{\mu+5}\right)$이므로,

$P(N \geq 8) = \sum_{n=8}^{\infty} \left(\frac{5}{\mu+5}\right)^n \left(\frac{\mu}{\mu+5}\right) = \left(\frac{5}{\mu+5}\right)^8 \leq 0.1,$

이를 풀면 $1/\mu \leq 0.59966$시간, 즉 35.97분 이하로 줄이면 된다. □

5.4 마코프 과정과 내재 마코프 체인

5.2절에서는 마코프 과정의 연속적인 방문 상태들은 마코프 체인을 형성하고 각 상태에 머무는 시간은 지수분포를 따름을 보였다. 여기서는 마코프 과정에 내재되어 있는 마코프 체인과 전이시점, 그리고 상태지속시간의 모수 등과 마코프 과정의 전이율 행렬 G 및 안정상태 확률 등의 관계를 보다 자세히 살펴보기로 한다.

(1) 마코프 체인과 포아송 과정의 결합에 의한 마코프 과정의 형성

5.2절의 (4)에서는 $(\hat{\chi}, N) \rightarrow Y$, 즉 마코프 체인의 전이확률행렬 $\hat{K}$와 포아송 과정의 도착률 λ에 의해 마코프 과정의 전이확률함수 $P(t)$를 아래와 같이 결정할 수 있음을 보였다.

$$P(t) = \sum_{n=0}^{\infty} \frac{e^{-\lambda t}(\lambda t)^n}{n!} \hat{K}^{(n)}.$$

이 경우 전이율 행렬 G는 다음과 같이 구할 수 있다.

$$\frac{d}{dt}P(t) = -\lambda e^{-\lambda t} I + \sum_{n=1}^{\infty} \frac{\hat{K}^{(n)}}{n!}\left(-\lambda e^{-\lambda t}(\lambda t)^n + e^{-\lambda t} n\lambda(\lambda t)^{n-1}\right)$$

$$= -\lambda e^{-\lambda t} I + \hat{K}\left(-\lambda e^{-\lambda t}(\lambda t) + e^{-\lambda t}\lambda\right) + \sum_{n=2}^{\infty} \frac{\hat{K}^{(n)}}{n!}\left(-\lambda e^{-\lambda t}(\lambda t)^n + e^{-\lambda t} n\lambda(\lambda t)^{n-1}\right),$$

따라서 다음을 얻는다.

$$G = \left.\frac{dP(t)}{dt}\right|_{t=0} = -\lambda I + \lambda \hat{K}. \quad .$$

마코프 과정의 안정상태 확률 ν는 $\nu G = 0$에서 $\nu(\lambda\hat{K} - \lambda I) = 0$으로부터 $\nu = \nu\hat{K}$, 즉 내재 마코프 체인의 안정상태 확률과 동일하다(내재과정이 포아송 과정이 아니라면 이러한 결과가 나오지 않을 수도 있다. 독자들은 그 이유를 생각해 보기 바란다).

예 5.16

(예 5.5)에서는 포아송 과정 N의 모수가 $\lambda = 10$이고 마코프 체인 $\hat{\chi}$의 전이확률 행렬은 $\hat{K}$일 때, 이 두 확률과정이 결합하여 생성되는 마코프 과정 $Y_t = X_{N_t}$, $t \geq 0$의 $P(t)$는 다음과 같았다.

$$\hat{K} = \begin{matrix} a \\ b \end{matrix}\begin{pmatrix} 0.7 & 0.3 \\ 0.4 & 0.6 \end{pmatrix}, \qquad P(t) = \begin{pmatrix} \frac{4}{7} - \frac{3}{7}e^{-7t} & \frac{3}{7} + \frac{3}{7}e^{-7t} \\ \frac{4}{7} + \frac{4}{7}e^{-7t} & \frac{3}{7} - \frac{4}{7}e^{-7t} \end{pmatrix}.$$

마코프 체인 $\pi = \pi\hat{K}$, $\Sigma\pi_i = 1$에 의해 구한 안정상태 확률 $\pi_a = 4/7$, $\pi_b = 3/7$은 마코프 과정 $\lim_{t\to\infty} P(t)$, 또는 $G = (d/dt)P(t)|_{t=0}$을 구한 후 $\tilde{\nu} G = 0$, $\Sigma\nu_j = 1$에 의해 구한 안정상태 확률과 동일하다. □

(2) 마코프 과정의 마코프 체인과 일반적인 전이시점 과정으로의 분해

위의 (1)과는 반대방향인 $Y \rightarrow (\chi, T)$와 같이 분해에 의한 해석이다. 마코프 과정 Y의 전이시점들을 $T_0(\equiv 0), T_1, T_2, \cdots$라고 하고 상태 i에 머무는 시간 τ_i은 모수 λ_i의 지수분포를 따른다. 전이시점을 결정하는 이 내재과정 $\{T_k, k = 0, 1, 2, \cdots\}$은 일반적으로 포아송 과정이 아닐 수도 있다. 마코프 과정이 방문하는 상태들은 1단계 전이확률 행렬이 K인 마코프 체인이다. 이 때, 전이시점의 특성상 $K(i,i) = 0$, $\forall i \in E$ 임에 유의하자.

이 마코프 과정의 전이확률함수의 행렬 $P(t) = (p_{ij}(t))_{i,j \in E}$은 다음과 같이 나타낼 수 있다.

$$p_{ij}(t) = P(Y_t = j \mid Y_0 = i) = e^{-\lambda_i t} I(i,j) + \int_0^t \lambda_i e^{-\lambda_i s} \sum_{k \in E} K(i,k) p_{kj}(t-s)\, ds\ , \quad i,j \in E.$$

이의 유도과정은 다음 그림을 통해 추론할 수 있다.

(i) $[0,t]$동안 전이가 한 번도 이루어지지 않았다면 이는 시점 0에서의 상태 i가 시간 t 이상 지속되었음을 의미하므로 그 확률은 $e^{-\lambda_i t} I(i,j)$이다. 여기서 $I(i,j)$는 단위행렬 I의 i,j항을 의미한다.

(ii) $[0,t]$동안 전이가 적어도 한 번 이루어졌다면 첫 번째 전이시점이 s이고(확률 $\lambda_i e^{-\lambda_i s} ds$), 전이한 상태가 k일 확률 $K(i,k)$에 시점 s에서부터 다시 나머지 $(s,\, t-s]$ 동안 상태 j로 전이하는 확률함수 $p_{kj}(t-s)$를 곱하고 전이상태 k에 대한 조건을 해제($\sum_{k \in E}$) 한 뒤 첫 전이시점 s에 대한 조건도 해제한다($\int_0^t$).

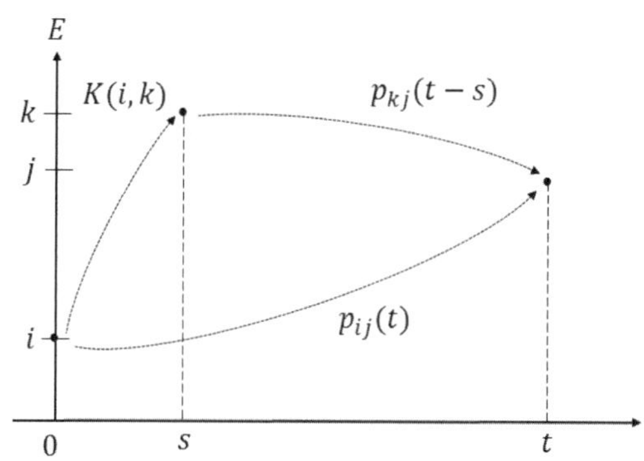

[그림 5.9] 시점 $[0,t]$ 동안의 마코프 과정의 전이

$p_{ij}(t)$의 양변을 t로 미분하고 $t=0$으로 두면 다음과 같이 마코프 과정의 전이율 행렬 $G = (q_{ij})_{i,j \in E}$을 얻는다.

$$q_{ij} = \begin{cases} -\lambda_i, & i = j, \\ \lambda_i K(i,j), & i \neq j, \end{cases}$$

즉 $G = \left.\dfrac{dP(t)}{dt}\right|_{t=0} = -\lambda I + \lambda K$ 이다(단, $K(i,i) = 0,\ \forall i$).

참고 위 식의 유도 과정에서 미분은 다음의 라이프니츠의 미분공식(Leibniz's rule)을 활용하였다.

$G(t) = \int_{a(t)}^{b(t)} H(s,t)\,ds$일 때, $\dfrac{dG(t)}{dt} = H(b(t),t)\dfrac{db(t)}{dt} - H(a(t),t)\dfrac{da(t)}{dt} + \int_{a(t)}^{b(t)} \dfrac{d}{dt} H(s,t)\,ds.$

예 5.17

상태공간이 $\{a,b,c\}$이며 다음의 전이확률 행렬을 가지는 마코프 체인에 의해 전이가 이루어지며 각 상태에 머무는 시간은 각각 $\lambda_a=2,\ \lambda_b=3,\ \lambda_c=5$의 지수분포를 따를 때, 이에 의해 만들어지는 마코프 과정의 안정상태 확률을 구하라.

$$K=\begin{matrix} a \\ b \\ c \end{matrix}\begin{pmatrix} 0 & 0.3 & 0.7 \\ 1 & 0 & 0 \\ 0.6 & 0.4 & 0 \end{pmatrix}$$

풀이

위 식에 의해

$$G=\begin{matrix} a \\ b \\ c \end{matrix}\begin{pmatrix} -2 & 0.6 & 1.4 \\ 3 & -3 & 0 \\ 3 & 2 & -5 \end{pmatrix}$$이므로 $0=\tilde{\nu}G,\ \Sigma\nu_i=1$에 의해 $\nu_a=0.6,\ \nu_b=0.232,\ \nu_c=0.168$.

참고로 내재 마코프 체인의 안정상태 확률은 $\tilde{\pi}=\tilde{\pi}K,\ \Sigma\pi_i=1$에 의해 구하면 $\pi_a=0.439$, $\pi_b=0.254$, $\pi_c=0.307$이므로 $\tilde{\pi}\neq\tilde{\nu}$임을 알 수 있다. □

(3) 마코프 과정의 균일화

일반적으로 마코프 과정에서 각 상태에 머무는 시간 τ_i의 확률분포의 모수 λ_i는 상태에 따라 다를 수 있다. 또한 내재과정인 마코프 체인은 어떤 상태에서 다시 그 상태로의 전이는 없다. 하지만 λ_i를 모두 동일한 다른 모수로 대체하면 동일 상태로의 전이가 가능해 지며, 전이시점들이 포아송 과정을 이루게 된다. 이 때 동일 상태로의 전이는 연속시간의 마코프 과정에서는 가상의 전이인 셈이다. 이와 같은 과정을 마코프 과정의 균일화(uniformization)라고 한다. 이를 기호로 표시하면 $(\chi,T)\rightarrow(\tilde{\chi},N)$라고 쓸 수 있다.

상수 c를 $c\geq\lambda_i,\ \forall i$인 임의의 값으로 두면(예를 들어 $c=\max_{i\in E}\lambda_i$) 전이시점들은 공통의 모수 c의 포아송 과정으로 대체하고 상태 전이에서는 동일상태로의 전이가 가능하다. 그림 (a)에서 각 전이간격은 서로 다른 모수의 지수분포이나 그림 (b)로 균일화하면 전이간격은 모두 모수 c의 iid 지수분포이다.

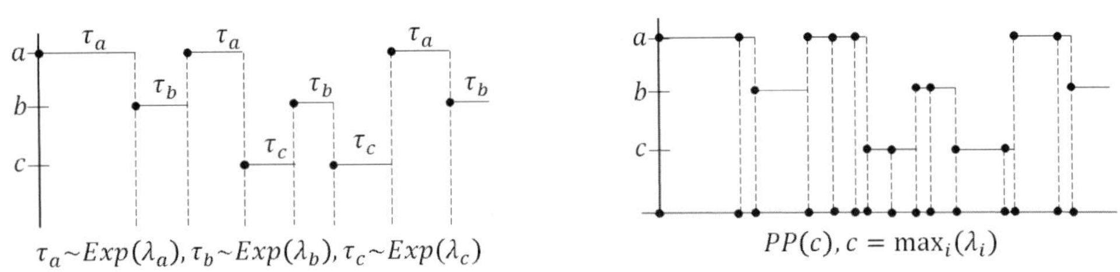

(a) 보통의 마코프 과정　　(b) 균일화한 마코프 과정

[그림 5.10] 마코프 과정의 균일화

균일화한 마코프 과정에서의 새로운 마코프 체인 $\widetilde{\chi}$의 전이확률 행렬을 $\widetilde{K}$라고 하자. 이 확률과정에서는 상태 i에서 이탈률이 c이지만 실제로는 그 가운데 λ_i/c의 비율만큼만 다른 상태로 이탈을 하고 $1-\lambda_i/c$의 비율로는 제자리로 전이한다. 따라서 이 새 전이확률 행렬 $\widetilde{K}$에 대해서는 다음이 성립한다.

$$\widetilde{K}(i,j) = \begin{cases} 1-\lambda_i/c, & i=j, \\ q_{ij}/c, & i \neq j, \end{cases}$$

즉, $\widetilde{K} = I + (1/c)G$ 와 같다. 다시 말해서 $\lambda_i = c(1-\widetilde{K}(i,i))$이므로 상태 i에서 다른 상태로의 전이율 λ_i는 포아송 과정에서의 전이시점들 가운데 다른 상태로 빠져나가는 전이만을 모은 분해(decomposed) 포아송 과정에 해당한다.

따라서 c와 $\widetilde{K}$에 의해 전이확률함수 행렬은 다음과 같이 쓸 수 있다.

$$P(t) = \sum_{n=0}^{\infty} \frac{e^{-ct}(ct)^n}{n!}\widetilde{K}, \text{ 단 모든 } i \text{ 에 대해 } c \geq \lambda_i \text{이고 } \widetilde{K} = I + (1/c)G \text{ 이다.}$$

예 5.18

(예 5.17)의 마코프 과정을 균일화하여 상태전이 시점들이 포아송 과정을 따르게 하자. $c = \max(2,3,5) = 5$로 두고 (예 5.17)에서 구한 G를 활용하면 내재 마코프 체인은 다음과 같다.

$$\widetilde{K} = I + \frac{1}{5}\begin{pmatrix} -2 & 0.6 & 1.4 \\ 3 & -3 & 0 \\ 3 & 2 & -5 \end{pmatrix} = \begin{pmatrix} 0.6 & 0.12 & 0.28 \\ 0.6 & 0.4 & 0 \\ 0.6 & 0.4 & 0 \end{pmatrix}.$$

□

5.5 출생사멸과정

시스템에 존재하는 객체의 수, 예를 들면 전송 대기중인 메시지의 수, 창고에 저장중인 상품 재고의 양, 박테리아 개체의 수 등과 같이 시간의 진행에 따라 상태가 늘거나 줄어드는 경우에 증가량은 +1, 감소량은 -1 인 예가 많다. 이 때에는 상태 i에서의 전이가 바로 이웃한 $i+1$이나 $i-1$로만 이루어지는 확률과정이 적절한 모형이다. 그리고 객체의 수가 예를 들어 10,000에서 10,001 또는 9,999로 증가하거나 감소하는 속도는 10에서 11 또는 9로 증가하거나 감소하는 속도와는 크게 다를 것이다.

정 의 **출생사멸과정(birth-and-death process)**

상태공간 $\{0,1,2,\cdots\}$인 마코프 과정에서 상태 $i\,(i \geq 1$인 경우)에서의 전이는 상태 $i+1$이나 $i-1$로만 이루어지면 이를 출생사멸과정이라고 한다.

예 5.19

$Y(t)$를 시점 t에서의 박테리아 개체수라고 하자. 개체는 한 번에 하나씩 증가(출생)하거나 감소(사멸)한다. 현재 개체수가 n일 때, 다음번 출생까지의 시간이 모수 λ_n인 지수분포이며, 다음번 사멸까지의 시간은 모수 μ_n인 지수분포를 따른다. 이 때 $Y(t)$는 출생률 $\lambda_n, n=0,1,2,\cdots$, 사멸률 $\mu_n, n=1,2,\cdots$의 출생사멸과정이다. 전이율 다이어그램을 그리면 다음과 같다.

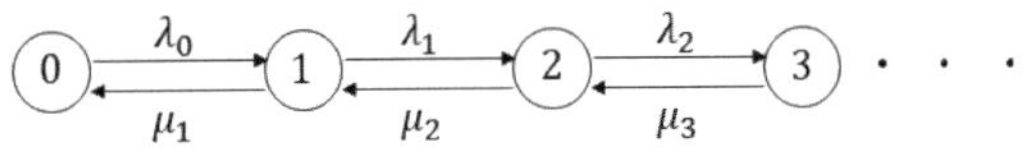

□

참고 대부분의 현실 시스템에서 상태는 비음(nonnegative)이므로, 상태 0에서는 사멸이 이루어지지 않고 출생만 있다고 가정한다.

출생사멸 과정의 전이율은 다음과 같다.

$$q_{i,i+1} = \lambda_i,$$
$$q_{i,i-1} = \mu_i\,(i \geq 1).$$

내재 마코프 체인에서 전이 $i \to i+1$가 이루어지는 것은 사멸보다 출생이 먼저 발생하는 경우이므로 $p_{i,i+1} = P(\mathrm{Exp}(\lambda_i) < \mathrm{Exp}(\mu_i)) = \lambda_i/(\lambda_i + \mu_i)$ 이다. $p_{i,i-1}$도 마찬가지이다.

$$p_{i,i+1} = \frac{\lambda_i}{\lambda_i + \mu_i},$$
$$p_{i,i-1} = \frac{\mu_i}{\lambda_i + \mu_i}(i \geq 1).$$

예 5.20 **순수출생과정**

$N(t) \sim PP(\lambda)$인 포아송 과정이라면, 이는 출생률이 $\lambda_0 = \lambda_1 = \lambda_2 = \cdots = \lambda$이고 사멸률이 $\mu_1 = \mu_2 = \cdots = 0$인 출생사멸과정이다. 이같이 사멸은 없고 출생만 있으면 순수출생과정(pure birth process)이라고 하며, 포아송 과정은 순수출생과정의 일종이다. □

예 5.21

(예 5.4)의 카센터 모형은 상태공간 $\{0,1,2\}$에서 출생률 $\lambda_0=\lambda_1=2$, $\lambda_2=\lambda_3=\cdots=0$, 사멸률 $\mu_1=\mu_2=3$, $\mu_3=\mu_4=\cdots=0$인 출생사멸과정이다. (예 5.15)의 인터넷 쇼핑몰 모형은 사멸이 하나씩 이루어지지 않으므로 출생사멸과정이 아니다. □

예 5.22 순수사멸과정

출생률이 모두 0이면 순수사멸과정(pure death process)이라고 한다. 사멸률이 $\mu_k=\begin{cases}k\mu, & k=1,2,\cdots,m,\\ 0, & k\geq m+1,\end{cases}$인 순수사멸과정을 생각하자. 예를 들어 서로 독립이면서 수명이 지수확률분포 $\mathrm{Exp}(\mu)$를 따르는 기계장치 m대가 있을 때, 시점 t에 가동중인 기계장치의 대수 $Y(t)$는 순수사멸과정이다.

(a) $Y(t)$의 확률분포, 즉 $P(Y(t)=i), i=0,1,2,\cdots,m$을 구하라.

(b) 상태 m에서 출발하여 상태 0이 될 때까지의 시간 T의 평균시간 $E(T)$를 구하라.

(c) 상태 m에서 출발하여 상태 0이 될 때까지의 시간 T의 확률분포 $P(T\leq t)$를 구하라.

풀이

(a) 각 기계장치의 수명을 X라고 하면 $X\sim\mathrm{Exp}(\mu)$이므로 임의의 기계장치가 시점 t에 가동중일 확률은 $P(X>t)=e^{-\mu t}$이다. 각각의 기계장치는 독립이므로, $Y(t)$는 $B(m,e^{-\mu t})$인 이항분포를 따를 것이다. 즉 $P(Y(t)=i)=\binom{m}{i}(e^{-\mu t})^i(1-e^{-\mu t})^{m-i}, i=0,1,\cdots,m$이다.

(b) 상태 k에서 $k-1$로의 전이할 때까지의 시간은 평균이 $1/(k\mu)$인 지수분포이다. 따라서 구하는 값은 $E(T)=\dfrac{1}{\mu}\left(1+\dfrac{1}{2}+\dfrac{1}{3}+\cdots+\dfrac{1}{m}\right)$이다.

(c) 사상 $\{T\leq t\}$과 사상 $\{Y(t)=0\}$은 동일하다. 따라서 $\Pr(T\leq t)=\Pr(Y(t)=0)$ $=(1-e^{-\mu t)})^m$이다. □

예 5.23 $M/M/1$ 대기행렬 모형

서비스 시스템에 고객들이 $PP(\lambda)$로 도착한다. 서버는 1명이며 한 번에 하나의 고객을 서비스하는데, 서비스 시간은 모수 μ인 iid 지수분포를 따른다. 즉 고객은 단위시간당 평균 λ명이 도착하고 서버는 단위시간당 μ번의 서비스를 완료한다. 서비스 시간과 고객 도착은 서로 독립이며 시스템의 대기공간은 무한하다.

$Y(t)$를 시점 t에 시스템 내의 총 고객수(서비스 받고 있는 고객수 + 대기고객수)라고 하면 이는 상태공간 $\{0,1,2,\cdots\}$인 출생사멸과정이다. 출생률과 사멸률은 각각 상태와 무관하게 λ와 μ이다. 전이율 다이어그램은 다음과 같다.

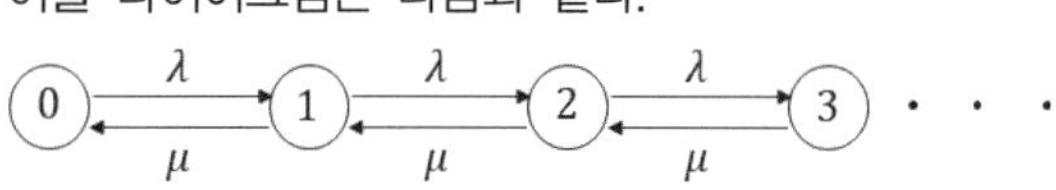

평형방정식에 의해 안정상태 확률을 구하면 다음과 같다.

$0: \lambda\nu_0 = \mu\nu_1,$
$1: (\lambda+\mu)\nu_1 = \lambda\nu_0 + \mu\nu_2,$
$2: (\lambda+\mu)\nu_2 = \lambda\nu_{10} + \mu\nu_3,$
$\cdots$

이를 정리하면

$\nu_1 = (\lambda/\mu)\nu_0,$
$\nu_2 = (\lambda/\mu)^2\nu_0,$
$\nu_3 = (\lambda/\mu)^3\nu_0,$
$\cdots$
$\nu_n = (\lambda/\mu)^n\nu_0,\ n=0,1,2,\cdots$

미지의 값 ν_0은 $1 = \nu_0+\nu_1+\nu_2+\cdots = \nu_0(1+(\lambda/\mu)+(\lambda/\mu)^2+\cdots) = \nu_0(1/(1-\lambda/\mu)),\ \lambda<\mu$, 따라서 $\nu_0 = 1-\lambda/\mu$이므로, 최종적으로 $\nu_n = (1-\lambda/\mu)(\lambda/\mu)^n,\ n=0,1,2,\cdots$이다. □

참고 예제에서 $\lambda \geq \mu$이면 해가 존재하지 않는다. 따라서 $\lambda < \mu$를 안정상태 조건(stability condition)이라고 한다.

예 5.24 $M/M/c$ **대기행렬 모형**

$M/M/1$ 대기행렬 모형과 다른 점은 동일한 성능을 가진, 즉 서비스율이 μ인 c명의 서버가 있다는 것이다. 각 고객은 한 명의 서버로부터 서비스를 받는다. 예를 들어 $c=3$이라면, 시스템 내에 고객이 3명 이상 있을 경우 3명이 모두 서비스를 받고 있으므로 이 때 서비스율(고객 이탈률)은 3μ가 된다. 고객이 두 명 있을 때에는 두 명의 서버만 일을 하므로 서비스율(고객 이탈률)은 2μ이다. M/M/3 대기행렬 모형의 전이율 다이어그램을 그리고 평형방정식을 세우면 다음과 같다.

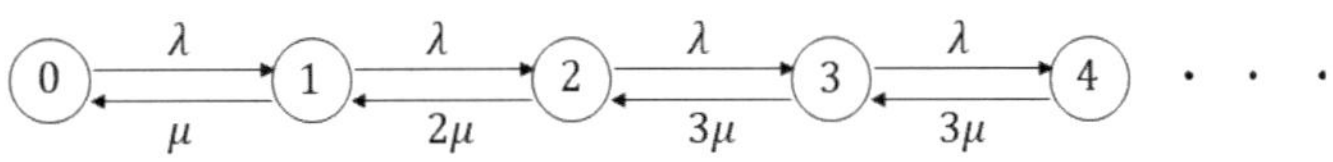

$0: \lambda\nu_0 = \mu\nu_1,$
$1: (\lambda+\mu)\nu_1 = \lambda\nu_0 + 2\mu\nu_2,$
$2: (\lambda+2\mu)\nu_2 = \lambda\nu_1 + 3\mu\nu_3,$
$3: (\lambda+3\mu)\nu_3 = \lambda\nu_2 + 3\mu\nu_4,$
$\cdots$

이 평형방정식을 풀어서 안정상태 확률 $\nu_n, n=0,1,2,\cdots$을 구하는 것은 생략한다. □

제 2장의 연습문제에서 다음을 보인 바가 있다: $X \sim \text{Exp}(\lambda)$, $Y \sim \text{Exp}(\mu)$이고 서로 독립일 때,

$$E(X|X<Y) = 1/(\lambda+\mu),\quad E(X|X>Y) = 1/\lambda + 1/(\lambda+\mu).$$

이제 이를 이용하여 다음을 이해하자. 확률변수 U_n를 상태 n에서 출발하여 상태 $n+1$에 도착할 때까지의 시간이라고 하자. 그리고 X_n은 다음 출생까지의 시간, Y_n은 다음 사

멸까지의 시간이라고 하면 $X_n \sim \text{Exp}(\lambda_n)$이고 $Y_n \sim \text{Exp}(\mu_n)$이므로 다음이 성립한다.

$$\begin{aligned} E(U_n) &= E(U_n | X_n < Y_n)P(X_n < Y_n) + E(U_n | X_n \geq Y_n)P(X_n \geq Y_n) \\ &= E(X_n | X_n < Y_n)\frac{\lambda_n}{\lambda_n + \mu_n} + \left(E(Y_n | X_n \geq Y_n) + E(U_{n-1}) + E(U_n)\right)\frac{\mu_n}{\lambda_n + \mu_n} \\ &= \frac{1}{\lambda_n + \mu_n}\frac{\lambda_n}{\lambda_n + \mu_n} + \left(\frac{1}{\lambda_n + \mu_n} + E(U_{n-1}) + E(U_n)\right)\frac{\mu_n}{\lambda_n + \mu_n}, \end{aligned}$$

이를 정리하면

$E(U_n) = \dfrac{1}{\lambda_n} + \left(\dfrac{\mu_n}{\lambda_n}\right)E(U_{n-1}),\ n = 1, 2, \cdots$ 이고

$E(U_0) = 1/\lambda_0$임을 이용하면 축차적으로 모든 $E(U_n)$을 구할 수 있다.

따라서 상태 $k\ (k \leq n)$에서 출발하여 상태 $n+1$에 도착할 때까지의 시간의 평균은 $E(U_k) + E(U_{k+1}) + \cdots + E(U_n)$이다.

예 5.25

(예 5.23)의 $M/M/1$ 대기행렬 시스템에서 도착률이 $\lambda = 3$, 서비스율은 $\mu = 4$이다. 대기고객수가 3명을 넘으면 서버 한 명을 추가한다. 서버 한 명을 추가하게 될 때까지 걸리는 평균 시간을 구하라.

풀이

출생률은 모두 $\lambda_i = \lambda = 3$이고 사멸률은 모두 $\mu_i = \mu = 4$이다. 대기고객수가 3명이면 시스템 내의 고객수는 4명이므로 구하는 값은 $E(U_0) + E(U_1) + E(U_2) + E(U_3) + E(U_4)$이다. 공식에 의해서

$E(U_0) = 1/3 = 0.333,$
$E(U_1) = 1/3 + (4/3)(1/3) = 7/9 = 0.778,$
$E(U_2) = 1/3 + (4/3)(7/9) = 37/27 = 1.370,$
$E(U_3) = 1/3 + (4/3)(37/27) = 175/81 = 2.160,$
$E(U_4) = 1/3 + (4/3)(175/81) = 781/243 = 3.214,$

이를 모두 더하면 7.856의 값을 얻는다. □

5.6 연습문제

01 어떤 마코프 과정 $\{Y(t), t \geq 0\}$ 의 전이확률 행렬이 다음과 같다.

$$P(t) = \begin{pmatrix} 0.625 + 0.375e^{-8t} & A \\ B & 0.375 + 0.625e^{-8t} \end{pmatrix}.$$

상태공간은 $\{a, b\}$이고 초기상태 확률벡터는 $(0.3, 0.7)$이다.

(a) A, B를 각각 써라.

(b) $P(Y(2) = a \mid Y(0) = a)$, $P(Y(2) = a)$

(c) 전이율 행렬 G를 쓰고 극한확률을 구하라.

02 다음은 상태공간이 $\{0,1\}$인 연속시간 마코프 과정 X_t이며 초기분포는 $(1/5, 4/5)$이다. 다음을 계산하라.

$$P(t) = \begin{pmatrix} 0.6 + 0.4e^{-5t} & 0.4 - 0.4e^{-5t} \\ 0.6 - 0.6e^{-5t} & 0.4 + 0.6e^{-5t} \end{pmatrix}.$$

(a) $P(X_{0.2} = 0)$

(b) $P(X_{0.2} = 0 \mid X_0 = 0)$

(c) $P(X_{0.1} = 0, X_{0.6} = 1 \mid X_0 = 0)$

(d) $P(X_{0.1} = 0, X_{0.6} = 1)$

03 $P(t)$ 행렬이 다음과 같은 마코프과정이 있다.

$$P(t) = \begin{pmatrix} p + qe^{-\lambda t} & q - qe^{-\lambda t} \\ p - pe^{-\lambda t} & q + pe^{-\lambda t} \end{pmatrix}.$$

(a) $t \to \infty$를 취하여 극한확률을 구하라.

(b) 전이율 행렬 G를 쓰고 이로써 극한확률을 구하라.

04 $N(t) \sim PP(\lambda)$라고 하고 편의상 $P_k(t) = P(N(t) = k)$로 표시하자.

(a) 작은 Δt에 대하여 $P_k(t+\Delta t)$를 $P_k(t)$와 $P_{k-1}(t)$를 써서 나타내어라 (힌트: 구간 $[0, t+\Delta t]$를 겹치지 않는 두 구간 $[0,t)$와 $[t, t+\Delta t]$로 나누고, $[0,t)$에서 k개, $[t, t+\Delta t]$에서 0개인 경우와 $[0,t)$에서 $k-1$개, $[t,t+\Delta t]$에서 1개인 경우로 구분하여 생각하라).

(b) 이를 이용하여 $\dfrac{d}{dt}P_k(t) = \lim\limits_{\Delta t \to 0} \dfrac{P_k(t+\Delta t) - P_k(t)}{\Delta t}$를 $P_k(t)$와 $P_{k-1}(t)$를 써서 나타내라.

05 전이확률 행렬이 다음에 주어지는 P인 마코프 체인으로 상태전이가 이루어지고, 전이 시점은 모수 $\lambda = 5$의 포아송 과정에 의해서 이루어지는 마코프 과정 $Y = \{Y_t, t \geq 0\}$가 있다.

$$P = \begin{matrix} 0 \\ 1 \\ 2 \end{matrix} \begin{pmatrix} 0.1 & 0.2 & 0.7 \\ 1.0 & 0 & 0 \\ 0.4 & 0.5 & 0.1 \end{pmatrix}.$$

(a) 이 마코프 체인의 안정상태 확률을 구하라.

(b) 마코프 과정 Y의 전이확률함수 $P(t)$를 구하라.

(c) Y의 전이율 행렬을 구하고 이를 써서 Y의 안정상태 확률을 구하라.

06 상태공간이 $\{0,1,2\}$인 마코프 체인 $X_n, n = 0,1,2,\cdots$의 전이확률 행렬 $\hat{K}$가 다음과 같다. 대각화를 사용하여 n단계 전이확률행렬을 구하고, 이를 바탕으로 모수가 $\lambda = 5$의 포아송 과정을 전이시점으로 하는 마코프 과정 $Y_t = X_{N_t}$, $t \geq 0$의 $P(t)$를 구하라.

$$\hat{K} = \begin{matrix} 0 \\ 1 \\ 2 \end{matrix} \begin{pmatrix} 0.1 & 0.2 & 0.7 \\ 1 & 0 & 0 \\ 0.6 & 0.4 & 0 \end{pmatrix}$$

07 상태공간이 $\{a,b,c,d\}$인 마코프 과정이 있다. 각 상태에 머무는 시간의 평균은 각각 2, 5, 0.5, 그리고 1이다. 상태간의 전이는 다음의 전이확률행렬을 따르는 마코프 체인이다.

$$P = \begin{matrix} a \\ b \\ c \\ d \end{matrix} \begin{pmatrix} 0 & 0.1 & 0.2 & 0.7 \\ 0 & 0 & 0.4 & 0.6 \\ 0.8 & 0.1 & 0 & 0.1 \\ 1.0 & 0 & 0 & 0 \end{pmatrix}.$$

(a) 전이율 행렬 G를 써라.
(b) 안정상태 확률 $\lim_{t\to\infty} P(Y_t = c)$를 구하라.

08 다음과 같은 전이율 행렬을 가지는 마코프 과정을 고려하자.

$$G = \begin{matrix} 0 \\ 1 \\ 2 \end{matrix} \begin{pmatrix} -5 & A & 3 \\ B & -6 & 6 \\ C & 0 & -1 \end{pmatrix}.$$

(a) A,B,C를 구하고 극한확률을 구하라.
(b) 내재 마코프 체인의 1단계전이확률행렬을 쓰고 그 극한확률을 구하라.

09 사건들이 발생률 λ의 포아송 과정으로 발생하는데, 사건이 발생할 때마다 시스템의 상태가 1→2→3→1→2→3→…로 바뀐다. 초기에 상태 1에 있었다.

(a) 시간이 t 만큼 흐른 후 상태가 i $(i = 1,2,3)$에 있을 확률은 각각 얼마인지 계산하라.
(b) 임의의 시점에 시스템을 관찰했을 때 상태 i $(i = 1,2,3)$에 있을 확률은 각각 얼마인가?

10 전이확률함수 행렬이 $P(t)$인 마코프 과정이 있다. 이의 $t = 0$에서의 도함수가 전이율 행렬 G임은 본문에서 보인 바 있다. 즉, $q_{ij} = (d/dt)p_{ij}(t)|_{t=0} = p_{ij}'(0)$ 이다. 이 마코프 과정에 내재되어 있는 마코프 체인의 1단계 전이확률 $K(i,j)$와 각 상태에 머무는 시간의 확률분포의 모수 λ_i를 G의 각 항 q_{ij}로 표시하라.

11 마코프 과정의 전이확률 함수 $p_{ij}(t)$가 다음과 같을 때, 라이프니츠의 미분공식을 사용하여 전이율 행렬 $G = (q_{ij})_{i,j\in E}$가 다음과 같음을 보여라.

$$p_{ij}(t) = P(Y_t = j \mid Y_0 = i) = e^{-\lambda_i t} I(i,j) + \int_0^t \lambda_i e^{-\lambda_i s} \sum_{k \in E} K(i,k) p_{kj}(t-s)\, ds\ ,$$

$$i, j \in E,$$

$$q_{ij} = \begin{cases} -\lambda_i, & i = j, \\ \lambda_i K(i,j), & i \neq j. \end{cases}$$

12 우주로부터의 공격은 세 가지 형태로 오늘도 계속되고 있다. 빛에 의한 공격(A)은 한번 시작되면 평균 1/5시간의 지수분포 시간동안 지속된다. 바람을 동반한 공격(B)은 평균 1/3시간의 지수분포, 물에 의한 공격(C)은 평균 1/8시간의 지수분포 시간동안 계속된다. 한 형태의 공격이 종료되면 바로 다음 공격이 이어지는데, 이들의 공격 형태는 이전 형태가 A이면 다음에는 A,B,C일 확률이 각각 0.8, 0.1, 0.1이며, 이전 형태가 B이었다면 다음에는 확률 0.2, 0.7, 0.1로 각각 A,B,C의 공격을 감행한다. 또한 C형태의 공격 이후에는 각각 0.05, 0.1, 0.85의 확률로 A,B,C의 형태의 공격을 가한다.

(a) 오랜 시간이 지난 현재, 지금 받고 있는 공격이 A,B,C 형태일 확률을 각각 구하라.

(b) 1시간 전의 공격이 빛에 의한 공격이었다면 지금 받고 있는 공격이 바람을 동반한 공격일 확률이 얼마인지 계산하라.

13 총 N마리의 가축이 있는 농장이 있는데 전염병이 다음과 같은 방식으로 전파한다. 두 가축 간의 접촉은 시간당 발생률이 λ인 포아송 과정으로 이루어지는데, 접촉이 이루어지는 가축의 쌍은 완전히 랜덤하다. 감염되지 않은 가축과 감염된 가축이 접촉하게 되면 감염되지 않았던 가축도 p의 확률로 전염되며, 일단 감염되면 그 상태로 지속한다. Y_t를 시점 t에서 감염된 가축의 수라고 하자.

(a) Y_t가 연속시간 마코프 과정인가? 만약 그렇다면 전이율 다이어그램을 그려라.

(b) 초기에 한 마리가 감염된 상태라고 하면, 모든 가축이 다 감염될 때까지의 평균 시간을 구하라.

14 버스 정류장에 고객들이 $\lambda = 10$의 포아송 과정으로 도착한다. 버스는 정류장에 $\mu = 4$의 포아송 과정으로 도착하고 그 때까지 정류장에서 기다리는 모든 고객들을 태우고 떠난다. 버스가 왔을 때 고객이 아무도 없으면 그냥 빈 차로 떠난다.

(a) 상태공간은 무엇인가?
(b) 전이율 다이어그램을 그려라.
(c) 정류장에 고객이 한명도 없을 안정상태 확률을 구하라.

15 택시정류장에 택시와 승객이 각각 분당 1명과 1대의 포아송 과정으로 도착한다. 택시 1대에는 1명의 승객만 타며, 승객은 1명씩 온다. 기다리는 택시가 3대가 되면 그 이후 도착하는 택시는 그냥 가버린다. 또한, 택시가 없을 때에는 택시를 기다리는 사람의 수가 2명이 되면 이후 도착하는 고객은 그냥 가버린다. 도착하는 고객이 택시를 바로 탈 확률을 구하여라.

16 출생률이 $\lambda_i = (i+1)\lambda$, $i \geq 0$ 이고 사멸률이 $\mu_i = i\,\mu$, $i \geq 1$인 출생사멸과정이 있다.

(a) 전이율행렬 G를 써라.
(b) 극한확률 ν_i를 구하라.

17 두 명의 서버가 있고 서버 $i(i=1,2)$의 서비스 시간은 평균이 $1/\mu_i$인 지수분포이다. λ의 도착률로 포아송 과정으로 고객들이 도착하는데, 두 서버가 모두 유휴하면 확률 p로 서버 1을 선택한다. 시스템내 고객수를 상태로 하는 전이율 다이어그램을 그리고 안정상태 확률을 구하기 위한 식을 세워라.

18 작업장에 두 대의 기계와 두 명의 작업자가 있다. 기계가 고장이 날 때까지의 시간은 평균이 0.1인 지수분포를 따르고 작업자가 기계를 수리하는 데에 걸리는 시간은 평균이 0.2인 지수분포를 따른다.

(a) 수리중인 것을 포함하여 고장중인 기계의 평균 대수는 몇 대인가?
(b) 두 작업자가 모두 바쁜 시간의 비율은 얼마인가?

19 다음과 같은 (s, Q) 재고시스템을 생각하자: 고객들의 수요는 하나씩 발생하는데 $PP(\lambda)$를 따른다. 재고수준이 $s=3$이 되면 $Q=5$ 만큼 주문을 한다. 주문이 도착하는 데에 걸리는 시간은 $\mathrm{Exp}(\mu)$을 따른다. 부재고(backorder)는 고려하지 않는다.

(a) 재고량을 상태로 하는 마코프 과정을 정의하고 이의 전이율 다이어그램을 그려라.
(b) 재고량의 안정상태 확률과 평균값을 구하라.

20 m대의 동일한 기계가 가동하고 1명의 수리공이 있다. 각 기계는 독립적으로 작동하는데 수명은 평균이 $1/a$인 지수분포이다. 고장이 나면 수리받을 때까지 기다리다가 수리공이 수리하는데, 수리시간은 평균이 $1/b$인 지수분포이다. 수리된 기계는 새 것과 다름없다. 시점 t에 고장난 기계의 수를 Y_t 라 할 때, 이를 출생사멸과정으로 모델링하고 안정상태에서 j개가 고장중일 확률을 구하라.

21 모든 i에 대하여 $\mu_i=0$인 순수출생과정을 생각하자. 출생률이 $\lambda_i=i\lambda$ $(i=0,1,2,\cdots)$이고 $Y(0)=n$이라고 하자. 다음을 보여라.

$$P(Y(t)=k)=\binom{k-1}{n-1}e^{-n\lambda t}(1-e^{-\lambda t})^{k-n},\ k\ge n\ .$$

22 개체수 $n=1,2,\cdots$에서의 출생률이 λ_n이고 사멸률이 μ_n인 출생사멸과정에 대해 다음에 답하라.

(a) 순수출생과정(즉, $\mu_i=0,\ \forall i$)에서 개체수가 i에서 N개가 될 때까지의 평균시간을 구하라.
(b) 출생사멸과정에서 개체수가 i에서 N개가 될 때까지의 평균시간을 구하라.

23 어떤 보험 회사는 각 사고당 평균이 $a=500$(만원)인 포아송 분포를 따르는 보험금을 지급한다(지급은 10만원 단위로 한다). 사고의 발생 간격은 평균이 $1/b=1$(주)인 지수분포이며 서로 독립이다. Z_t를 시점 t까지 지급한 총 보험금이라고 하면 다음을 구하라.

(a) $\{Z_t, t \geq 0\}$ 이 연속시간 마코프 과정임을 설명하라.

(b) 1년(50주)동안 지급한 평균 보험금을 구하라.

(c) 6개월(25주)동안 지급한 보험금액이 1억 원일 확률 $P(Z_{25} = 1억원 \mid Z(0) = 0)$를 구하여라.(참고: 평균이 a인 포아송 분포를 따르며 서로 독립인 두 확률변수 X_1, X_2가 있을 때, 이들의 중합 $X_1 + X_2$는 평균이 $2a$인 포아송 분포이다)

(d) 일반적인 값 a, b에 대하여 일반식 $P(Z_t = k \mid Z(0) = 0)$를 구하는 식을 써라.

24 고객 도착률이 λ이고 서비스율이 각각 μ인 $M/M/3$ 대기행렬 모형에서 안정상태 확률이 존재하기 위한 안정상태 조건은 무엇인가?

25 두 서버가 있는데 각각 서비스시간은 $\text{Exp}(\mu_1)$과 $\text{Exp}(\mu_2)$이다. 도착하는 고객은 서버 1과 2의 서비스를 순차적으로 받는다. 도착시 서버 1이 다른 고객을 서비스 중이면 대기한다. 서버1에서 서비스를 받은 후 서버 2가 비어 있으면 바로 서버 2로부터 서비스를 받지만 서버 2가 다른 고객을 서비스중이면 기다린다(blocked). 서버 2로부터 서비스를 다 받으면 떠난다. 어떤 고객 A가 도착했을 때 서버 1은 비어있고 서버 2가 다른 고객을 서비스중이다. 고객 A가 시스템을 떠날 때까지의 평균시간을 구하라.

26 중도포기(reneging)가 있는 대기시스템을 생각하자. 고객이 도착률 λ의 포아송 과정으로 도착하고 서비스 시간은 평균이 $1/\mu$인 지수분포이다. 한 명의 서버가 있고 서비스 공간은 무한하다. 고객이 대기할 때 평균이 $1/\alpha$인 지수분포의 시간만큼만 기다리고 이를 넘어서면 중도포기하고 그냥 가버린다. 시스템내 고객수 과정에 대한 전이율 다이어그램을 그려라.

27 어떤 시스템에 도착하는 고객들은 우선 서버 1 또는 서버 2로부터 서비스를 받은 후 서버 3으로부터 서비스를 받고 시스템을 이탈한다. 서버 1 또는 2를 선택할 확률은 각각 1/2이다. 서버 3에 다른 고객이 서비스를 받고 있을 때에는 서버 1 또는 2에서의 서비스가 먼저 끝나면 그 곳에서 기다린다. 각 서버의 서비스 시간은 각각 모수가 μ_1, μ_2, μ_3인 지수분포를 따른다. 고객 A가 도착할 때 서버 1,2는 비어있었고 서버 3에만 고객이 1명 있다. 고객 A이 시스템을 이탈할 때까지의 시간의 평균을 구하라.

28 두 서버로 구성된 시스템에 도착률 $\lambda = 5$의 포아송 과정으로 고객들이 도착한다. 고객 도착시 서버 1이 비어있으면 서버 1로부터 서비스를 받지만 서버 1이 다른 고객을 서비스중이고 서버 2가 비어있으면 서버 2에게로 간다. 두 서버 모두 바쁠 경우에 도착하는 고객은 그냥 가버린다. 서버 $i\ (i=1,2)$의 서비스 시간은 지수분포이며 서비스율이 각각 $\mu_1 = 4$와 $\mu_2 = 2$이다.

(a) 적절히 상태를 정의하고 전이율 다이어그램을 그려라.
(b) 안정상태 방정식에 의해 안정상태 확률들을 구했다고 가정하고 이를 통해 서버 2의 서비스를 받는 고객의 비율을 어떻게 산출할 것인지 설명하라.

29 어떤 $M/M/1$ 대기 시스템이 있다. 서버의 서비스시간은 평균이 $1/\mu$인 지수분포를 따르며, 고객들의 도착은 모수가 λ인 포아송 과정이다. 그런데 도착하는 고객들은 시스템에 고객수가 $n\ (n \geq 1)$ 명 있을 때에는 $1/n$의 확률로 시스템에 합류하고 $1-1/n$의 확률로 그냥 떠나버린다. N_t를 시점 t에서의 시스템내 고객수라 할 때 다음을 구하라.

(a) $p_{01}(\Delta t), p_{21}(\Delta t)$을 구하라.
(b) 전이율행렬 Q를 써라.
(c) 극한확률을 구하라.

30 포장라인에 두 대의 포장기계가 있다. 한 기계의 포장 시간은 평균 $1/\mu_1$인 지수분포이며 다른 기계는 $1/\mu_2$이다. 포장할 제품은 도착률 λ의 포아송 과정인데 줄이 짧은 포장기계 앞에서 대기하며, 한번 선 줄에서는 줄을 바꾸지 않는다. 만약 두 줄의 길이가 같으면 아무 기계에서나 포장을 한다. 시점 t에 각 포장기계에 있는 고객수를 $X_t = (i, j),\ i, j = 0, 1, 2, \cdots$라고 표시하자. 이 이차원 마코프 과정의 상태전이 다이어그램을 그려라.

6장

대기행렬 모형

누구나 무언가를 기다려 본 적이 있을 것이다. 건널목을 건너기 위해 파란 신호를 기다리고 버스나 전철을 기다리며 식당에서 줄을 서서 차례를 기다리고, 은행, 병원, 마트에서 줄을 선다. 활주로가 빌 때까지 비행기도 하늘에서 기다린다. 인터넷 사이트에 접속하기 위해 기다리고, 콜센터에 전화해서 직원이 응대할 때까지 기다리며, 직원이 내 정보를 찾는 동안 기다린다. 최첨단 기기들이 흔한 이 시대에도 역시 기다린다. 버스가 정류장에 언제 도착하는지를 알려주는 앱을 이용하면 기다리지 않고 버스를 바로 탈 수도 있지만 그래도 좀 일찍 나가서 기다려야 마음이 놓인다.

Cooper(1981)

왜 이런 기다림이 발생하는가? 서비스를 제공하는 능력이 서비스를 요구하는 수요량보다 부족해서 그렇다고 여겨지지만, 고속도로 요금소를 다 열어두어도 러시아워에는 혼잡을 피하기 어렵다. 서비스를 제공하는 측에서는 불필요하게 많은 서비스 용량을 갖추어 둠으로써 비용과 시간의 낭비를 초래하기 보다는 어느 정도 고객의 불만을 감수하고 적절한 용량의 서비스를 제공하고자 한다.

기다림, 즉 대기현상을 완전히 없앨 수 없는 이유는 고객(서비스를 요구하는 주체)들이 서로 독립적으로 움직이기 때문이기도 하다. 고객들의 서비스 요구량은 모두 다르며, 서비스를 요구하는 시점도 제각각이다. 서비스의 요구시점과 요구량 등 두 가지의 불확실성과 불규칙성이 대기현상의 원인이다. 대기행렬이론(queueing theory, waiting line theory, congestion theory), 또는 줄여서 대기이론은 이와 같은 대기 현상을 수반하는 서비스 시스템을 분석하고 각종 성능들을 향상시키거나 최적으로 유지하기 위한 방법을 공학적인 도구를 이용하여 개발하고 평가한다.

대기행렬에 대한 이론적 연구는 1909년 네덜란드의 수학자 A.K. Erlang이 코펜하겐의 전화회사에서 근무하면서 얻은 경험을 바탕으로 저술한 "The Theory of Probabilities and Telephone Conversations"가 시초라는 의견이 대부분이다. 따라서 초기 대기행렬 이론의 주된 응용분야는 전화망의 구축에 관한 것이었으며 최근까지도 교환설비나 전송망의 용량 결정 등 통신 분야에서 가장 널리 응용되어 왔다. 현재는 차량이나 사람들의 흐름, 병원에서의 환자예약이나 승무원 할당 또는 기계작업에서의 스케쥴링, 콜센터 운영, 식당

이나 놀이공원 등 서비스 시설의 배치 등 매우 다양한 분야에 응용되고 있다.

이 장에서는 대기행렬 모형을 이루는 요소들과 대기행렬 시스템의 성능을 평가하는 방법을 제시한 후 중요한 성질인 리틀의 정리와 PASTA를 설명한다. 대기행렬 모형은 크게 포아송 과정과 지수분포를 바탕으로 하는 마코비안 대기행렬 모형과, 그렇지 않은 비(非)마코비안 모형이 있는데, 본서에서는 전자에 대해 중점 기술한다.

6.1 대기행렬 시스템의 특성요소

대기행렬 시스템을 간단하게 표현하면 다음 그림과 같다. 대기행렬 시스템을 구성하는 특성요소는 시스템 외부에 있으면서 서비스를 요구하여 시스템으로 이동하는 고객과, 서비스를 제공하는 서버, 그리고 고객의 대기 등 세 가지가 있다.

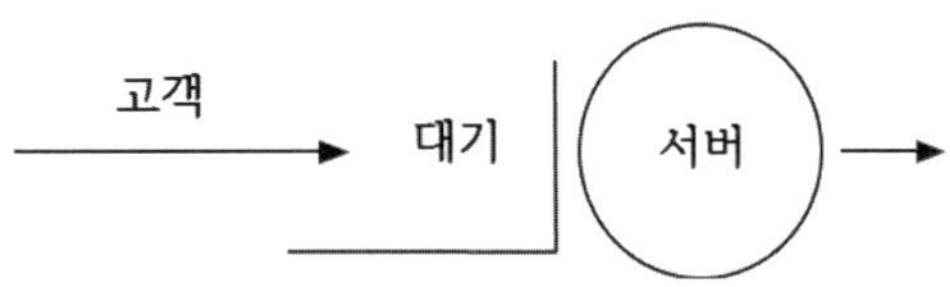

[그림 6.1] 대기행렬 시스템의 도식화

(1) 고객

대기행렬 시스템을 이용하는 객체를 고객(customer)이라고 한다. 시스템에 따라 고객은 사람일 수도 있고 사물이나 비트열, 전자적 신호 등일 수 있다. 고객들이 서비스를 받기 위해 시스템에 도착하는 것을 도착과정(arrival process)이라고 한다. 도착과정은 대개 두 도착 간격을 확률변수로 표현하고 이 확률변수의 확률분포로써 수리모형으로 만든다. 고객들은 하나씩 올 수도 있고 집단(batch)으로 올 수도 있다.

도착간격의 평균의 역수를 취하면 단위시간당 도착수, 즉 도착률(arrival rate)이 된다. 도착률은 일정할 수도 있지만 시스템의 상황에 따라, 시간 진행에 따라 달라질 수도 있다.

도착하는 고객들 중 일부가 실제로 시스템에 들어오지 않고 되돌아가거나(balking), 대기공간이 부족하여 들어오지 못하기도 한다(blocking). 이들을 제외하고 실제로 시스템에 합류하는 것을 입력(input)이라고 한다. 하지만 대기하다가 중도에 포기하기도 한다(reneging). 서비스를 마치고 시스템을 빠져나가는 것은 이탈(departure)이라고 한다.

[그림 6.2] 고객의 행태

예를 들어 고객들이 하나씩 도착하는데, 연속된 두 고객의 도착간격들이 서로 독립이며 동일한 모수의 지수분포를 따른다면 도착과정은 포아송 과정이다. 만약 도착률이 시간에 따라 달라진다면 이는 비정상(nonstationary) 포아송 과정이다.

고객들의 모집단은 무한일 수도 있지만 유한 모집단일 수도 있다(예 가동과 고장을 반복하는 10대의 기계와, 고장일 때 이를 수리하는 수리공이 있다면 고객(=기계)은 유한모집단이다). 일반적으로 개별 고객들은 이산적인 객체로 취급하지만 고속도로 톨게이트를 통과하는 차량들처럼 서비스 시간이 매우 짧고 고객들의 도착이 물이 흐르듯 이어지는 시스템에서는 개별 고객들 하나하나에 초점을 두지 않고 연속적인 흐름으로 간주하기도 한다(예 유체흐름 모형(fluid flow model)).

(2) 서비스

서비스를 제공하는 주체를 서버라고 하고 고객들의 서비스 요구량이 서비스 시간이다. 이를 확률변수로 표현해서 확률분포로 수리모형을 만든다. 대부분의 경우 서비스 시간들은 서로 독립이며 동일한 확률분포를 따른다고 본다. 평균 서비스 시간의 역수가 서비스율(service rate)이다. 대개의 경우 서비스 시간은 고객의 도착과정이나 도착 후 대기시간과는 무관하다고 가정한다.

예 6.1

전화통화시간은 대개 지수확률변수로 모형을 만든다. 따라서 평균 통화시간이 3분이라면 서비스율은 단위시간(hour)당 20이다. 디지털통신에서는 음성신호를 디지털 신호로 변환해서 패킷으로 만들고, 시간을 슬롯(slot)이라고 하는 단위로 나누어 패킷을 전송하므로 서비스 시간은 신호를 구성하는 패킷의 개수를 나타내는 이산확률변수로 모형을 만든다. □

서버의 수에 따라 단일서버, 복수서버, 무한서버 등이 있다. 복수서버의 경우 각 서버의 서비스 성능은 동일하다고 본다. 무한서버는 서버의 수가 매우 많거나 셀프서비스인 경우를 포함한다. 무한서버의 경우가 분석이 더 용이하기 때문에 유한서버라 할지라도 대규모 콜센터와 같이 서버의 수가 매우 많은 경우에는 무한서버로 근사하기도 한다.

예 6.2

단위시간당 서비스율이 20인 통신회선이 10개 있는데, 모두 사용중이라면 전체 서비스율은 20×10=200이다. 하지만 6개 회선만 사용중일 때 전체 서비스율은 20×6=120이다. ▫

(3) 대기

대기공간은 특별히 언급이 없으면 무한하지만 유한일 수도 있는데, 이 경우 모든 공간이 대기고객들로 차면 이후 도착 고객은 시스템에 합류하지 못한다.

대기공간은 고객들이 서비스 받을 순서대로 앞에서부터 채워지는데, 서비스를 받을 순서를 서비스규칙(service discipline)이라고 하며 대기행렬 시스템의 성능을 좌우하는 중요한 요인이다. 주요 서비스규칙으로는 선착순(FCFS, first-come-first-served), 후착순(LCFS, last-come-first-served), 우선순위(PR, priority), 무작위순(RSS, random selection for service) 등이 있고, 이밖에 SST(shortest service time first), EDD(earliest due date first) 등과 여러 규칙들을 혼합한 방식(예 FCFS/SST) 등등이 있다.

대기행렬 시스템의 구조에 있어서는 서버가 순환하면서 여러 대기행렬을 서비스하는 순환형(cyclic) 대기행렬시스템(예 통신망에서 토큰링(token ring) 방식의 전송시스템), 여러 대기행렬 시스템이 일렬로 있는 일렬(tandem 또는 serial) 대기행렬, 부품의 가공과 조립이 반복되는 형태의 분기-결합(fork-and-join) 대기행렬, 여러 대기시스템이 네트워크 형태로 연결되어 있는 대기네트워크 등이 있다.

(4) 간트 차트

대기시스템의 움직임을 도표화하는 방법으로 간트 차트(Gantt chart)를 들 수 있다. 간트 차트는 원래 프로젝트의 일정관리를 위해 막대 형태로 각 업무의 일정상의 시작과 끝을 표시하기 위한 것이지만 이처럼 대기시스템에 고객이 도착하고 서비스를 받기 시작하고 이탈하는 전체 상황을 한눈에 표시할 수 있다.

예 6.3

아래 데이터는 고객의 도착과 대기시간 및 시스템 이탈 시간들을 나타내고 있다.

고객번호	도착시점	서비스 개시 시점	시스템 이탈 시점
1	12:36	12:36	12:40
2	12:37	12:40	12:44
3	12:38	12:44	12:48
4	12:40	12:48	12:52
5	12:45	12:52	12:56

이를 간트차트로 그려보면 다음과 같다. 그림에서 보듯이 서비스 순서에 따라 차트의 모양이 달라짐을 알 수 있다. ◻

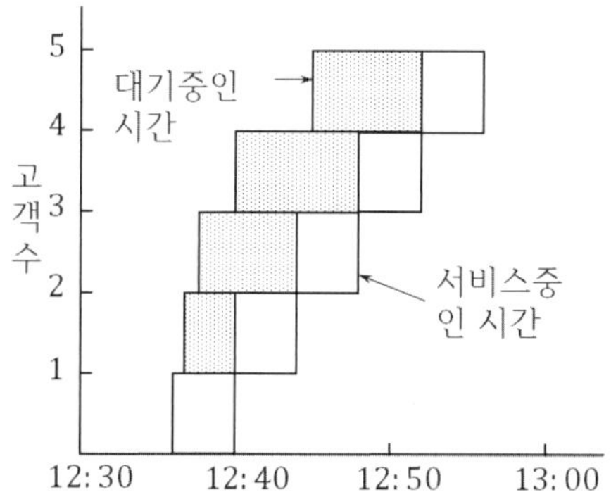

(a) FCFS 서비스의 경우

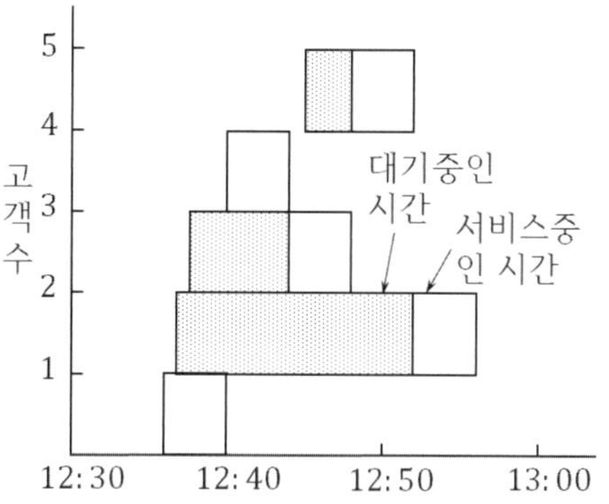

(b) LCFS 서비스의 경우

[그림 6.3] (예 6.3) 데이터의 간트차트

(5) 켄달의 기호

이처럼 매우 다양한 대기시스템의 특성을 표현하기 위해서는 일일이 각 특성을 나열하기란 매우 비효율적이다. 이를 표준화하는 켄달(Kendall)의 기호는 1953년 사용되기 시작하였고 1971년 미국 OR학회의 회의를 거쳐 다음과 같은 순서로 쓰기로 하였다.

도착과정/서비스과정/서버수/시스템용량/고객모집단/서비스규칙

시스템용량은 시스템 내에 수용할 수 있는 총 고객의 수이다. 시스템용량과 고객모집단은 무한대인 경우에는 생략한다. 서비스규칙도 FCFS이면 생략할 수 있다.

각 특성을 나타내는 기호의 예를 들면 다음과 같다.

M : 도착과정이 포아송 과정 또는 서비스 시간의 확률분포가 지수분포

E_k : 모수 k인 얼랑 확률분포

G : 일반(general)분포 (특정한 확률분포를 상정하지 않는다는 의미). iid 확률변수임을 강조하려면 GI로 표시

D : 확정적(deterministic) 확률분포. 일정한 시간간격을 의미

연구자들이 개별적으로 만들어서 사용하는 기호도 많이 있다. 대기시스템을 표현하는 여러 가지 예를 들어보자.

$M/M/1$: 포아송 도착과정, 지수분포의 서비스 시간, 단일서버, 무한고객, FCFS

$G/GI/3/10$: 일반 도착간격 및 서비스시간, 3명의 서버, 최대 10명의 고객 수용가능

$M^X/G^B/1$: 고객집단의 도착은 포아송 과정, 각 집단의 크기는 확률변수, 한 번에 B명까지의 고객을 서비스

$M/M/1/m/m$: 지수분포 도착간격, 허용가능 고객수 m, 총 고객수는 m

6.2 내재 확률과정들과 안정상태 확률

서비스 요구시점(도착과정)의 불확실성과 서비스 요구량(서비스과정)의 불확실성에 의해 대기 시스템에는 다양한 확률과정이 내재되어 있으며, 이 가운데 시스템의 성능분석의 관심 대상이 되는 확률과정을 분석한다.

$\{N(t), t \geq 0\}$: $N(t)$는 시점 t에 시스템 내에 존재하는 고객의 수

$\{N_q(t), t \geq 0\}$: $N_q(t)$는 시점 t에 서비스 대기 중인 고객의 수

$N(t)$와 $N_q(t)$는 이산상태-연속시간 확률과정이며 표본경로는 계단 형태이다. 이들 두 확률변수는 서버의 수가 s일 때 $N_q(t) = \max(N(t) - s, 0)$의 관계를 가진다. $\{N(t), t \geq 0\}$는 대부분의 대기행렬 시스템 분석의 출발점이 되는 기본적인 확률과정이다.

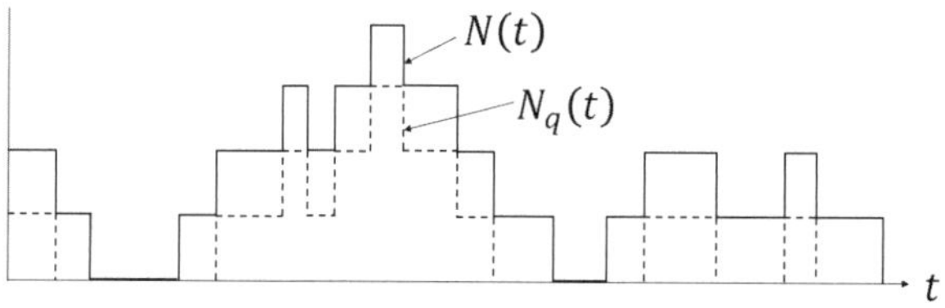

[그림 6.4] 서버수가 1일 때 고객수 과정과 대기고객수 과정의 표본경로

$\{T_n, n=1,2,\cdots\}$: T_n은 n번째 고객이 시스템에 머무는 시간

$\{T_{q,n}, n=1,2,\cdots\}$: $T_{q,n}$은 n번째 고객이 대기공간에 머무는 시간

S_n을 n번째 고객에게 부여되는 서비스시간이라고 하면 $T_n = T_{q,n} + S_n$의 관계가 있다.

$\{U(t), t \geq 0\}$: $U(t)$는 시점 t에 시스템 내에 남아있는 잔여일량

$U(t)$는 연속상태-연속시간의 확률과정이며 아래 그림과 같이 톱니 형태의 표본경로를 가진다. 서비스가 진행되는 동안에는 음의 기울기로 감소하며 기울기는 서버의 수에 따라 다르다. 고객이 도착하면 그 고객의 서비스 요구량 만큼 상승한다. $U(t)$는 시점 t에 가상의 고객이 도착한다면(FCFS의 경우) 그 고객이 대기해야 하는 대기시간이므로 가상대기시간(virtual waiting time) 과정이라고도 한다.

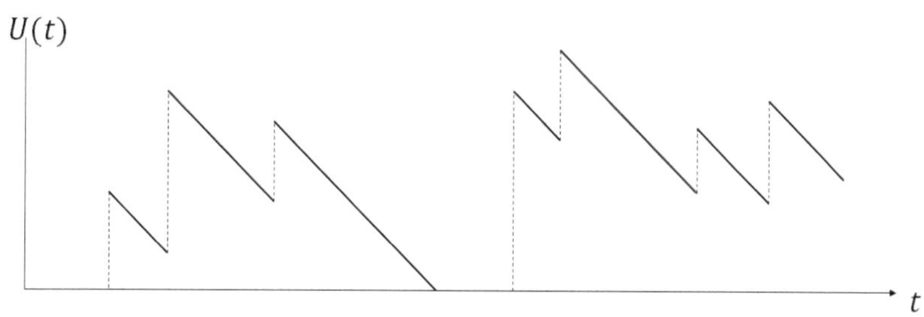

[그림 6.5] 잔여일량 과정의 표본경로

참고 $N(t)$, $N_q(t)$, $U(t)$ 과정에서 불연속점은 모두 우연속(right-continuous)이다.

다음의 확률분포들을 정의하자.

$$p_n \equiv \lim_{t\to\infty} P(N(t)=n) \equiv P(N=n),\ n=0,1,2,\cdots,$$

$$p_{q,n} \equiv \lim_{t\to\infty} P(N_q(t)=n) \equiv P(N_q=n),\ n=0,1,2,\cdots,$$

$$W(t) \equiv \lim_{n\to\infty} P(T_n \leq t) \equiv P(T \leq t),\ t \geq 0,$$

$$W_q(t) \equiv \lim_{n \to \infty} P(T_{q,n} \le t) \equiv P(T_q \le t),\ t \ge 0.$$

이들은 모두 안정상태 확률들이며, N, N_q, T, T_q는 모두 안정상태 확률변수이다.

안정상태 확률 p_n 또는 $p_{q,n}$은 마코프 체인이나 마코프 과정에서의 극한확률 또는 안정상태 확률과 마찬가지로 안정상태의 임의시점에서 대기시스템이 상태 n에 있을 확률(앙상블 평균)이라고 볼 수 있으며 또한 오랜 시간 대기시스템을 운영했을 때 상태 n에 머문 시간의 비중(시간 평균)이라고 해석한다. 여기서 상태 n이란 시스템내 고객수 또는 대기공간에서의 고객수를 의미한다. 안정상태 확률변수들이 존재하기 위한 조건을 안정상태 조건이라고 하는데 이는 고객수가 ∞일 확률이 0임을 의미하며 다음을 만족해야 한다.

안정상태 조건: 단위시간당 증가하는 일량이 단위시간당 서버가 처리할 수 있는 일량(= 서버의 수)보다 작아야 한다.

예 6.4

$M/M/c$ 시스템에서는 단위시간당 λ명의 고객이 각각 평균일량 $E(S)$를 시스템에 가져오고, 서버들은 단위시간당 최대 c의 일량을 처리하므로 안정상태 조건은 $\lambda E(S) < c$이다. □

예 6.5

$M^X/G/1$ 시스템을 생각하자. 평균 $E(X)$명으로 구성된 고객집단이 단위시간당 λ번 도착하고 이를 1명의 서버가 처리하므로 안정상태 조건은 $\lambda E(X)E(S) < 1$이다. □

다음의 내재 확률과정들은 특히 비정상 도착과정을 가지는 대기시스템을 이해하는 목적으로 많이 사용되는 확률과정들이다.

$A(t)$: 시점 t까지 시스템으로 도착한 누적 고객의 수

$D(t)$: 시점 t까지 시스템에서 이탈한 누적 고객의 수

$D_q(t)$: 시점 t까지 대기공간에서 이탈한(즉, 서비스가 개시된) 누적 고객의 수

모든 시점 t에서 $A(t) \ge D_q(t) \ge D(t)$의 관계가 있다.

아래 그림은 세 확률과정의 전형적인 표본경로의 예이다.

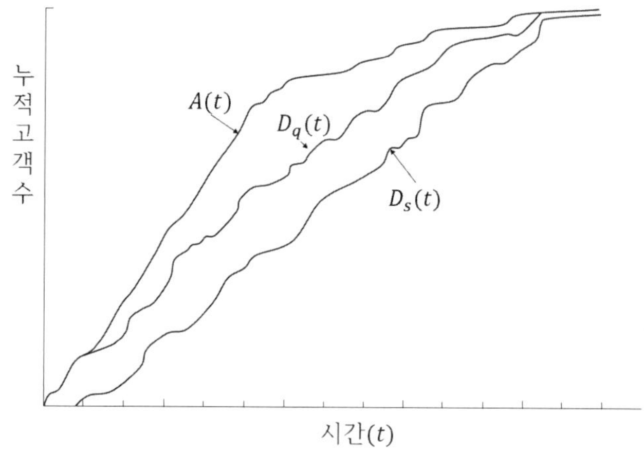

[그림 6.6] 누적 도착, 대기, 이탈 고객수의 표본경로

그리고 시점 t에서 $A(t)$와 $D(t)$, 또는 $A(t)$와 $D_q(t)$와의 거리는 각각 시점 t에서의 시스템내 고객수와 대기고객수를 나타낸다. 즉, $A(t)-D(t)=N(t)$, $A(t)-D_q(t)=N_q(t)$이다.

한편, 서비스규칙이 FCFS일 때 $A(t)$의 그래프와 $D(t)$의 그래프 간의 수평 거리는 고객이 시스템내 머무는 시간이라고 볼 수 있으며 마찬가지로 $A(t)$와 $D_q(t)$ 간의 수평 거리는 고객의 대기시간이다.

예 6.6

(예 6.3)의 데이터를 다시 보자. 이에 대한 누적 고객도착 $A(t)$, 대기 $D_q(t)$, 이탈 고객수 $D(t)$의 표본경로를 그려보면 다음과 같다.

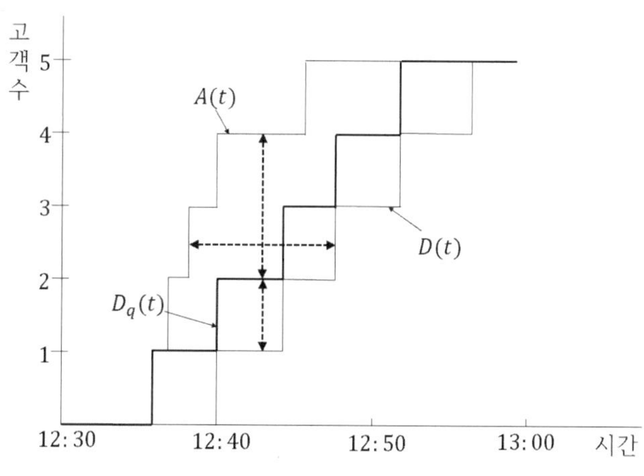

[그림 6.7] $A(t), D(t), D_q(t)$ 그래프의 관계

그림에서, 예를 들어 12시 43분의 대기고객수는 2명($N_q(12:43)=2$), 시스템내 고객수는 3명 ($N(12:43)=3$), 3번째 고객의 시스템 체재시간은 10분($T_3=10$)이다. □

6.3 대기행렬 시스템의 성능척도

대기행렬 시스템의 활동 성과를 척도로 나타낸 것이 성능척도이다. 단위시간당 고객들의 도착률이 λ로 일정하고 서비스시간의 확률변수를 S, 단위시간당 서비스율을 $\mu\equiv 1/E(S)$ 라고 하자. 서버의 수는 $c(\geq 1)$이다. 다음과 같은 다양한 성능척도들이 있다.

(i) 제공부하(offered load): $a\equiv\lambda E(S)$이며, 단위시간당 시스템에 가해지는 부하량이다.

(ii) 교통밀도(traffic intensity): $\rho=a/c=\lambda/c\mu$, 각 서버에 가해지는 부하량이다. 각 서버가 임의의 시점에서 서비스를 제공하느라고 바쁠 확률이기도 하다.

(iii) 처리부하(carried load): $a'=\lambda' E(S)$, 단 $\lambda'=\lambda(1-P_{block})$, P_{block}는 고객이 시스템에 들어오지 못할 확률이며 a'은 실제로 처리하는 부하량이다. 처리부하는 바쁜 서버수의 평균 또는 서비스 중인 고객수의 평균이기도 하다. 처리부하를 서버수로 나누면 (즉 a'/c) 이는 각 서버가 처리하는 부하로써 개별 서버가 바쁠 확률이며 이를 서버 활용도 (server utilization)라고 한다.

참고 제공부하와 처리부하는 모두 단위가 없는 값이지만 통신 분야에서는 얼랑(erl)이라는 단위를 붙여서 통신망에 가해지는 트래픽의 양을 나타내는 값으로 사용하기도 한다. 예를 들어 $a=3$ 얼랑이라고 하면 이는 단위시간당 한 회선의 처리능력의 3배에 달하는 통신요구량이 가해지고 있다고 해석할 수 있다.

(iv) 임의시점에서 시스템내 고객수: 확률분포는 $p_n, n=0,1,2,\cdots$, 평균 시스템고객수는 $L=\sum_{n=0}^{\infty} n\,p_n$, L은 아래 그림에서 사각형들의 총 면적을 총 기간으로 나눈 값이며 이는 사각형들의 '평균높이'라고도 생각할 수 있다.

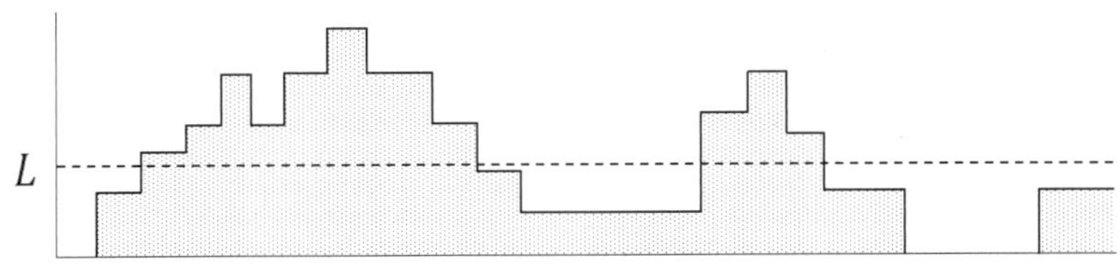

[그림 6.8] 평균 고객수

(v) 임의시점에서 대기고객수: 확률분포는 $p_{q,n}, n=0,1,2,\cdots$, 평균 대기고객수는

$L_q = \sum_{n=c}^{\infty}(n-c)p_n$, 단 c는 서버의 수,

(vi) 임의 고객의 대기시간: 확률분포 $W_q(t)$, 평균은 $W_q = E(T_q)$,

(vii) 임의 고객의 시스템내 체재시간: 확률분포 $W(t)$, 평균은 $W = E(T)$,

$W = W_q + 1/\mu$,

이 밖에 바쁜 기간의 길이, 단일서버의 경우 서버가 바쁠 확률$(1-p_0)$과 서버가 유휴할 확률(p_0) 등이 대기행렬 시스템에서 사용하는 성능척도이다.

6.4 대기행렬 시스템의 성질

(1) 무한용량 단일서버 시스템에서 서버가 바쁠 확률

대기공간이 무한하고 고객 도착률 λ, 서비스율 μ인 대기시스템에서 단일서버가 바쁠 확률 P_{busy}를 구해보자. 시스템을 시간 τ 동안 운용했다면 시스템에 들어온 총 고객수는 $\lambda\tau$이며, 시스템에서 서비스를 마치고 이탈한 총 고객수는 $\mu\tau P_{busy}$일 것이다(서버가 유휴한 경우에는 이탈고객도 없기 때문에 P_{busy}를 곱해야 한다). 이들 두 값은 장기적으로 같아야 하므로 $\tau\to\infty$일 때 $\lambda\tau = \mu\tau P_{busy}$이다. 따라서 안정상태에서는 $P_{busy} = \lambda/\mu = \rho$이다.

이 관계식은 단일서버에 대기공간이 무한하고 일량보존성을 가지는 어떤 모형이든지 적용될 수 있기 때문에 매우 유용하다. 일량보존성(work-conservation)이란 서비스에 의해서만 일량이 감소하고 또 고객 도착에 의해서만 일량이 늘어나는 성질이다. 예를 들어 중도포기(reneging)가 있는 경우에는 일량보존성을 상실한다.

(2) 리틀의 정리

리틀의 정리(Little's law)는 대기행렬이론에서 가장 널리 알려진 중요한 정리이며 1961년 기존에 알려진 내용을 John D.C. Little이 다듬어 증명하였다. 이 정리는 이산적인 값을 가지는 시스템내 고객수와 연속적인 값을 가지는 고객 대기시간 간의 관계를 간단명료하게 나타내고 있으며, 여기서는 엄밀한 증명 보다는 직관적인 설명으로 이해를 돕고자 한다.

정 의 리틀의 정리(Little's law)

대기행렬 시스템 내의 어떤 공간 내의 평균 고객수를 L_s, 이 공간에 머무는 평균시간을 W_s, 이 공간으로의 실질적인(effective) 도착률을 λ_e라고 하면 다음의 등식이 성립한다.

$L_s = \lambda_e W_s$.

실질 도착률 λ_e는 실제로 시스템에 입력되는 입력률을 의미한다. 따라서 λ가 고객 도착률이고 일부 고객이 어떤 이유로든 P_{block}의 확률로 입력되지 않는다면 λ_e는 입력률 $\lambda' = \lambda(1 - P_{block})$이 된다.

여기서 언급한 '공간'이 만약 대기시스템 전체라면 위 식은 $L = \lambda_e W$,

'공간'이 만약 대기공간이라면 $L_q = \lambda_e W_q$,

'공간'이 만약 서비스가 이루어지는 공간을 말한다면 (서비스중인 고객수 평균) $= \lambda_e \times E(S)$로 각각 해석할 수 있다.

참고 마지막 등식에서 (서비스중인 고객수 평균) = (바쁜 서버수 평균)이므로, (바쁜 서버수 평균) $= \lambda_e \times E(S)$이다. 이는 처리부하(a')이기도 하다.

참고 언뜻 생각하기에는 $L \times E(S) = W$, 또는 $L = \mu W$일 것 같지만 그렇지 않다.

참고 $W = W_q + 1/\mu$과 리틀의 정리를 이용하면 $L = L_q + \lambda/\mu$임을 알 수 있다.

예 6.7

어떤 대기시스템의 평균 고객수가 10명이며 고객 도착률은 분당 3명이라고 하자. 이 시스템에 들어가는 고객은 시스템을 빠져나갈 때까지 평균 $10/3 = 3.33$분이 소요된다. □

리틀의 정리 $L = \lambda W$는 다음 그림에 의해 해석할 수 있다($P_{block} = 0$ 으로 가정).

대기행렬 시스템이 안정상태에 있다면 누적 고객도착과정 $A(t)$와 누적 고객이탈과정

$D(t)$는 장기적으로 볼 때 모두 기울기가 λ라고 할 수 있다. 또한 두 곡선간의 수평방향의 평균거리는 시스템 내 평균체재시간인 W이고 수직방향의 평균거리는 L, 즉 평균 고객수이다. 따라서 $L = \lambda W$ 이다. $L_q = \lambda W_q$에 대해서도 마찬가지로 설명할 수 있다.

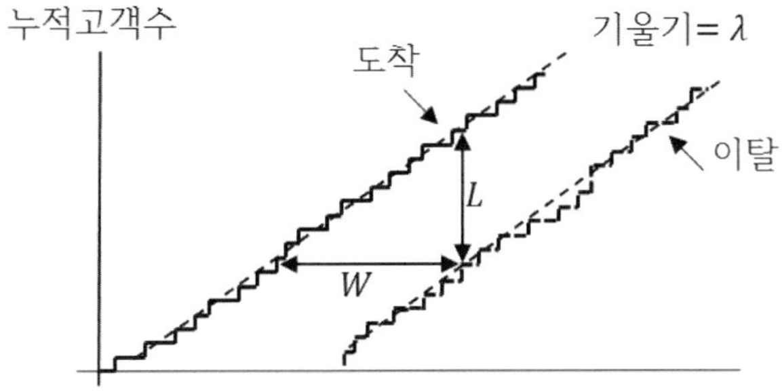

[그림 6.9] 리틀의 정리의 해석

리틀의 정리는 도착과정과 서비스 시간의 확률분포, 서버의 수, 서비스규칙 등에 무관하게 성립하며, 집단도착이나 집단서비스, 뒤에 언급할 N-정책이나 휴가형 모형 등 거의 모든 대기행렬 시스템에 적용할 수 있는 매우 유용한 정리이다.

예 6.8

(예 6.3)의 데이터를 다시 보자. 이에 따른 $A(t)$, $D_q(t)$의 표본경로는 FCFS의 경우 다음과 같다.

고객번호	도착시점	서비스 개시 시점	시스템 이탈 시점
1	12:36	12:36	12:40
2	12:37	12:40	12:44
3	12:38	12:44	12:48
4	12:40	12:48	12:52
5	12:45	12:52	12:56

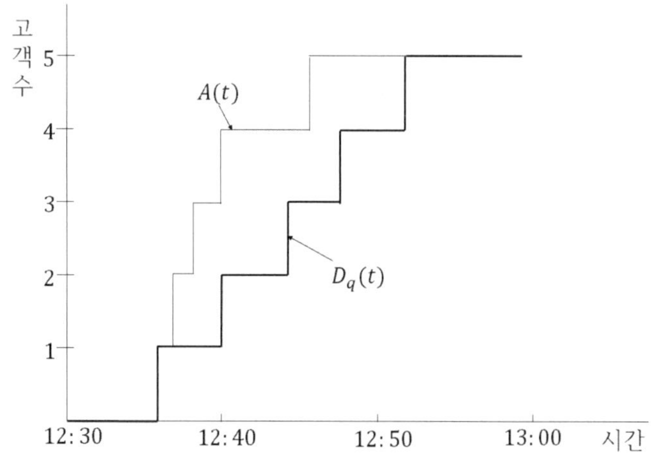

[그림 6.10] (예 6.3)의 표본경로

대기시간의 평균을 구해보면, $W_q=(0+3+6+8+7)/5=4.8$(분), 시스템내 체재시간의 평균은 $W=(4+7+10+12+11)/5=8.8$(분)이다. (참고로 $W-W_q=8.8-4.8=4$(분)이 평균 서비스 시간이다)

한편, 대기고객수의 평균 L_q를 구해보면, 시간 간격에 따른 대기고객수가 아래와 같으므로, $L_q=(7\times 0+1\times 1+6\times 2+1\times 1+3\times 2+4\times 1+8\times 0)/30=0.8$(명)이다.

시간 간격	대기고객수
12:30–12:37	0
12:37–12:38	1
12:38–12:44	2
12:44–12:45	1
12:45–12:48	2
12:48–12:52	1
12:52–13:00	0

30분 동안 5명이 도착하였으므로 도착률은 $\lambda=1/6$(명/분)이다. 따라서 다음의 리틀의 식이 성립한다.
$L_q=(0.8=1/6\times 4.8)=\lambda\times W_q$.

이 계산에서, W_q는 아래 그림 6.11(a)에서의 면적을 총 도착수 $N=5$(명)로 나눈 것이며, L_q는 그림 6.11(b)의 면적을 총 시간 $T=30$(분)으로 나눈 것이다. 두 면적은 동일하므로, 다음의 식이 성립한다. $W_q\times N=L_q\times T$, 즉 $L_q=(N/T)\,W_q$인데, N/T는 도착률 λ이므로 결국 $L_q=\lambda W_q$의 리틀의 정리를 얻는다. □

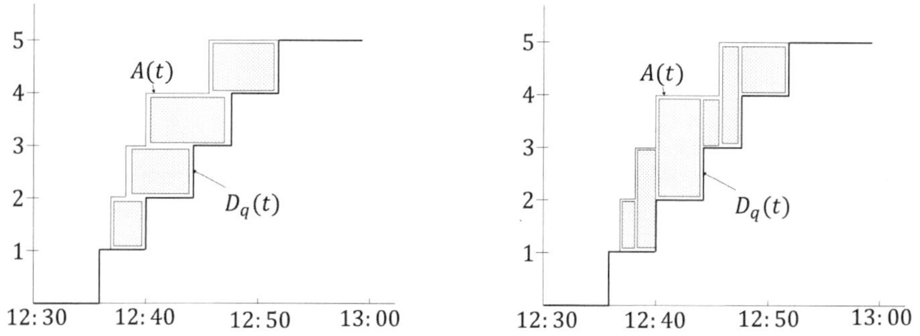

(a) (b)

[그림 6.11] 총 누적 대기시간과 총 누적 대기고객수

(3) PASTA

대기행렬 시스템의 내재 확률과정 $\{N(t), t \geq 0\}$ 에서 표본경로의 그래프가 위로 올라가는 시점들이 바로 새로운 고객들이 시스템에 합류하는 도착시점이다. 도착시점에서는 고객수가 $n \rightarrow n+1$ $(n = 0,1,2,\cdots)$로 올라가는데, 이 때 도착하는 고객이 보는 시스템 내의 고객수, 즉 고객의 도착 직전시점에서의 고객수는 n명이다. 도착하는 고객들이 시스템 내에 n명이 있음을 보게 될 확률을 도착시점 상태확률이라고 하고 a_n으로 표시하자. 그림 6.12에서는 총 6회의 도착이 있는데 이 가운데 시스템 내에 n명이 있음을 보는 도착은 3회, $n-1$명을 보는 도착이 3회이다.

이에 비해 안정상태에서 임의시점 상태확률인 p_n은 외부인(outsiders)이 시스템 내에 n명이 있음을 보게 될 확률이라고 해석할 수 있으며 일반적으로 a_n은 p_n과 항상 같지는 않다(반예(counterexample)는 연습문제 참고).

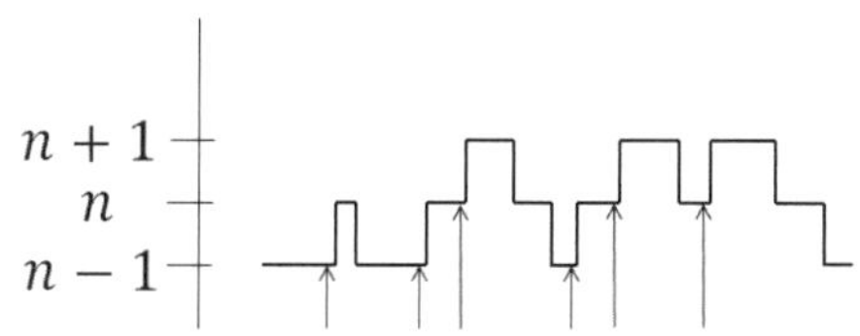

[그림 6.12] 도착직전 시점들

도착과정이 포아송 과정이고 비예측성의 가정(Lack of Anticipation Assumption, LAA)이 만족되는 경우에는 $a_n = p_n$이 성립한다. 이와 같은 성질은 Wolff에 의해 1982년 정식으로 증명(Wolff, 1982)되었으며 PASTA(Poison Arrivals See Time Average)라고 부른다. 도착과정이 포아송 과정인 대기행렬 시스템에서는 PASTA를 활용하여 복잡한 계

산을 많이 줄일 수 있으며 고객 대기시간의 확률분포나 임의시점 상태확률 등을 구하는 데에 적용되기도 한다.

참고 LAA는 특정 시점에서 시스템이 특정 상태에 있는지의 여부는 그 시점 이후의 포아송 과정의 전개와는 무관하다는 가정이며, 자세한 설명은 생략한다.

(4) 버크의 정리

확률과정 $\{N(t), t \geq 0\}$ 의 표본경로 그래프가 아래로 내려가는 시점들은 서비스를 마친 고객들이 시스템을 이탈하는 시점이며 이 때 시스템에 남겨진 고객수, 즉 이탈직후 시점에서의 고객수가 n명일 확률 d_n을 이탈시점 상태확률이라고 한다. 다음 그림에서는 6회의 이탈이 있는데, 이탈직후 고객수가 n명인 것이 3회, $n-1$명인 것이 3회 있다.

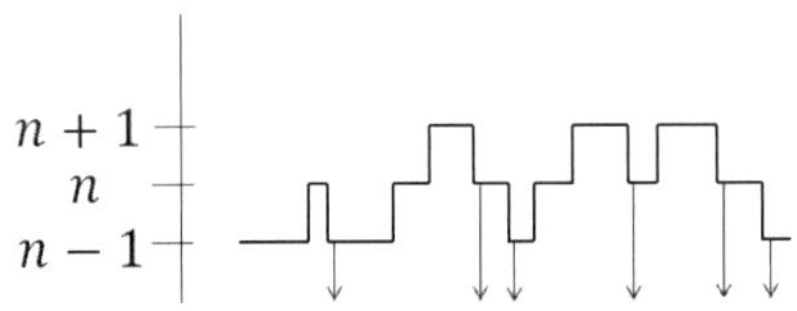

[그림 6.13] 이탈직후 시점들

한 명씩 도착하고 서비스도 한 명씩 이루어지는(즉 이탈이 한 명씩 이루어지는) 무한용량의 대기행렬 시스템에서는 $a_n = d_n$이다. 이를 버크의 정리(Burke's theorem)라고 한다.

다음 그림에서 화살표(↑)의 직전 시점의 시스템 상태가 도착시점 상태들이며 화살표(↓)의 직후 시점이 이탈시점 상태들이다.

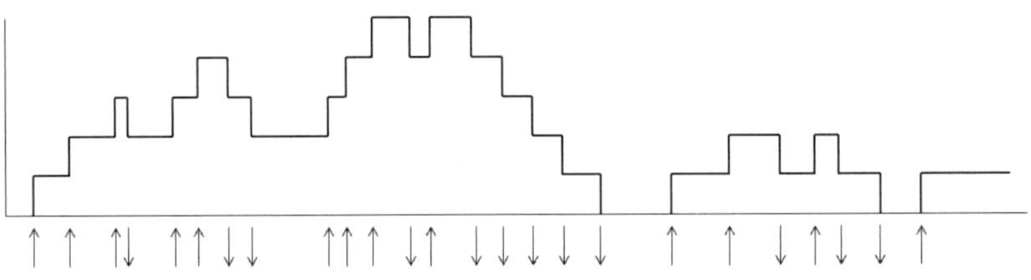

[그림 6.14] 도착시점과 이탈시점

$\{N(t), t \geq 0\}$ 의 표본경로 그래프에서 장기적으로 볼 때 $n \to n+1$로 올라가는 점프의 개수는 $n+1 \to n$으로 내려가는 점프의 개수와 같아야 할 것이며 이에 따라 버크의 정리가 타당함을 알 수 있다. PASTA와 버크의 정리에 의해 $M/G/s$ 대기행렬 시스템의 경우에는 $p_n = a_n = d_n$가 성립한다.

6.5 마코비안 대기행렬 시스템

도착과정이 포아송 과정이고 서비스 시간이 지수확률변수인 대기시스템을 마코비안 대기행렬시스템이라고 한다. 이는 고객수 과정 $\{N(t), t \geq 0\}$ 이 마코프 성질을 가지기 때문이다. 이 특성으로 인해 마코비안 대기행렬시스템은 분석이 쉽고 모형에 따라 분석방법이 크게 달라지지 않는다.

(1) $M/M/1$ 대기시스템

도착과정이 도착률 λ의 포아송 과정이며 서비스 시간이 평균 $1/\mu$인 지수분포이며 단일 서버, 무한용량의 대기시스템이다. 고객수 과정 $\{N(t), t \geq 0\}$는 상태공간이 $\{0,1,2,\cdots\}$이고 출생률이 $\lambda_k = \lambda$이며 사멸률이 $\mu_k = \mu$인 출생사멸과정이다. 전이율 다이어그램은 다음과 같다.

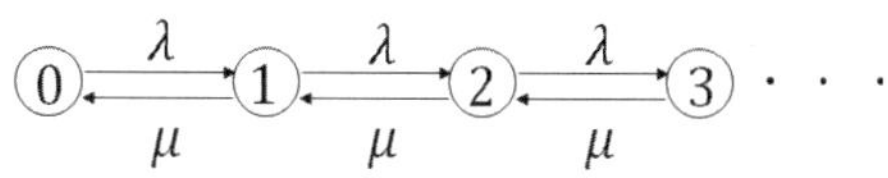

평형방정식에 의해 안정상태 확률 $p_n = \lim_{t \to \infty} P(N(t) = n) = P(N = n)$은 다음과 같다.

$\lambda p_0 = \mu p_1,$
$(\lambda + \mu)p_1 = \lambda p_0 + \mu p_2,$
$(\lambda + \mu)p_2 = \lambda p_1 + \mu p_3,$
$\cdots$

경계조건인 $p_0 + p_1 + \cdots = 1$ 과 함께 이를 정리하면

$p_0 = 1 - \rho = 1 - \lambda/\mu,$

$p_n = (1-\rho)\rho^n = (1 - \lambda/\mu)(\lambda/\mu)^n, n = 0,1,2,\cdots,$

그리고 안정상태 조건은 $\lambda < \mu$, 즉 $\rho < 1$이다.

(i) 주요 성능척도들

$$L = \sum_{n=0}^{\infty} (1 - \lambda/\mu)(\lambda/\mu)^n = \frac{\lambda}{\mu - \lambda} = \frac{\rho}{1-\rho},$$

$$W = \frac{1}{\lambda} L = \frac{1}{\mu - \lambda},$$

$$W_q = W - \frac{1}{\mu} = \frac{\lambda}{\mu(\mu-\lambda)},$$

$$L_q = L - \rho = \lambda W_q = \frac{\lambda^2}{\mu(\mu-\lambda)}.$$

$$P(\text{server idle}) = p_0 = 1-\rho = 1-\frac{\lambda}{\mu},\quad P(\text{server busy}) = 1-p_0 = \rho = \frac{\lambda}{\mu}.$$

참고 W와 L_q는 리틀의 정리를 사용하였다. 그리고 $L_q = 0\times(p_0+p_1)+1\times p_2+2\times p_3+\cdots$와 같이 구해도 된다.

참고 마코비안 대기모형에서는 각종 성능척도들을 구하기 위한 분석이 유사한데, 대개 다음과 같은 절차를 따른다.

① 고객수 확률과정 $\{N(t), t\geq 0\}$에 대한 전이율 다이어그램을 그린다.

② 평형방정식을 세우고 연립방정식을 풀어서 안정상태확률 p_n을 구한다.

③ 평균고객수 L을 구한다.

④ 리틀의 정리 등을 사용하여 $L\to W\to W_q\to L_q$의 순서로 구한다.

예 6.9

NC 공작기계에 부품이 $M/M/1$ 방식으로 도착하는데 시간당 $\lambda=9$개가 오고 부품을 한 개 가공하는 데에는 평균 6분이 걸린다. 각종 성능척도들을 구해보자.
서비스율은 시간당 $\mu=10$이며 $\rho=\lambda/\mu=0.9<1$이므로 안정상태 조건을 만족한다.

$L=\frac{\rho}{1-\rho}=9$(개), $L_q=L-\rho=8.1$(개), $W=\frac{1}{\mu-\lambda}=1$(시간), $W_q=W-\frac{1}{\mu}=0.9$(시간),

기계가동률 = Pr(server busy)$=\frac{\lambda}{\mu}=0.9$, 기계유휴율 = 0.1. □

예 6.10

우체국에 시간당 10명의 고객이 포아송 과정으로 도착하며 이들의 서비스 시간은 평균 1분 30초의 지수분포이다. 직원은 1명이며 대기공간은 매우 넓다. 다음에 답하라.

(a) 고객이 도착했을 때 다른 고객 1명이 서비스를 받고 있을 확률을 구하라.

(b) 누군가가 서비스를 받고 있을 때, 즉 바쁜 기간동안 시스템내 평균 고객수는 얼마인가?

풀이

(a) $\lambda=10$이고 $\mu=40$이다. 구하는 확률은 PASTA에 의해 임의시점 확률 p_1과 동일하다. 따라서 $p_1=(1-\lambda/\mu)(\lambda/\mu)=0.75\times 0.25=0.1875$이다. □

(b) 구하는 값은 $E(N|N>0)$이다.

$$E(N|N>0) = \sum_{n=0}^{\infty} nP(N=n|N>0) = \sum_{n=0}^{\infty} n\frac{P(N=n, N>0)}{P(N>0)}$$
$$= \frac{\mu}{\lambda}\sum_{n=1}^{\infty} nP(N=n) = \frac{\mu}{\lambda}\left(1-\frac{\lambda}{\mu}\right)\sum_{n=1}^{\infty} n\left(\frac{\lambda}{\mu}\right)^n = \frac{\mu}{\mu-\lambda} = 1.333. \quad \square$$

(ii) 바쁜 기간의 평균길이

서버가 바쁜 기간의 길이를 B라고 하자. 첫 고객이 도착하면 바쁜 기간이 시작된다. 첫 고객의 서비스 시간의 평균은 $E(S)$이고 이 고객에게 서비스를 제공하는 동안 평균 $\lambda E(S)$ 명의 고객이 온다. 이들을 모두 서비스하는 데에 걸리는 시간은 $(\lambda E(S))E(S) = \lambda E(S)^2$이고, 이 시간 동안 $\lambda(\lambda E(S)^2)$명의 고객이 온다. 이와 같은 방식으로 총 서비스 시간을 다음과 같이 모두 더하면 바쁜 기간의 평균이 된다.

$$E(B) = E(S) + (\lambda E(S))E(S) + (\lambda(\lambda E(S))E(S))E(S) + \cdots$$
$$= E(S)(1 + \lambda E(S) + \lambda^2 E(S)^2 + \cdots) = \frac{E(S)}{1-\lambda E(S)} = \frac{1}{\mu-\lambda}.$$

참고 $E(B)$를 구하는 과정에서는 서비스 시간의 분포를 활용하지 않았으므로 위 식은 $M/G/1$ 시스템에서도 성립한다.

예 6.11

바쁜 기간이 시작될 때 두 명의 고객으로부터 시작되었다고 가정하면 $E(B)$는 다음과 같이 바꾸면 된다.

$$E(B) = 2E(S) + (\lambda 2E(S))E(S) + (\lambda(\lambda 2E(S))E(S))E(S) + \cdots$$
$$= 2E(S)(1 + \lambda E(S) + \lambda^2 E(S)^2 + \cdots) = \frac{2E(S)}{1-\lambda E(S)} = \frac{2}{\mu-\lambda}.$$

바쁜 기간이 $k\ (k \geq 1)$명의 고객으로부터 시작된다면 $E(B) = \dfrac{kE(S)}{1-\lambda E(S)} = \dfrac{k}{\mu-\lambda}$이다. □

(iii) 체재시간과 대기시간의 분포

(i)에서는 임의 고객의 평균 체재시간 $W(=E(T))$와 평균 대기시간 $W_q(=E(T_q))$만을 구했는데 이들의 확률분포를 구하기 위해서는 PASTA를 활용해야 한다.

<u>대기시간 T_q의 분포</u>:

PASTA에 의해 임의시점 확률과 도착시점 확률이 같으므로(즉 $a_n = p_n$),

– 특정한 한 고객이 도착할 때 시스템이 비어 있을 확률은 $p_0 = 1-\rho$,

– 고객 도착시 시스템 내에 $k(\geq 1)$명이 있을 확률은 $p_k = (1-\rho)\rho^k,\ k=1,2,\cdots$ 이다. 각 경우에 도착하는 고객이 서비스를 받을 때까지 대기하는 시간 T_q는

$$T_q = \begin{cases} 0, & \text{확률 } p_0, \\ S_R + S_1 + \cdots + S_{k-1}, & \text{확률 } p_k. \end{cases}$$

여기서 S_R은 현재 서비스를 받고 있는 고객의 나머지 서비스 시간, $S_i, i=1,\cdots,k-1$은 대기중인 고객들의 서비스 시간이다. 지수분포의 기억상실 성질에 의해 이들은 모두 모수 μ의 지수분포이며, 지수확률분포의 중합은 얼랑 확률변수임을 상기하면(제 1장의 1.6절 참조), 결과적으로 T_q의 확률분포는 다음과 같다.

$$\begin{aligned} P(T_q \leq t) &= p_0 P(0 \leq t) + \sum_{k=1}^{\infty} p_k Er(k,\mu) = (1-\rho)1 + \sum_{k=1}^{\infty}(1-\rho)\rho^k \times \int_0^t \frac{\mu(\mu x)^{k-1}e^{-\mu x}}{(k-1)!}dx \\ &= 1-\rho + \int_0^t (1-\rho)\rho\mu e^{-\mu x}\sum_{k=1}^{\infty}\frac{(\rho\mu x)^{k-1}}{(k-1)!}dx = 1-\rho+\int_0^t(1-\rho)\rho\mu e^{-\mu x}e^{\rho\mu x}dx \\ &= 1-\rho+\rho\int_0^t(1-\rho)\mu e^{-(1-\rho)\mu x}dx = 1-\rho+\rho(1-e^{-(1-\rho)\mu t}) = 1-\rho e^{-(\mu-\lambda)t}, \quad t \geq 0. \end{aligned}$$

<u>체재시간 T의 분포</u>:

체재시간은 임의 고객이 도착후 서비스를 받고 이탈할 때까지의 시간이다. 따라서 $T = T_q + S$의 관계가 있으며, T_q와 S는 서로 독립이므로 중합을 이용하면

$$\begin{aligned} P(T \leq t) &= P(T_q + S \leq t) \\ &= \int_0^t P(T_q \leq t-s \mid S=s)P(S=s) = \int_0^t (1-\rho e^{-(\mu-\lambda)(t-s)})\mu e^{-\mu s}ds \\ &= \cdots = 1-e^{-(\mu-\lambda)t}, \quad t \geq 0, \end{aligned}$$

또는 $$T = \begin{cases} S, & \text{확률 } p_0, \\ S_R + S_1 + \cdots + S_{k-1} + S, & \text{확률 } p_k. \end{cases}$$

이므로 대기시간의 경우와 마찬가지의 방법으로 구할 수 있다.

참고 확률분포함수에서 보듯이 T_q는 지수확률변수가 아니고 T는 지수확률변수이다.

(iv) 교통밀도와 성능과의 관계

$M/M/1$ 대기시스템에서 $\mu=1$로 고정하고 λ를 0부터 0.95까지 변화시켜 가면 이에 따라 교통밀도 $\rho=\lambda/\mu$도 0~0.95로 변화한다. 평균고객수 L과 교통밀도 $\rho=\lambda/\mu$ 간의 그래프를 그려보면 다음 그림과 같다.

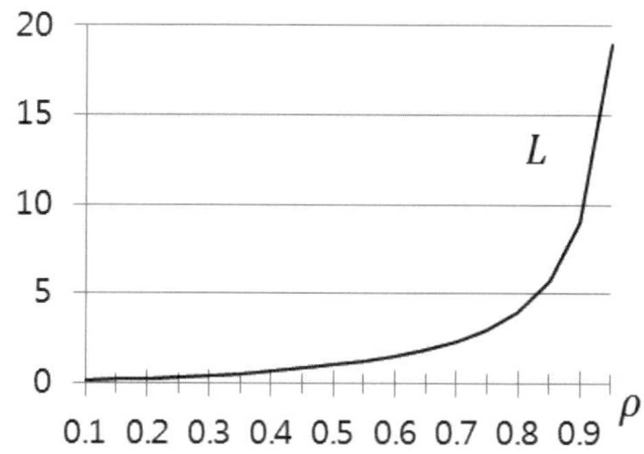

[그림 6.15] $M/M/1$의 교통밀도와 평균고객수

교통밀도가 0.75 정도를 넘어서면, 즉 고객 도착률이 증가하여 서비스율의 75% 부근을 넘게 되면 평균고객수는 급격하게 상승하며 이에 따라 평균 체재시간과 대기시간도 크게 증가한다. 서비스 시스템에 가해지는 부하량은 서비스 용량의 75% 정도를 넘지 않게 하는 것이 적당하며 이를 초과하면 시스템의 성능이 급격히 악화된다고 해석할 수 있다.

예 6.12

(예 6.9)를 다시 보자. 부품의 도착률이 시간당 $\lambda' = 9.45$개로 5% 상승하였다고 하자. 평균 대기시간 W_q는 얼마나 늘어나는가?
새로운 시스템에서 $W_q' = W' - 1/\mu = 1/(10-8.8) - 1/10 = 1.72$이고 $W_q = 0.9$이었으므로 $(1.72-0.9)/0.9 = 0.91$, 즉 91%가 증가한다. 이와 같은 현상은 교통밀도 ρ가 0.9, 새로운 시스템에서 ρ'는 0.945로 매우 높기 때문이다. 즉, 바쁜 시스템일수록 도착률의 작은 변화도 시스템에 미치는 영향은 매우 커진다. □

(v) N-정책이 있는 $M/M/1$ 대기시스템의 최적화

다음과 같이 변형된 $M/M/1$ 대기시스템을 생각하자. 서버는 모든 고객을 서비스한 후 유휴하다. 유휴기간동안 도착한 고객수가 $N(N \geq 1)$ 명이 되면 서버는 가동을 시작하고 시스템이 비게 될 때까지 서비스를 제공한다. $N=1$이면 보통의 $M/M/1$ 시스템과 같다. 이를 N-정책이라고 하며, 이는 서버의 재가동(set-up)에 비용이 발생하는 경우 재가동비용을 줄이기 위한 목적으로 채택될 수 있다. 즉, N이 커질수록 서버의 재가동 횟수는 줄어들지만 고객들의 대기시간은 늘어날 것이다.

재가동 비용과 고객들의 대기시간에 따른 비용을 상호보완할 수 있는 최적의 N^*값을 구하기 위해 단위시간당 운용비용을 구해보자. 이를 위해 한 사이클의 길이, 즉 유휴기간의 길이와 바쁜 기간의 길이의 합을 구한 후, 서버의 재가동 비용과 고객이 시스템에 머무는 비용의 합을 사이클의 길이로 나눈다. 고객 도착률은 λ, 서비스율은 μ이며 서버의 재가동 비용을 C_s, 고객의 시스템 체재비용이 고객당 단위시간당 C_h이라고 하자. 서버 재가동 비용은 한 사이클에 한 번 발생한다.

서버가 유휴한 기간의 길이 I 는 N명의 고객이 도착할 때까지의 시간이고 고객들의 도착간격은 평균이 $1/\lambda$이므로 $E(I)$는 다음과 같다.

$E(I) = N \times 1/\lambda = N/\lambda$.

또한 N명의 고객으로 바쁜 기간이 시작되므로 바쁜 기간의 평균길이 $E(B)$는 (예 6.11)에서 보았듯이 $N/(\mu-\lambda)$이다. 따라서 한 사이클의 길이 $E(Cycle)$는 다음과 같다.

$$E(Cycle) = E(I) + E(B) = N\left(\frac{1}{\lambda} + \frac{1}{\mu-\lambda}\right).$$

한편, N-정책이 있는 $M/M/1$ 대기시스템의 평균고객수 L_N은 다음과 같이 N-정책이 없는 보통의 $M/M/1$ 대기시스템의 평균고객수 $L_{M/M/1}$과 서버의 유휴기간동안의 평균고객수 $(N-1)/2$의 합이다.

$$L_N = L_{M/M/1} + \frac{N-1}{2} = \frac{\lambda}{\mu-\lambda} + \frac{N-1}{2}.$$

이를 확률적 분해성질(stochastic decomposition)이라고 하며 Fuhrmann and Cooper (1985)에 의해 증명이 되었다. 자세한 사항은 본서의 범위를 벗어나므로 생략하며 그림을 통해서 직관적으로 설명한다.

시스템내에 있는 고객의 수는 서비스 순서와는 무관하다는 점에 착안하여 서비스를 다음과 같은 순서로 한다고 가정하자: 바쁜 기간이 시작될 때의 대기고객 N명을 '시작고객'이라고 하자. 시작고객 중 하나를 선택하여 서비스하고 나서 그 동안 도착한 고객들, 즉 자손(descendant)들을 서비스한다. 이 자손들을 서비스하는 동안 도착한 자손의 자손들을 또 서비스 하고 더 이상 자손이 없을 때까지 모든 고객들을 서비스한다(첫 번째 바쁜 기간).

다시 시작고객중 하나를 선택하고 그와 그 자손들을 서비스한다(두 번째 바쁜 기간).

이와 같이 하여 시작고객이 없을 때까지 반복하면 N 번째 바쁜 기간을 끝으로 모든 바쁜 기간이 끝난다. 이를 그림으로 표현하면 다음과 같다.

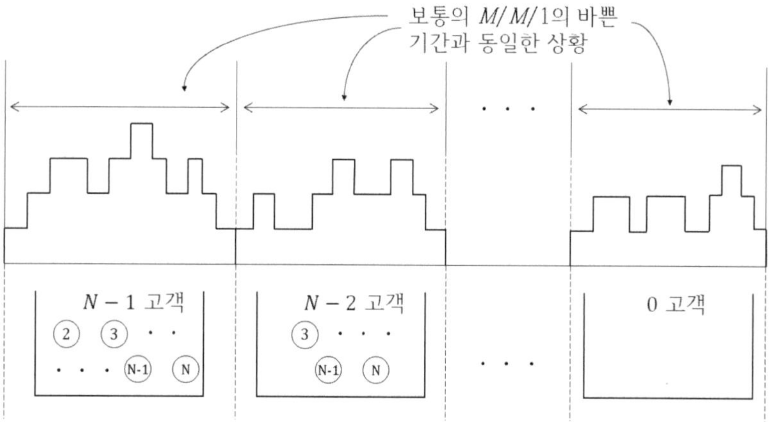

[그림 6.16] N-정책이 있는 $M/M/1$ 대기시스템의 바쁜 기간

그림에서 각 부분구간들은 보통의 $M/M/1$ 시스템에서의 바쁜 기간과 동일한 표본경로를 가지므로 각 부분구간에서의 평균고객수는 보통의 $M/M/1$에서 바쁜 기간동안의 평균고객수 $E(N|N>0)=\dfrac{\mu}{\mu-\lambda}$와 같다((예 6.10) 참조). 따라서

첫 번째 바쁜 기간 동안의 평균고객수는 $\dfrac{\mu}{\mu-\lambda}+N-1$,

두 번째 바쁜 기간 동안의 평균고객수는 $\dfrac{\mu}{\mu-\lambda}+N-2$,

……

마지막 바쁜 기간 동안의 평균고객수는 $\dfrac{\mu}{\mu-\lambda}+0$,

결과적으로 이들을 모두 더해서 구간의 수 N으로 나누어 주면 바쁜 기간동안의 평균 고객수는 $\dfrac{\mu}{\mu-\lambda}+\dfrac{N-1}{2}$이다. 또한 유휴기간동안의 평균고객수는 $(N-1)/2$이므로((예 2.16)을 참고할 것), 결과적으로 다음을 얻는다.

$$
\begin{aligned}
L_N &= (\text{유휴확률})\times\frac{N-1}{2}+(\text{바쁠확률})\times\left(\frac{\mu}{\mu-\lambda}+\frac{N-1}{2}\right)\\
&= (1-\rho)\times\frac{N-1}{2}+\rho\times\left(\frac{\mu}{\mu-\lambda}+\frac{N-1}{2}\right)\\
&= \frac{\lambda}{\mu-\lambda}+\frac{N-1}{2}.
\end{aligned}
$$

이제 단위시간당 총 평균 운용비용은 다음과 같다.

$$TC(N)=\frac{C_s}{E(Cycle)}+L_N C_h=C_s\frac{\lambda(\mu-\lambda)}{N\mu}+\left(\frac{\lambda}{\mu-\lambda}+\frac{N-1}{2}\right)C_h,$$

이를 N의 함수로 보고 최솟값을 구하면 $N^* = \sqrt{2\lambda(1-\rho)C_s/C_h}$ 이다. N은 정수이어야 하므로 N^*에 인접한 두 정수 가운데 $TC(N)$이 더 작은 N을 택하면 된다.

참고 최적의 N^*를 구하는 식은 N–정책을 가지는 $M/G/1$ 대기시스템에서도 동일하다. 따라서 서비스 시간의 분포를 알지 못해도 평균값만 알면 공식을 적용할 수 있다.

예 6.13

(예 6.9)를 다시 본다. NC 공작기계의 부품 도착률은 시간당 $\lambda = 9$개가 오고 부품 가공시간은 평균 6분($\mu = 10$)이다. $C_s = 500$이고 $C_h = 10$일 때 최적의 N을 구하라.

$N^* = \sqrt{2\lambda(1-\rho)C_s/C_h} = \sqrt{2\times 9(1-0.9)500/10} = 9.49$ 이다.

$TC(9) = 180$, $TC(10) = 180$ 이므로 최적의 N 값은 9 또는 10이다. □

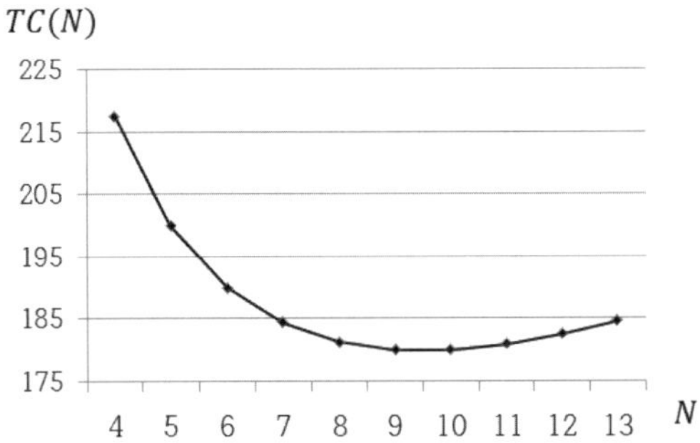

[그림 6.17] (예 6.13)의 단위시간당 총 평균 운용비용

(2) $M/M/1/K$ 대기시스템

분석 절차는 $M/M/1$ 시스템과 동일하다. 대기공간이 제한되어 있어서 시스템 내에는 최대 K명의 고객이 가능하므로 $\{N(t), t \geq 0\}$ 의 고객수 과정의 상태공간은 $\{0,1,2,\cdots,K\}$ 이며 전이율 다이어그램은 다음과 같다.

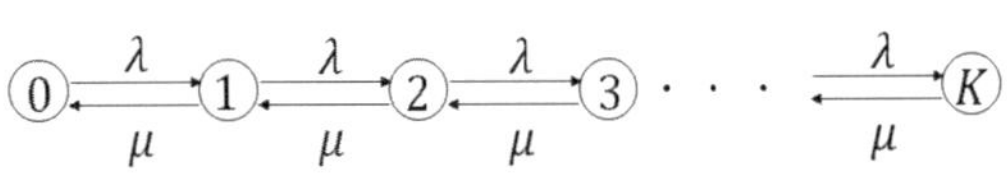

시스템내 최대 고객수가 제한되어 있으므로 안정상태 조건이 필요하지 않다. 평형방정식을 세우고 안정상태 확률분포 p_n, $n = 0,1,2,\cdots,K$를 구하면 다음과 같다.

$$p_n = \begin{cases} \dfrac{(1-\rho)\rho^n}{1-\rho^{K+1}}, & \rho \neq 1, \\ \dfrac{1}{K+1}, & \rho = 1. \end{cases}$$

시스템에 도착하는 고객들은 실제로 합류 여부와 상관없이 포아송 과정이다. 도착 고객이 시스템 내에 K명이 있는 상태를 볼 확률은 PASTA에 의해 p_K이며 이를 차단확률(blocking probability)라고 한다. 실제 입력률은 $\lambda_e = \lambda(1-p_K)$이다.

p_n을 이용하여 L, W, W_q, L_q 등의 성능값들을 구하는 것은 독자들에게 맡긴다.

참고 실제로 시스템에 입력하는 고객들의 입력과정(input process)은 포아송 과정이 아니다.

참고 $K=\infty$인 $M/M/1$ 대기시스템의 경우 $p_n = (1-\rho)\rho^n$이며 상태공간은 $n = 0,1,2,\cdots$이다. 따라서 $M/M/1/K$ 시스템의 안정상태 고객수 확률분포 $p_n(M/M/1/K)$는 $M/M/1$ 시스템의 안정상태 고객수 확률분포 $p_n(M/M/1)$를 상태공간 $\{0,1,2,\cdots,K\}$로 축소하고 정규화한 것(분모의 $1-\rho^{K+1}$는 $M/M/1$의 $p_0+p_1+\cdots+p_K = 1-\rho^{K+1}$ 임)이라고 생각할 수 있다.

예 6.14

대기공간이 없는 시스템이면 $M/M/1/1$으로 모형화가 가능하다. 이 때 $p_0 = \mu/(\lambda+\mu)$, $p_1 = \lambda/(\lambda+\mu)$이다. 즉 p_0는 한 고객이 도착한 후 그 고객에 대한 서비스가 끝나도 다음 고객이 도착하지 않을 확률이므로 서비스 시간이 도착간격보다 짧을 확률이며 p_1은 그 반대이다. $\lambda=\mu$라면 $p_0 = p_1 = 1/2$이다. □

예 6.15

$M/M/1/K$ 시스템으로 모형화한 머시닝센터가 있다. 가공 속도가 시간당 μ일 때 $C\mu$의 운용비용이 발생하며, 생산한 제품은 개당 r의 수익이 발생한다. 총 이익을 최대로 하려면 가공 속도를 얼마로 해야 하는가?

풀이

제품이 생산되는 속도는 시간당 $(1-p_K)\mu$이므로 $\mu \neq \lambda$라는 조건하에 단위시간당 이익은 다음과 같다.

$$\text{profit} = (1-p_K)\mu r - C\mu = \frac{\rho(1-\rho^K)}{1-\rho^{K+1}}\mu r - C\mu = \frac{\lambda\mu(\mu^K - \lambda^K)}{\mu^{K+1}-\lambda^{K+1}} r - C\mu,$$

이를 μ의 함수로 보고 이 함수의 최댓값을 구한다.

$\mu = \lambda$이면 $profit = \dfrac{K}{K+1}\mu r - C\mu$이므로 두 값을 비교하여 최댓값과 최적의 μ를 결정한다. □

예 6.16

대기공간의 크기에 따라 평균 대기시간은 크게 달라진다. 다음 그래프에서 보는 것과 같이 대기공간이 클수록 많은 고객들이 들어올 수 있으므로 대기고객이 많아지며 이로써 고객들의 평균 대기시간은 급격히 늘어나며, 반면 대기공간이 작으면 시스템에 들어오지 못하는 고객이 많지만 일단 들어온 고객들의 대기시간은 상대적으로 작다.

실시간 전송이 필요한 통신망에서는 전송노드에 합류한 패킷이 전송을 위해 오래 기다리지 않고 다른 노드로 우회하도록 교환설비의 메모리 용량을 작게 조절함으로써 전송 대기시간을 줄이고 있다. ◻

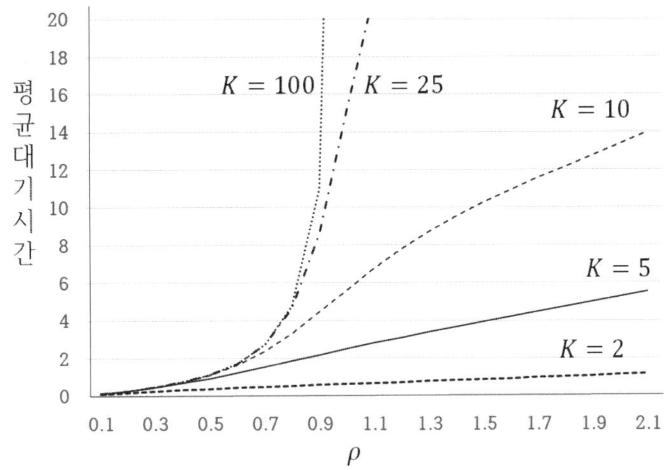

[그림 6.18] 대기공간의 크기와 대기시간의 관계

예 6.17

다음 그래프는 제공부하량에 따른 서버 활용도를 여러 가지 K값에 따라 나타낸 것이다. 그림에서 보는 것처럼, 대기공간이 많을수록, 그리고 제공부하(λ/μ)가 높아짐에 따라 고객이 시스템에 들어갈 확률이 높아진다. 제공부하가 0.7 이하인 경우에는 대기공간이 10 이상이면 대기공간의 크기에 따라 차단확률의 변화가 거의 없으므로 바쁘지 않은 시스템에서는 불필요하게 많은 대기공간을 둘 필요가 없다.

하지만 제공부하가 0.7 이상일 경우에는 대기공간의 크기에 따라 차단확률에 차이가 생기며 성능척도들에도 영향을 미치게 된다. 이와 같은 현상은 제공부하가 높은 시스템일수록 더 심해진다. 따라서 바쁜 시스템일수록 대기공간의 크기가 성능에 미치는 영향이 민감해 진다. ◻

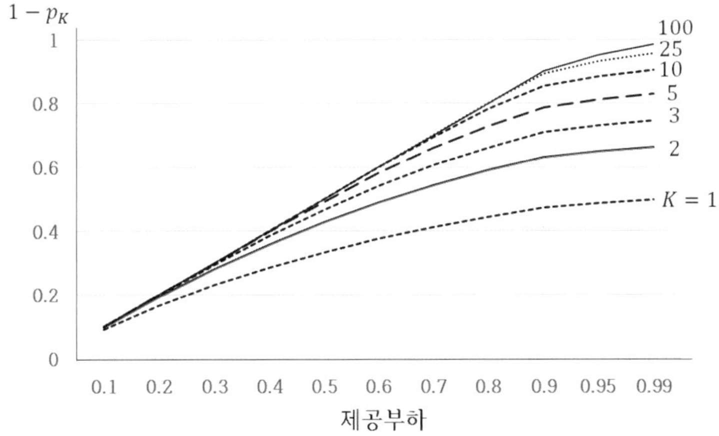

[그림 6.19] 제공부하량에 따른 서버 활용도의 관계

(3) $M/M/c$ 대기시스템

고객은 도착률 λ의 포아송 과정으로 도착하고 총 c명의 서버가 있으며 이들 서버들은 서비스율이 동일한 μ이며 서로 독립이다. 고객수가 c명 이상이면 모든 서버가 바쁘므로 최대 서비스율인 $c\mu$의 속도로 서비스가 이루어지지만 고객수가 c명 이하이면 유휴한 서버가 있어서 서비스율은 고객수$\times\mu$로 낮아진다. 다음의 전이율 다이어그램을 참고하자.

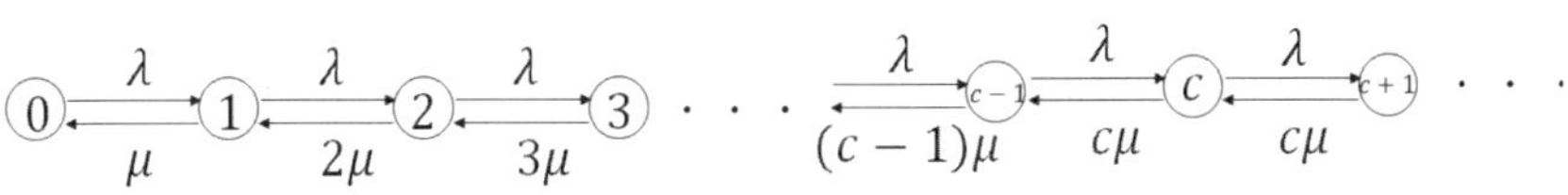

이를 바탕으로 안정상태 방정식을 세우고 풀면 다음과 같다.

$$0: \lambda\nu_0 = \mu\nu_1,$$
$$1: (\lambda+\mu)\nu_1 = \lambda\nu_0 + 2\mu\nu_2,$$
$$2: (\lambda+2\mu)\nu_2 = \lambda\nu_1 + 3\mu\nu_3,$$
$$3: (\lambda+3\mu)\nu_3 = \lambda\nu_2 + 3\mu\nu_4,$$
$$\cdots$$

안정상태 조건은 $\rho = \lambda/c\mu < 1$ 이며, 안정상태 확률분포는 다음과 같다.

$$p_n = \begin{cases} \dfrac{(c\rho)^n}{n!}p_0, \ n = 0, 1, \cdots, c, \\ \dfrac{c^c\rho^n}{c!}p_0, \quad n = c+1, c+2, \cdots, \end{cases}$$

$$p_0^{-1} = \frac{(c\rho)^c}{c!(1-\rho)} + \sum_{k=0}^{c-1} \frac{(c\rho)^k}{k!}.$$

L, L_q, W, W_q 등 성능값들은 p_n과 리틀의 정리로부터 구할 수 있다.

$$L_q = \sum_{k=c}^{\infty}(k-c)p_k = \frac{\rho(c\rho)^c}{c!(1-\rho)^2}p_0,$$

$$L = L_q + \lambda/\mu,$$

$$W = (1/\lambda)L,$$

$$W_q = W - 1/\mu.$$

제공부하(=처리부하) $a = \lambda/\mu$는 바쁜 서버의 수의 평균이기도 하며, 교통밀도 $\rho = \lambda/c\mu$는 임의의 서버가 바쁠 확률이다.

참고 $M/M/c$에서 $\rho = \lambda/c\mu$가 1에 근접하다면(즉, 교통밀도가 높다면) L_q는 $M/M/1$의 $L_{q,M/M/1} = \frac{\rho^2}{1-\rho}$에 $\rho = \lambda/(c\mu)$를 대입해서 근사할 수도 있다. 이를 과부하근사법(heavy traffic approximation)이라고 한다. 나머지 L, W, W_q는 이전 방법과 동일하게 구하면 된다.

예 6.18

$\lambda = 9,\ \mu = 5$인 $M/M/2$ 시스템이 있다. L_q 값을 구해 보자. $\rho = 9/2 \times 5 = 0.9$이므로 교통밀도가 높은 편이다.

$p_0^{-1} = \frac{1.8^2}{2 \times (1-0.9)} + 1 + 1.8 = 19$이므로 $L_q(M/M/2) = \frac{0.9 \times 1.8^2}{2(1-0.9)^2} \times \frac{1}{19} = 7.7$이다.

이를 과부하근사법을 사용하여 $M/M/1$의 L_q로 근사하면 $L_q(M/M/2) \approx \frac{0.9^2}{1-0.9} = 8.1$이다. 이를 바탕으로 다른 성능값들을 구하면

$W_q = L_q/9 = 0.9,\ W = W_q + 1/5 = 1.1,\ L = 9 \times W = 9.9$ 이다. □

(4) $M/M/c$와 여러 $M/M/1$ 시스템의 성능 비교

다음 그림에서 보는 세 가지 대기시스템을 고려하자.

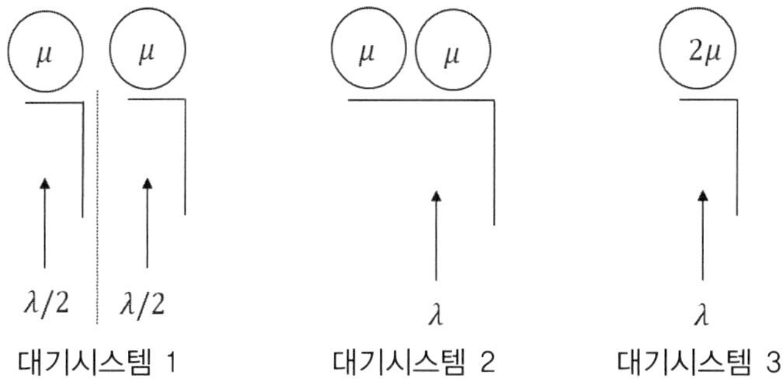

[그림 6.20] 성능 비교를 위한 세 대기시스템

대기시스템 1은 서로 독립이면서 동일한 두 개의 $M/M/1$ 시스템인데, 도착과정이 각각 $\lambda/2$이고 서비스율이 μ이며 한 명씩의 서버가 있다. 이 시스템은 도착하는 고객들이 두 서버 앞에 두 줄로 각줄서기를 하며, 도착하는 고객은 두 줄 중 하나를 선택하고 줄 간에 이동은 없는 형태이다. 이와 같은 시스템에서 독자들은 두 줄 중 하나를 (잘못) 선택하여 운 나쁘게 더 오래 기다렸던 경험이 있을 것이다.

대기시스템 2는 첫째 시스템을 하나로 합친 모양새다. 한줄서기를 하며 도착률은 λ이고 서비스율이 각각 μ인 두 명의 서버가 있다.

시스템 3은 두 번째 시스템에서 두 서버의 능력을 하나로 합한 형태이다. 한줄서기를 하고 도착률은 λ이며 서비스율이 2μ인 서버 한 명이 있다.

세 시스템 모두 총 도착률은 λ이고 총 서비스율은 2μ이지만 성능에 있어서는 차이가 있음을 평균 체재시간을 통해 확인해 보자.

W_1, W_2, W_3를 위의 세 시스템의 평균 체재시간이라고 하면 $M/M/1$ 시스템과 $M/M/2$ 시스템의 성능척도 공식에 의해서 다음을 유도할 수 있다.

$$W_1 = \frac{2}{2\mu - \lambda}, \quad W_2 = \frac{4\mu}{4\mu^2 - \lambda^2}, \quad W_3 = \frac{1}{2\mu - \lambda},$$

안정상태 조건 $\lambda < 2\mu$을 만족한다고 보면, $4\mu > 2\mu + \lambda$이므로

$$W_2 = \frac{4\mu}{4\mu^2 - \lambda^2} = \left(\frac{4\mu}{2\mu + \lambda}\right)\left(\frac{1}{2\mu - \lambda}\right) > \frac{1}{2\mu - \lambda} = W_3,$$

또한 $2\mu + \lambda > 2\mu$이므로

$$W_1 = \frac{2}{2\mu - \lambda} > \left(\frac{2\mu}{2\mu + \lambda}\right)\left(\frac{2}{2\mu - \lambda}\right) = W_2,$$

따라서 $W_1 > W_2 > W_3$로 순서가 정해진다. 결론적으로, 보통의 서버보다는 서비스 시간이 빠른 단일 서버를 쓰면서 한줄서기로 하는 것이 가장 좋은 대기 성능을 보이며, 보통 능력의 서버가 있는 시스템을 각줄서기로 하는 것이 가장 성능이 좋지 않다.

예 6.19

((예 6.9)의 계속) 동일한 공작기계를 하나 추가로 사용한다고 하면 $M/M/2$ 시스템이 된다. $\lambda=9$ 이고 $\mu=10$이며 $\rho=\lambda/c\mu=0.45$이다.

$L=1.13$(개), $L_q=L-\lambda/\mu=0.23$(개), $W=\frac{1}{\lambda}L=0.125$(시간), $W_q=\frac{1}{\lambda}L_q=0.026$(시간),

기계유휴율 $p_0=0.379$, 바쁜 기계수의 평균 = 0.9(대).

이를 (예 6.9)의 결과와 비교하면, 기계를 한 대 추가함으로써 L와 L_q는 모두 8개 가까이 감소하며 평균 체재시간과 대기시간도 각각 87%나 감소한다. 이처럼 서버 하나가 추가됨으로써 얻는 효과는 매우 큰데, 이는 교통밀도가 높을수록 더 극적으로 나타난다. □

참고 경험법칙에 의하면, 고객의 대기에 따른 비용과 서버의 가동시간 비용이 같다고 가정한다면 서버 한 명을 추가함으로써 대기고객이 한 명 이상 감소해야 서버 추가의 의미가 있다고 본다. 위의 (예 6.19)의 경우에는 서버 1명을 추가함으로써 8명 정도의 대기고객이 감소하므로 추가하는 것이 매우 타당하다.

참고 $M/M/c$ 시스템에서 확률 $\sum_{k=c}^{\infty}p_k$는 서버의 수 c가 정해지면 제공부하 a에 의해 결정되는 값이며 이를 $C(c,a)$로 표시해서 얼랑 C-공식이라고 부른다. 이는 회선수가 c인 통신망에서 통신 요구량이 a 얼랑일 때 대기상황이 발생할 확률을 의미한다.

(5) $M/M/\infty$ 무한서버 모형

$M/M/c$ 모형의 안정상태 확률 p_n은 다소 복잡한 형태이며 이에 따라 각종 성능척도들도 복잡한 계산이 필요하다. 하지만 서버수 c가 큰 값이라면 $M/M/\infty$로 근사할 수 있으며 이 경우에는 안정상태 확률분포가 간단한 형태로 표현된다. $M/M/\infty$ 시스템의 고객수 과정의 전이율 다이어그램과 안정상태 방정식은 다음과 같다. 여기서 $a=\lambda/\mu$는 제공부하이다.

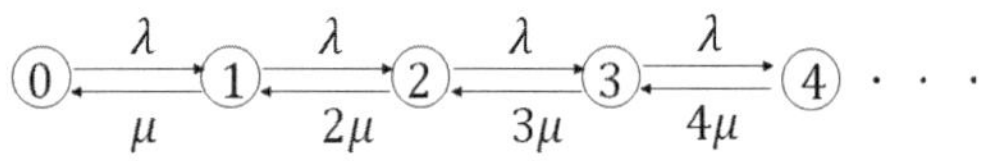

$$\lambda p_0=\mu p_1,$$
$$(\lambda+\mu)p_1=\lambda p_0+2\mu p_2,$$
$$(\lambda+2\mu)p_2=\lambda p_1+3\mu p_3,$$
$$\cdots\cdots$$

이를 풀면

$p_1 = a\, p_0,$
$p_2 = 1/2\, a\, p_1 = 1/2\, a^2 p_0,$
$p_3 = 1/3\, a p_2 = 1/(3 \cdot 2) a^3 p_0,$
$\cdots\cdots$
$p_n = 1/n!\, a^n p_0,$

경계조건 $\sum_{k=0}^{\infty} p_k = 1$을 사용하면 $p_0^{-1} = 1 + a + \frac{1}{2!}a^2 + \frac{1}{3!}a^3 + \cdots = \sum_{k=0}^{\infty} \frac{a^k}{k!} = e^a$이므로 결국 $p_n = \frac{a^n e^{-a}}{n!}$, $n = 0, 1, 2, \cdots$를 얻는다. 즉, 안정상태 고객수는 평균이 $a = \lambda/\mu$인 포아송 확률변수임을 알 수 있다. 따라서 각종 성능척도들을 쉽게 구할 수 있다.

$L = a = \lambda/\mu,\ \ W = 1/\mu,\ \ W_q = 0,\ \ L_q = 0.$

참고 $M/G/\infty$ 시스템에서 서비스 시간의 평균값 $E(S) = 1/\mu$이 동일하다면의 안정상태 확률분포 결과는 서비스 시간의 확률분포와 상관없이 동일함이 알려져 있다.

예 6.20

콜센터에 전화가 분당 50통의 포아송 과정으로 걸려오는데 통화시간은 평균 5분이다. 서버가 300명이 있다면 임의시점에서 평균적으로 몇 명이 통화중인가?

풀이

$M/G/300$ 모형이므로 $M/G/\infty$를 사용해서 근사한다. $\lambda = 50$이고 $1/\mu = 5$이므로 $L = 50/0.2 = 250$, 즉 상시적으로 250건의 통화가 진행되고 있다고 볼 수 있다. 하지만 현재 서버의 수는 300명이므로 아마도 이 시스템에서는 많은 직원들이 유휴한 상태일 것으로 보이며 고객들은 기다림없이 서비스를 받거나 그다지 많은 시간을 기다리지 않을 것으로 보인다. □

(6) $M/M/c$ 모형에서 적절한 서버수를 구하는 모형

콜센터나 통신망과 같이 여러 서버가 있는 $M/M/c$ 모형에서는 서버의 수 c를 늘리면 고객들의 대기시간이 줄어드는 등 서비스 품질(Quality of Service, QoS)이 향상되는 반면 시스템 운영비용이 늘어난다. 반대로 c를 작게 하면 비용은 적어지지만 QoS가 저하되므로 상호보완할 수 있는 적절한 서버수를 구하는 방법이 필요하다.

$M/M/\infty$ 대기시스템의 성능척도들이 상대적으로 간단한 형태임을 이용하여 $M/M/c$ 시스템에서 적절한 서버수를 근사적으로 결정할 수 있다. 이 방법은 c가 상대적으로 큰 모형에 적합하다. 적절한 서버수 c는 다음과 같이 표현할 수 있다:

$c = a + \Delta,$

여기서 $a=\lambda/\mu$는 제공로드이고 Δ는 고객 도착의 랜덤성에 의하여 일시적으로 대기시간이 증가하는 것을 완화할 추가공급 능력을 위한 서버수이다. 위의 (예 6.20)에서는 평균적으로 $L=\lambda/\mu=a=250$ 건의 통화가 상시적으로 진행되고 있으므로 여유 서버의 수는 50명이다.

적정 수준의 여유 서버의 수를 결정할 기준으로는 여러 가지가 있지만 여기서는 고객이 대기할 확률, 즉 얼랑 C-공식 $P_{wait}\equiv C(c,a)=\sum_{k=c}^{\infty}p_k$을 사용하기로 하자.

서버의 수가 많아서 $M/M/c$ 모형을 $M/M/\infty$로 근사하면 시스템내 고객수 N의 안정상태 확률분포는 $p_n=\frac{a^n e^{-a}}{n!}$, $n=0,1,2,\cdots$, 즉 평균이 a인 포아송 분포임을 보였다. 따라서 N의 평균과 분산 모두 a이다.

$P_{wait}=P(N\geq c)$는 포아송 확률분포표를 참조하여 구할 수 있으나 이보다는 정규분포로 근사하여 표준정규분포표를 활용하는 것이 더 편리할 수 있다. 즉, 시스템내 고객수 N을 평균과 분산이 모두 $a=\lambda/\mu$인 정규분포 $N(a,a)$로 근사한다.

$$P_{wait}=P(N\geq c)=P\left(Z\geq\frac{c-a}{\sqrt{a}}\right)=1-\Phi\left(\frac{c-a}{\sqrt{a}}\right),$$

표준정규분포표로부터 $\beta=\frac{c-a}{\sqrt{a}}$, 즉 $c=a+\beta\sqrt{a}$이다.

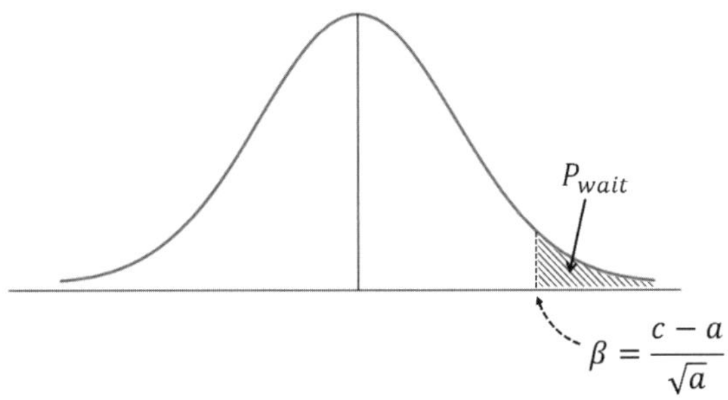

[그림 6.21] 서버수의 결정방법

예 6.21

콜센터 예제를 다시 보자. 전화 도착은 $\lambda=50$인 포아송 과정이고 통화시간은 평균이 $1/\mu=5$이다. 고객들이 대기할 확률을 5% 이하로 하고 싶다면 서버를 몇 명으로 두어야 하는가?

풀이

$a=50/(1/5)=250$이다. $P_{wait}=\Pr(N\geq c)=\Phi\left(\frac{c-a}{\sqrt{a}}\right)\leq 0.05$이므로 표준정규분포표를 활용하면

$\beta = \dfrac{c-a}{\sqrt{a}} > 1.645$,

$c > a + 1.645\sqrt{a} = 250 + 1.645\sqrt{250} = 276.01$이므로 $c \geq 277 = 250 + 27$이다. 따라서 서버수를 277명으로 하는데 이 경우 여유 서버는 27명이다. □

예 6.22

아래의 표는 서버의 수를 $c = a + \beta\sqrt{a}$로 할 때, 다양한 β 값에 따라 고객이 대기확률이 어떻게 변화하는지 나타낸다.

β	0.1	0.3	0.5	0.7	1.0	1.1	1.2	1.3	1.5	1.645	2.0
$\Pr(N \geq c)$	0.46	0.38	0.31	0.24	0.16	0.14	0.12	0.10	0.07	0.05	0.02

따라서 $\beta = 1$, 즉 $c \geq a + \sqrt{a}$이면 대기확률을 16% 이하로 줄일 수 있다. □

(7) $M/M/c/K$와 $M/M/c/c$ 시스템

$M/M/c/K$ 시스템은 $M/M/c$ 시스템의 고객수 상태공간을 K 까지 한정하여 분석하면 된다. 다이어그램은 다음과 같으며 안정상태 확률분포 $p_n (n = 0, 1, \cdots, K)$와 각종 성능척도들을 구하는 과정은 앞선 모형의 경우와 유사하므로 자세한 유도과정은 생략한다.

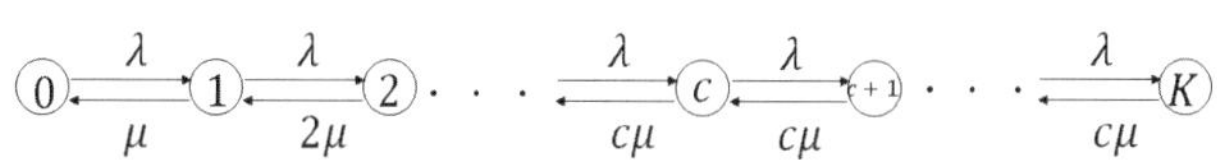

참고 용량이 제한되어 있으므로 안정상태 조건은 필요없으며, 당연하지만 $c > K$ 인 경우는 $M/M/K/K$와 다를 바 없다. 또한 차단확률은 p_K임은 앞의 경우와 동일하다.

$M/M/c/K$의 특수한 경우로, $M/M/c/c$ 모형은 서버수가 c이며 대기공간이 없다. 이 모형은 특히 회선수가 c일 때 모든 회선이 다 사용중이어서 새로운 통신 요구가 차단될 확률(즉 불통확률)을 나타내는 얼랑 B-공식 또는 얼랑 손실공식(Erlang's loss formula)을 제공하는 모형이다. 얼랑 B-공식 $B(c, a)$은 다음과 같다.

$$B(c, a) \equiv p_c = \frac{a^c/c!}{\sum_{k=0}^{c} a^k/k!}, \quad a = \lambda/\mu.$$

얼랑 B-공식은 $M/G/c/c$모형에 대해서도 동일하다. 여러 c값에 대하여 a가 주어졌을 때 $B(c,a)$를 간편히 구할 수 있는 표와 그래프가 만들어져 있으며 이를 다양한 방식으로 활용할 수 있다. 표에서 1열의 숫자들은 회선수 c를 나타내고 1행은 차단확률을 의미하며 셀 안의 숫자들은 a(단위: 얼랑)를 나타낸다. 예를 들어 회선수가 $c=3$일 때 트래픽이 $a=0.456$이면 불통확률이 $B(3,0.456)=0.01$, 즉 서비스 품질(QoS)이 99%라는 의미이다.

[표 6.1] 얼랑 B-공식의 표의 일부

회선수 \ 차단확률	.003	.005	.01	.02	.03	.05
1	.003	.006	.011	.021	.031	.053
2	.081	.106	.153	.224	.282	.382
3	.289	.349	.456	.603	.716	.900
4	.602	.702	.870	1.093	1.259	1.525
5	.996	1.132	1.361	1.658	1.876	2.219
6	1.447	1.822	1.900	2.278	2.543	2.961
7	1.947	2.158	2.501	2.936	3.250	3.738
8	2.484	2.730	3.128	3.627	3.987	4.543
9	3.053	3.333	3.783	4.345	4.748	5.371
10	3.648	3.961	4.462	5.084	5.530	6.216

예 6.23

회선수가 현재 5개가 있으며 QoS는 99%로 유지하고 있다. 통신량이 3배로 늘었다면 QoS를 유지하기 위해 회선수를 몇 개나 늘려야 하는가?

풀이

현재의 통신량을 구하면 $a=1.361$얼랑이다. 통신량이 3배로 늘었다면 $3\times 1.361=4.083$이다. $c=9$이면 표에서 4.083은 불통확률 0.01을 넘으며, $c=10$이면 0.01을 넘지 않는다. 따라서 회선수는 5개를 늘려서 10개로 한다. □

(8) 기타 마코비안 모형

$M^X/M/1$ 집단도착 모형

고객들은 집단(batch)으로 도착하는데, 집단의 도착과정은 $PP(\lambda)$이며 집단의 크기는 확률변수 X이고 확률분포는 $b_i=P(X=i),\ i=1,2,\cdots$이다. 서비스 시간은 지수분포(평균 $1/\mu$)이며 고객수 과정 $\{N(t),t\geq 0\}$의 전이율 다이어그램은 아래 그림과 같다(그림이 복잡해지므로 일부 전이를 표시하지 않았다).

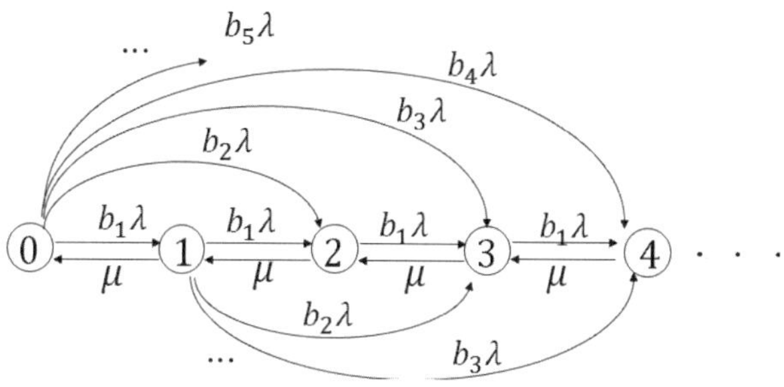

[그림 6.22] $M^X/M/1$ 대기시스템

전이율 다이어그램에 의해 평형방정식을 세울 수 있으며 이를 풀어서 안정상태 확률을 구하고 이후 성능척도들을 유도하는 과정은 이전 모형들의 방법과 큰 차이가 없다.

$M/M^B/1$ 집단서비스 모형

고객의 도착과정은 $PP(\lambda)$이며 서비스는 최대 B명까지 한꺼번에 이루어지는데, 집단 서비스의 시간도 지수분포이다.

보킹(balking) 모형: 대기중인 고객의 수가 늘어남에 따라 새로이 도착하는 고객이 시스템에 합류할 가능성이 달라지는 모형이다. 시스템내 고객수가 n명일 때, $1/(n+1)$, $1/(n^2+1)$, $e^{-\alpha n}$, $e^{-(n/\mu)\alpha}$ 등과 같이 n에 대해 감소함수인 적절한 보킹함수를 도착률에 곱해준다.

중도포기(reneging) 모형: 시스템 내에서 대기중이던 고객이 어느 정도 대기한 후에도 서비스가 개시되지 않으면 서비스를 받지 않고 시스템을 이탈하는 모형이다. 대개 서비스율에 적절한 중도포기 함수 γ_n를 더해주는 방식으로 모형화한다. 즉, 시스템내 고객수가 n명일 때 서비스율을 $\mu_n = \mu + \gamma_n$로 한다.

휴가형(vacation) 모형: 서버는 서비스를 마친 후 랜덤한 시간 동안 서비스를 제공하지 않는다(이를 휴가를 떠난다고 표현한다). 이 동안 도착한 고객들은 서버가 돌아올 때까지 시스템내에서 기다린다. 서버가 휴가에서 돌아왔을 때 대기중인 고객들이 없다면 다시 휴가를 반복해서 떠나거나(복수휴가), 고객이 올 때까지 기다리는(단수휴가) 모형이 있다. N-정책 모형과, 고객들이 가지고 오는 일량의 총합이 일정한 양 D를 넘어서면 서비스를 개시하는 D-정책도 휴가형 모형의 일종이다.

위에 열거한 몇 가지 모형들은 고객의 도착과정이나 고객집단의 도착과정이 포아송 과정이고 서버가 제공하는 서비스시간이 지수분포이라면 모두 마코비안 대기행렬 모형이며, 이전에 보였던 방법과 마찬가지로 분석이 가능하다. 즉,

(i) 마코프 성질을 가지는 적절한 상태(state)를 정의하고,

(ii) 이 상태의 확률과정에 대한 전이율 다이어그램을 그리며,

(iii) 평형방정식을 수립하고

(iv) 방정식을 풀어서 안정상태 확률분포와 각종 성능척도들의 값을 구한다.

따라서 분석하고자 하는 대상의 특성을 잘 나타낼 수 있으면서도 마코비안 성질을 가지는 적절한 상태를 정의하는 것이 모형화의 출발점이자 가장 중요한 단계이다.

6.6 비마코비안 대기행렬 시스템

$M/G/c$, $G/M/c$, 또는 $G/G/c$ 등과 같이 도착과정이 포아송 과정을 따르지 않거나 서비스 시간이 지수분포가 아닌 시스템은 고객수 과정이 마코프 성질을 가지지 않으므로 전이율 다이어그램을 그린다고 해도 이를 바탕으로 평형방정식을 세울 수가 없다. 따라서 마코비안 대기시스템에서 사용하였던 분석방법과는 완전히 다른 방식으로 시스템을 분석해야 한다. 이를 위해서는 z-변환이나 라플라스(Laplace) 변환, 부가변수(supplementary variable)의 도입 등이 필요한데 이는 본서의 범위를 벗어나므로 여기서는 분석 과정은 생략하고 중요한 결과들 가운데 일부만을 설명한다.

(1) $M/G/1$ 대기시스템

대기시스템의 설계자의 입장에서 고객들의 도착과정은 외생변수에 해당하므로 설계자가 제어하기 어려운 부분이며 그 확률적인 특성을 알기 어려운 경우가 많다. 예를 들어 각 클라이언트들로부터 외부로 나가는 통신 트래픽들이 게이트웨이에 들어오는 도착과정은 그 패턴을 알기 어려우므로 랜덤성을 가장 잘 표현할 수 있는 포아송 과정이라고 가정하는 것이 적절하다. 하지만 서비스 시간의 경우에는 제어가 가능한 내생변수에 해당하고 설계자는 시스템의 성능을 높일 수 있도록 다양한 방식의 서비스를 제공하기도 한다. 실제로 모든 고객들에게 동일한 시간의 서비스를 제공하는 것이 대기성능을 높이는 하나의 방법이기도

하다.

이와 같은 이유로 $M/G/1$ 대기행렬 시스템은 비마코비안 대기시스템 가운데 가장 많은 연구가 이루어져 왔고 또 널리 활용되고 있기도 하다. 고객들의 도착과정이 도착률 λ의 포아송 과정이고 각 고객에게 제공되는 서비스 시간은 서로 독립이며 동일한 확률분포를 가지는 확률변수 S, 평균이 $E(S)=1/\mu$이고 단일서버이며 안정상태 조건은 $\lambda E(S)<1$이다.

$M/G/1$ 대기시스템의 고객수 과정 $\{N(t), t\geq 0\}$은 마코비안 성질을 가지지 않는다. 하지만 서비스가 끝난 직후, 즉 고객의 이탈직후 시점에서의 고객수에 의한 이산시간 확률과정은 마코프 체인을 형성한다. 이 마코프 체인의 1단계 전이확률을 구하고 이로써 이탈시점에서의 안정상태 고객수 확률분포 d_n을 구하면 버크의 정리와 PASTA 성질에 의해서 $d_n=p_n$이므로 임의시점 안정사태 확률분포를 구할 수 있다(6.4절 (4)참조). 이와 같은 방법을 내재 마코프 체인(embedded Markov chain) 방법이라고 한다.

또 다른 방법으로 부가변수를 도입하는 법이 있는데, 이변량 확률과정 $\{N(t), \xi(t), t\geq 0\}$이 마코비안 성질을 가지도록 추가적인 변수 $\xi(t)$를 도입하는 방법이다. 부가변수로는 현재 서비스를 받고 있는 고객의 잔여서비스 시간이나 경과서비스 시간을 쓰는 것이 일반적이다.

$M/G/1$ 대기시스템의 평균 고객수에 대한 다음의 식을 폴라첵-킨친(Pollaczek-Khinchin, PK)의 평균값 공식이라고 한다.

$$L=\rho+\frac{\lambda^2 Var(S)+\rho^2}{2(1-\rho)},$$

이를 바탕으로 $W=(1/\lambda)L$, $W_q=W-1/\mu$, $L_q=\lambda W_q$에 의해 주요 성능척도들을 구할 수 있다.

참고 $M/M/1$ 시스템과 달리 평균 고객수의 공식에 서비스 시간의 분산이 포함되므로 시스템의 성능에 서비스 시간의 변동성이 영향을 미침을 알 수 있다. 서비스 시간이 지수분포이면 $Var(S)=1/\mu^2$이므로 $L=\rho+\rho^2/(1-\rho)=\rho/(1-\rho)$이 되어 $M/M/1$에서와 같은 결과를 얻는다.

예 6.24

(예 6.9)를 다시 보자. NC 공작기계에 부품이 포아송 과정으로 도착하는데 시간당 $\lambda = 9$개가 오고 부품을 한 개 가공하는 데에는 평균 6분(서비스율은 시간당 $\mu = 10$)이 걸린다. 따라서 $\rho = 0.9$이다. 서비스 시간이 지수분포를 따르는 경우에는 평균 고객수는 이전 예제에서 보았듯이 $L_{M/M/1} = \dfrac{\rho}{1-\rho} = 9$(개)이었다.

만약 서비스 시간이 6분으로 고정된 상수($M/D/1$ 대기시스템)라면, $Var(S) = 0$이므로 평균 고객수는 $L_{M/D/1} = \rho + \dfrac{\rho^2}{2(1-\rho)} = 4.95$(개)로 지수분포 서비스인 경우보다 크게 줄어든다. □

폴라첵-킨친의 평균값 공식을 바탕으로 평균 대기고객수 L_q를 유도하고 다시 쓰면 다음과 같다. 여기서 $C^2(S) = Var(S)/E(S)^2$는 제곱변동계수이며, 확률변수의 변동성을 나타내는 척도이다(제 1장의 1.4절 참조). 변동계수는 단위가 없는 무차원의 값이므로 서로 다른 단위를 가지는 확률변수의 변동성을 비교하는 데에 적당하다(예 한 반에 있는 학생들의 키(cm)와 몸무게(kg) 자료의 변동성을 비교).

$$L_q = \frac{\rho^2}{1-\rho}\frac{1+C^2(S)}{2} = L_{q,M/M/1} \cdot \frac{1+C^2(S)}{2}.$$

만약 서비스 시간의 확률변수 S가 지수분포이면 $C(S) = 1$($M/M/1$ 시스템)이지만 얼랑분포를 비롯하여 많은 확률분포가 $C(S) < 1$이며 특히 위의 예와 같이 S가 상수이면 $C(S) = 0$이다.

예 6.25

도착률이 3이고 서비스 시간이 $S = 0.2$로 상수인 $M/G/1$ 시스템이 있다. 평균 대기시간은 얼마인가?

풀이

$L_q = \dfrac{\rho^2}{1-\rho}\dfrac{1+C^2(S)}{2} = \dfrac{0.6^2}{1-0.6}\dfrac{1+0}{2} = 0.45$이므로 $W_q = L_q/\lambda = 0.45/3 = 0.15$. □

예에서 보는 바와 같이 시스템의 성능(예 평균 대기시간)은 $Var(S)$ 또는 $C(S)$가 작을수록 좋아지며, 평균이 같다면 서비스 시간이 상수일 때 가장 좋은 성능을 보인다. 서비스 시간이 가급적 들쑥날쑥하지 않고 유사하도록 관리하는 것이 좋다는 것을 알 수 있다. 예를 들어 첨단 통신 프로토콜인 비동기식 전송모드(asynchronous transfer mode, ATM)에서는 데이터를 셀(cell)이라고 부르는 고정길이(53바이트)의 패킷으로 나누어 전송하는 것이나,

생산시스템에서 공정시간을 일정하게 가져감으로써 재공품을 줄이는 것이 이와 같은 이유에서이다.

예 6.26

작은 회사에서 A와 B 두 사람 중 한 사람을 채용하고자 한다. A는 일하는 속도가 대개 빠르지만 다소 불규칙하고 B는 느리지만 속도가 거의 일정하다. 즉 A는 평균 서비스 시간이 2분이며 표준편차는 1분이다. B는 평균 서비스 시간이 2.1분이며 표준편차는 0.1분이다. 일의 도착이 시간당 20의 포아송 과정이라면 누구를 채용하는 것이 좋은가?

풀이

각각의 서비스 시간을 S_A, S_B라고 하고 단위를 시간으로 바꾸면

$E(S_A)=2/60,\ Var(S_A)=(1/60)^2$이고 $E(S_B)=2.1/60,\ Var(S_B)=(0.1/60)^2$이므로

$$C^2(S_A)=\frac{(1/60)^2}{(2/60)^2}=\frac{1}{4},\quad C^2(S_B)=\frac{(0.1/60)^2}{(2.1/60)^2}=\left(\frac{1}{21}\right)^2,$$

그리고 $\rho_A=20\times(2/60)=0.667,\ \rho_B=20\times(2.1/60)=0.7.$

따라서 $L_{q,A}=\dfrac{(2/3)^2}{1-2/3}\dfrac{1+1/4}{2}=0.8333,\ L_{q,B}=\dfrac{(0.7)^2}{1-0.7}\dfrac{1+1/21^2}{2}=0.8185,$

그러므로 서비스 속도가 다소 느리더라도 속도에 일관성이 있는 B를 채용하는 것이 낫다. □

(2) $G/G/c$ 대기시스템

비마코비안 대기행렬 시스템 가운데에는 $M/G/1$, $G/M/1$, $M/G/\infty$ 정도가 고객수 분포 등을 비롯한 정확한 해에 대한 분석이 가능하며, $M/G/c$ 시스템과 같은 복수서버 시스템의 경우에는 각 서버의 상태를 별개로 추적해야 하므로 차원의 저주(curse of dimensionality)를 피할 수 없어 분석이 매우 어렵다. 특히 $G/G/\cdot$ 시스템에 대해서는 정확한 해가 알려진 바가 없으며 주요 성능척도들에 대하여 상한치나 하한치, 또는 근사해 등이 제공되고 있다.

다음 식은 $G/G/c$ 대기시스템의 평균 대기고객수에 대하여 Allen(1978)이 제시한 근사식이다.

$$L_q \approx L_{q,M/M/c}\cdot\frac{C^2(\tau)+C^2(S)}{2},$$

여기서 τ는 도착간격의 확률변수이며 $C^2(\cdot)$는 변동계수를 의미한다.

따라서 $G/G/1$ 대기시스템의 평균 대기 고객수는 다음과 같다.

$$L_q \approx \frac{\rho^2}{1-\rho}\cdot\frac{C^2(\tau)+C^2(S)}{2}.$$

앞에서도 지적했듯이 대기시스템의 성능을 향상시키기 위해서는 서비스 시간의 변동성을 줄여야 하며 고객들의 도착간격도 제어가 가능하다면 일정한 간격으로 하는 것이 하나의 방법이 될 수 있다.

예 6.27

$M/G/1$의 경우에는 도착간격이 지수분포이고 지수분포는 변동계수가 1이므로 우변의 두 번째 항은 $(1+C^2(S))/2$이고 폴라첵-킨친 공식과 같아진다. □

6.7 연습문제

01 아래 데이터는 9시부터 12시까지 정비센터에 도착한 정비작업의 도착, 작업개시, 작업종료 및 희망 완료시간의 현황을 나타낸다. 작업자는 1명이며 FCFS 원칙으로 작업한다. 다음에 답하라.

작업번호	도착시간	작업개시시간	작업종료시간	희망 완료시간
1	9:03	9:03	9:23	10:00
2	9:10	9:23	9:55	10:00
3	9:40	9:55	10:35	11:00
4	10:05	10:35	10:50	11:00
5	10:15	10:50	11:20	11:00
6	10:40	11:20	11:35	12:00
7	11:50	11:50	12:20	1:00

(a) 누적 고객도착수($A(t)$), 누적 작업개시수($D_q(t)$), 누적 작업종료수($D(t)$)를 그려라.

(b) 고객의 도착과 작업개시, 작업종료를 나타내는 간트 차트(Gantt chart)를 그려라.

(c) 시스템내 고객수와 대기고객수, 작업들의 시스템내 체재시간, 대기시간, 지연시간(tardiness)의 평균을 각각 구하라. 단, 지연시간 = max(0, 작업종료시간−희망완료시간)이다.

(d) (c)를 통해 리틀의 정리가 성립하는지 확인하고, 만약 성립하지 않으면 그 이유를 설명하라.

(e) 작업자가 LCFS 원칙에 의해 작업하고 도착시간과 각 정비작업에 드는 시간이 동일하다고 할 때, (a)−(d)를 풀어라.

(f) 작업 순서를 최단서비스시간(shortest service time, SST) 우선정책이라고 하고 위의 (a)−(d)를 다시 구해보라.

(g) FCFS, LCFS, SST 등 세 정책의 성능을 비교하라.

02 다음의 안정상태 조건을 써라.

(a) $M^X/G/c$: 택시를 타고 고객들이 도착하는데, 택시들은 $PP(\lambda)$로 오며 각 택시내 고객수는 확률변수 X이다. 승차시간 S는 확률변수이며 서버의 수는 c이다.

(b) $M^X/G^B/1$: 고객집단은 도착률 λ인 포아송 과정으로 도착하는데 각 집단의 크기는 확률변수 X이다. 서비스 시간은 일반분포이며 최대 B명씩 집단 서비스를 실시한다. 서버의 수는 1명이고 대기공간은 무한하다.

03 안정상태 대기시스템에 도착하는 고객이 시스템 내에 n명이 있음을 보게 될 확률(도착시점 상태확률) a_n과 임의시점 상태확률 p_n이 일반적으로 항상 같지는 않다. 그 이유를 서버 1명과 고객 1명만으로 구성된 대기행렬 시스템을 예로 들어 설명하라.

04 잔여일량(또는 가상대기시간) 그래프에서 서버의 수에 따라서 일량의 감소 기울기는 달라진다. 서버의 수가 3명일 때의 표본경로를 그려보아라.

05 다음의 두 $M/M/1$ 시스템으로 모형화된 NC 머신을 비교하자: 첫째 머신의 생산량은 시간당 6개이며 둘째 머신의 생산량은 시간당 9개이다. 유지비용은 시간당 각각 0.4와 0.7이다. 부품의 도착률은 시간당 5이며, 부품당 재고비용은 시간당 0.5이다. 각 머신의 시간당 총 기대비용을 구하라.

06 포아송 과정(도착률 λ)으로 도착하는 고객은 두 서버 A, B가 있는 대기시스템에 합류한다. 두 서버의 서비스 시간은 각각 서비스율이 $\mu_{A,}\ \mu_B$인 지수확률변수이며 서로 독립이다. 시스템이 비어있을 때 도착하는 고객은 확률 α로 서버 A에게 가서 서비스를 받으며 확률 $1-\alpha$로 서버 B로부터 서비스를 받는다. 그렇지 않은 때에는 먼저 서비스를 마친 서버에게 서비스를 받는다.

(a) 적당한 상태를 정의하고 전이율 다이어그램을 그려라.
(b) 안정상태 확률을 구했다면, 시스템내 평균 고객수는 어떻게 쓸 수 있는가?
(c) 유휴한 서버수의 평균은 얼마인가?

07 고객들이 시간당 12명의 도착률을 가지는 포아송 과정으로 단일서버 시스템에 들어온다. 서비스 시간은 지수분포이며 평균 4분이다.

(a) 고객이 도착했을 때 현재 서비스를 받고 있는 고객을 포함하여 총 4명이 시스템에 있음을 보게 될 확률이 얼마인가?

(b) 서버가 바쁠 때 대기하는 고객수의 평균을 구하라. (힌트: N을 시스템내 고객수라고 할 때, $E(N) = E(N|\text{idle})P(\text{idle}) + E(N|\text{busy})P(\text{busy})$ 임을 활용하라)

08 (예 6.20)의 콜센터 예제를 다시 보자. 전화 도착은 $\lambda = 50$인 포아송 과정이고 통화시간은 평균이 $1/\mu = 5$이다. 서버는 현재 300명이 있다.

(a) 현재의 서버수에 의하면 교통밀도는 얼마인가? 교통밀도를 0.75로 하려면 서버수를 어떻게 해야 하는가? 교통밀도를 0.9로 높인다면 서버수는 어떻게 바꾸어야 하는가? 각각 여유 서버수는 몇 명인가?

참고 교통밀도는 고객들의 대기시간, 즉 고객에 대한 서비스품질에 직접 영향을 주는 것이며, 교통밀도를 기준으로 서버수를 결정하는 것을 품질영역(quality domain, QD) 기준이라고 한다.

(b) (a)에서 구한 각각의 서버수에 대해 $M/M/\infty$ 모형을 활용하여 고객들이 대기할 확률의 근사값을 구해라.

(c) (a)에서 구한 각각의 서버수에 대해 $M/M/1$ 모형을 활용하여 고객들의 평균 대기시간의 근사값을 구해라.

(d) 여유 서버를 전혀 두지 않고 $c = 250$로 할 때의 고객들이 대기할 확률과 고객들의 평균 대기시간의 근사값을 구해라.

참고 이 방법은 고객의 대기시간에 따른 고려는 없이 서버 운용비용만을 최소로 하는 방법이므로 효율영역(efficiency domain, ED) 기준이라고 한다.

(e) 고객들이 대기할 확률을 0.01 이하로 유지하고 싶다면 적정 서버 숫자는 어느 정도인가?

참고 본문의 (예 6.21)에서도 다룬 이 방법은 고객에 대한 서비스와 서버 운용비용의 균형을 고려한 방법이므로 품질효율영역(quality and efficiency domain, QED) 기준이라고 한다.

09 $M/M/c$ 모형에서 적정 수준의 서버의 수를 결정할 기준으로, 본문에서는 고객이 대기할 확률, 즉 얼랑 C-공식을 사용하였다. 다음의 두 기준을 사용한다면 어떤 계산을 해야 하며 어떤 어려움이 있는가?

(a) 고객이 10분 이상 기다릴 확률이 0.1 이하
(b) 시스템 내에 고객수가 6명 이상일 확률이 0.3 이하

10 고객들은 시스템에 시간당 40명 꼴로 포아송 과정으로 도착한다. 고객수가 두 명 이하일 때에는 한 명의 서버가 평균 2분의 지수분포를 따르는 서비스 시간만큼 서비스를 제공하지만, 고객수가 3명 이상이 되면 보조서버가 함께 서비스를 제공하므로 서비스 시간의 평균이 1분으로 된다. 이 시스템에는 총 4명까지 들어간다. 이를 모델링하고 각 서버가 일한 시간의 비율을 각각 구하여라.

11 분당 평균 1명의 도착률의 포아송 과정으로 고객들이 지수분포의 서비스를 제공하는 단일서버 시스템에 도착한다. 시스템 운영자는 대기고객 수가 3명 이상이 될 확률을 1% 이하로 유지하고 싶다.

(a) 서비스율을 얼마 이상으로 해야 하는가?
(b) (a)의 경우 서버 활용도(utilization)는 얼마인가?
(c) 운영자는 서버 활용도가 너무 낮다고 생각하고 있으며 이를 80%로 끌어올리고자 한다. 이렇게 되면 대기고객수가 3명 이상이 될 확률이 얼마가 되겠는가?

12 수용능력이 12회선인 사내교환기를 사용하는 회사가 있다. 현재의 QoS는 99%이다. 사업확장에 의해 포아송과정으로 도착하는 전화통화 요구 도착률이 1.7배로 증가할 것으로 예상된다. 동일한 QoS를 유지하기 위해서 교환기의 회선수를 얼마로 늘려야 하는가?

13 K와 H 두 서버중 한 명을 고용하려고 한다. K는 시간당 20명을 서비스할 수 있으며 급여는 시간당 50이다. H는 시간당 30명을 서비스할 수 있으며 급여는 시간당 C이다. 고객들은 포아송 과정으로 시간당 10명이 도착하며 고객이 시스템에 체류하는 동안 시간당 10의 비용이 발생한다. 누구를 고용하든 시간당 시스템 비용이 동일하다면 C가 얼마인가?

14 다음 두 상황을 고려하자.

(상황 1) 10명의 작업자들은 동일한 종류의 작업을 독립적으로 수행하는데 작업을 마치면 의료시설에 와서 1명의 의료진으로부터 건강상태를 점검받는다. 각 작업시간은 평균이 $1/a$인 지수분포이다.

(상황 2) 매우 많은 작업자들이 동일한 종류의 작업을 독립적으로 수행하다가 작업을 마치면 건강검진을 받기 위해 의료시설에 와서 1명의 의료진으로부터 건강상태를 점검받는다. 이들의 도착과정은 모수 a의 포아송 과정을 따른다.

두 상황 모두 작업자들은 의료시설에서 FCFS 순서로 점검받는데, 건강점검시간은 평균이 $1/b$인 지수분포를 따른다. 시점 t에 검진을 받기 위해 의료시설에 와 있는 작업자의 수를 Y_t 라 할 때, 이 두 상황 각각을 모델링하고 안정상태에서 j명이 시설에 와 있을 확률을 구하라. 두 문제가 어떻게 다른지 설명하라.

15 도착률 $\lambda = 1$이고 서비스율 $\mu = 1.2$의 $M/M/1$ 시스템이 있다.

(a) 시스템내 평균 고객수와 평균 대기시간을 구하라.
(b) 서버를 한 명 추가한다면 시스템내 평균 고객수는 어떻게 달라지는가?
(c) 고객이 시스템에 머무는 동안 단위시간당 12,000원이 비용이 발생한다. 서버를 추가하는 비용은 시간당 30,000원이라면 서버를 추가하는 것이 좋은가?

16 $M/M/c$ 모형에서 다음을 구하라.

(a) $\lambda = 150$, $\mu = 1$일 때 고객들이 대기할 확률이 0.015 이하가 되도록 하는 서버수 c를 표준정규분포표를 사용하여 구하라.
(b) $\lambda = 200$이고 $\mu = 2$일 때 대기할 확률이 0.05 이하가 되도록 하는 서버수 c를 (표준정규분포표를 사용하지 말고) $z_{0.1} = 1.30$, $z_{0.05} = 1.65$, $z_{0.01} = 2.33$값을 이용하여 구하라.

17 $N = 3$인 N정책을 가지는 다음의 $M/M/1$ 대기 시스템을 보자. 도착률은 $\lambda = 1$이고 서비스율은 $\mu = 2$이다.

(a) 유휴기간의 평균길이와 바쁜기간의 평균길이를 각각 구하라.
(b) (a)를 이용하여 서버가 바쁠 확률을 구하라.
(c) 전이율 다이어그램을 그린 후 안정상태 방정식을 통해 고객수 분포 $p_n, n=0,1,2,\cdots$를 구하고 이를 통해 서버가 바쁠 확률을 구하라. (b)에서 구한 값과 일치하는가?

18 $N-$정책을 가지며 도착률 λ, 서비스율 μ, 서비스 순서는 FCFS의 $M/M/1$ 대기 시스템을 보자. 서버가 유휴한 상태에서 도착한 고객의 평균 대기시간을 구해보자. 이 고객이 $k=1,2,\cdots,N$번째 고객일 확률은 $1/N$임은 자명하다.

(a) 이 고객이 바쁜기간이 개시될 때까지 기다려야 하는 평균 시간은 얼마인가?
(b) 이 고객보다 먼저 온 고객들에 대한 총 서비스 시간의 평균은 얼마인가?
(c) 위의 두 값을 더하고 k번째 고객이라는 조건을 해제하여 서버가 유휴한 상태에서 도착한 고객이 서비스를 받기 전까지 평균 대기시간을 구하라.

19 다음과 같은 $M/M/1$ 시스템을 생각하자. 고객 도착률은 λ이며 서비스율은 μ이다. 첫 고객이 도착하면 서버는 길이 $\text{Exp}(\beta)$의 준비기간을 가지며, 준비기간이 끝나면 비로소 서비스를 제공하기 시작하고 바쁜기간은 고객이 더 이상 없을 때 종료된다. 한 번의 바쁜 기간에서는 한 번의 준비기간만 있다. 따라서 서버 상태는 유휴기간, 준비기간, 바쁜기간 등 세 상태 중 하나이다.

(a) 시스템 내의 고객수를 상태로 하는 전이율 다이어그램을 그려라.
(b) 바쁜기간의 평균길이와 유휴기간의 평균길이를 구하라.
(c) 서버가 각 상태에 있을 확률을 구하라.

20 본문의 그림 6.22의 $M^X/M/1$의 전이율 다이어그램은 복잡하여 일부 전이가 표시되지 않았다. 어느 부분이 추가로 표시되어야 하는가? 집단서비스 모형인 $M/M^B/1$ 대기시스템의 전이율 다이어그램도 그려보라.

21 우리 식당은 셀프서비스로 운영되고 있다. 학생들은 시간당 5명의 포아송 과정으로 오며, 각 학생은 평균 10분의 지수분포를 따르는 시간 동안 식사를 하고 나간다. 임의의 시점에서 볼 때 이 식당에 있는 평균 학생수를 구하여라.

22 다음의 대기행렬 시스템을 생각하자. 도착과정은 초당 도착률 $\lambda = 1/6$인 포아송 과정이며 단일서버이다. 서비스는 두 단계로 이루어 지는데, 평균이 2초이고 표준편차가 1초인 정규분포를 따르는 전처리(preprocessing) 서비스와, 평균이 $1/\mu = 3$초의 지수분포를 따르는 주(main) 서비스로 나누어 진다. 이 모형에서 평균 대기고객수를 구하라.

23 고객 주문은 일당 평균 0.9개가 도착하는 포아송 과정이며 한 명의 서버가 하나의 주문 상품을 배달하는 데에 걸리는 시간은 연속확률변수 S인데 S의 확률분포가 다음과 같을 때 각각 고객이 주문한 상품을 받을 때까지 평균 얼마가 걸리겠는가?

(a) 구간 [1일, 3일]에서 균일분포
(b) 확률밀도함수 $s(t) = 4te^{-2t}$

24 $\lambda = 3$이고 $\mu = 5$인 $M/G/1$ 시스템이 있다. 다음을 구하라.

(a) 바쁜기간의 평균길이
(b) 한 주기의 길이
(c) 임의의 시점에서 서버의 바쁠 확률

25 다음과 같은 변형된 $M/M/1$ 대기시스템을 생각하자. 고객들은 도착률 $\lambda = 3$의 포아송 과정으로 오는데, 0.4의 확률로 남자손님이고 0.6의 확률로 여자손님이다. 남성 고객에 대한 서비스는 Exp(4)이고 여성 고객의 경우는 Exp(6)이다. 시스템내 고객수의 평균을 구하라.

26 다음의 대기시스템을 고려하자: 도착과정은 $\lambda = 3$의 포아송 과정이고 서비스는 평균 $1/\mu = 0.25$의 지수분포이다. 매 서비스가 종료된 후 고객은 0.9의 확률로 시스템을 이탈하거나 0.1의 확률로 즉시 서비스를 다시 받는다. 따라서 어떤 고객은 무한정 서비스를 받을 수도 있다. 시스템내 평균 고객수를 구하라. (힌트: 다음 공식을 활용하라. $Y = X_1 + \cdots + X_N$일 때, $E(Y) = E(X)E(N)$, $Var(Y) = Var(X)E(N) + (E(X))^2 Var(N)$)

27 다음과 같은 변형된 $M/M/1$ 시스템을 생각하자. 도착률 λ로 도착한 각 고객은 서비스를 받기 직전에 앞이 나올 확률이 p인 동전을 던져서 앞이 나오면 서비스를 하고 뒤가 나오면 그냥 돌려보낸다. 서비스를 받는 경우 시간은 평균이 $1/\mu$인 지수분포를 따른다. 시스템내 평균고객수를 구하라.

28 다음과 같은 변형된 $M/M/1/K$ 시스템을 보자: 서버가 유휴해지면 길이가 평균이 $1/\beta$인 지수분포를 따르는 휴가(vacation)를 떠난다. 휴가에서 돌아왔을 때 대기중인 고객이 아무도 없으면 다시 휴가를 떠난다. 휴가에서 돌아왔을 때 대기고객이 있으면 바로 바쁜 기간이 시작된다. 따라서 총 휴가기간은 단일 휴가일 수도 있고 여러 차례의 휴가로 구성되어 있을 수 있다. 고객의 도착률과 서비스율은 각각 λ, μ이다.

(a) 바쁜기간이 시작될 때 대기고객이 $n = 1, 2, \cdots, K$명일 확률 분포를 구하라.
(b) 이를 사용하여 바쁜 기간의 평균 길이를 구하라.
(c) 시스템내 고객수의 확률분포를 구하기 위해 적당한 시스템 상태를 정의하고 전이율 다이어그램을 그려라.
(d) $\lambda = 2$, $\mu = 3$, $\beta = 1.5$, $K = 5$일 때 고객수 확률분포를 구하라.
(e) 서버가 바쁠 확률, 서버가 휴가중일 확률을 구하라.

29 도착률이 λ이고 서비스율이 μ인 $M/M/1$ 시스템이 있다. 단위시간당 이 시스템을 이탈하는 고객수 (throughput)를 γ라고 할 때 $\gamma = \lambda$임을 수식으로 보여라 (힌트: 서비스율과 안정상태 확률을 활용한다).

30 D는 $\lambda < \mu$인 $M/M/1$ 대기 시스템에서 연속된 두 고객 이탈간의 시간을 나타낸다.

(a) 한 고객이 이탈한 후 시스템이 비게 되는 (즉 그가 마지막 고객) 사상을 A라고 표시하자. $P(A)$를 구하라. (힌트: 버크의 정리와 PASTA를 적용하라)
(b) $E(D|A)$와 $E(D|A^c)$를 구하라.
(c) $E(D) = E(D|A)P(A) + E(D|A^c)P(A^c)$를 이용하여 $E(D) = 1/\lambda$를 보여라.
(d) 전체확률의 법칙을 사용하여 D가 평균 $1/\lambda$의 지수분포임을, 즉 $P(D \le t) = 1 - e^{-\lambda t}$임을 보여라.

31 다음과 같이 T-정책을 가지는 $M/G/1$ 대기 시스템을 생각하자. 서비스할 고객이 없으면 서버는 시스템을 떠나서 T 시간 후에 돌아온다. T는 고정된 값이다(확률변수가 아님). 돌아와서 서비스할 고객이 없으면 다시 시스템을 떠나 T 시간 후에 돌아온다. 이같이 계속하여 돌아왔을 때 고객이 한 명 이상 있으면 서비스를 개시한다. 고객의 도착률을 λ라고 하자.

(a) 하나의 T 동안 고객이 아무도 도착하지 않을 확률은 얼마인가?

(b) 서버가 시스템을 떠난 횟수를 N_T라 하자. 이의 평균인 $E(N_T)$를 구하여라(힌트: 동전던지기를 생각할 것).

(c) 바쁜기간 시작시점에서의 고객수를 N_B라 하자. 이 고객수는 "마지막" T 동안 도착한 고객수로서, 이는 "T 동안 한 명 이상 도착한다는 조건하에서 T 동안 도착한 고객수"이다. $E(N_B)$를 구하여라.

(d) 서비스 시간을 S라 할 때, 바쁜기간의 평균길이를 구하여라.

32 한 전화교환 시스템이 매우 많은 회선을 가지고 있다. 포아송 과정으로 도착하는 각 호의 길이는 감마분포를 따르는데 평균이 4분이며 표준편차는 3분이다. 시간당 도착하는 호의 수는 50개이다.

(a) 임의의 시점에서 통화중인 회선수는 평균 몇 개인가?

(b) 임의의 시점에서 통화중인 회선수가 5개 이하일 확률은 얼마인가?

(c) 회선수가 너무 많아서 줄이고 싶다. 98%의 시간 동안 적어도 하나의 회선이 비어있도록 하려면 몇 개의 회선이 있으면 되는가? $M/G/\infty$ 근사법을 사용하여 풀어라.

33 다음과 같은 재고모형을 생각하자. 어떤 제품에 대한 수요는 하나씩 발생하는데, 발생간격은 Exp(3)을 따른다. 재고가 감소하여 재고량이 5가 되면 제품 생산을 시작하는데, 제품 하나를 생산하는 데에 걸리는 시간은 Exp(4)이다. 일단 제품 생산에 들어가면 재고량이 20이 될 때까지 생산을 지속한다. 이 동안에도 제품 수요는 계속 있을 수 있다. 재고량이 20에 이르면 생산을 중단하며, 재고가 감소하여 5가 되면 다시 제품 생산을 시작한다. 부재고는 고려하지 않는다(즉, 재고가 0으로 되었을 때 발생하는 수요는 상실되는 것으로 한다). 이 모형을 적절한 대기모형으로 표현하여라.

34 두 서비스 시스템 S_1과 S_2로 구성된 대기모형이 있다. 각 시스템에는 하나씩의 서버가 있으며 서비스 시간은 각각 서비스율 μ와 λ의 지수분포이다. S_1에서 서비스를 마치면 S_2로 가고 S_2에서 서비스를 마친 후에는 다시 S_1로 간다. 시스템을 벗어나거나 추가하는 고객은 없고 총 K명의 고객이 순환한다. (이는 닫힌 대기네트워크의 일종이다) p_n을 S_1에 n명의 고객이 있고 $K-n$명이 S_2에 있을 확률이라고 하자. 전이율 다이어그램을 그리고 안정상태 방정식을 세워라.

35 다음과 같은 대기행렬 네트워크를 고려하자. 외부로부터 고객들이 첫째 대기시스템으로 포아송 과정으로 도착하는데 도착률은 10이며 서비스시간은 서비스율이 20인 지수분포이다. 여기서 이탈한 고객 가운데 70%는 시스템 밖으로 이탈하지만 30%는 다음 둘째 대기시스템으로 합류하며, 여기에는 서비스율 15인 지수분포의 서비스를 받는다. 둘째 대기시스템을 떠난 고객들은 모두 첫째 대기시스템으로 다시 합류한다. 두 시스템 모두 단일서버 시스템이다.

(a) 각 대기시스템에 있는 고객수로 구성된 2차원 상태를 정의하고 이를 바탕으로 전이율 다이어그램을 그려라.
(b) 첫째 대기시스템은 비어있고 둘째 시스템은 바쁠 확률을 구하라.
(c) 두 시스템의 고객수의 안정상태 확률분포를 구하라.

7장

대기행렬 시스템의 운영

제 6장에서는 이전 장들의 이론을 바탕으로 현실의 여러 시스템을 대기행렬 모형으로 만드는 방법과 이를 분석하는 절차, 그리고 각종 성능척도를 구하는 방법을 설명하였다. 수리모형은 복잡한 현실 시스템을 수학적 표현방법에 의해 나타내야 하므로 현상을 지나치게 단순하게 표현한다는 문제가 있다. 따라서 수리모형에 의해 계산한 시스템의 각종 성능값들과 이를 바탕으로 도출한 대기행렬 시스템 운영전략은 세부적인 부분에서 맞지 않거나 비현실적이어서 실제로 적용하여 운영하는 데에 어려움이 따르거나 불가능할 수 있다.

예를 들어 현실의 시스템에서는 도착과정이나 대기시스템의 고객수 과정이 안정상태에 있다고 할 수 없는 경우가 대부분이다. 즉, 고객 도착과정에서 동일한 도착률을 유지하지 않고 시간에 따라 달라지는 경우가 허다하다. 또한 고객들의 도착 패턴이 달라지는 데에 따라서 대기상황을 제어할 수 있도록 서버수를 즉시 늘리거나 줄이는 것이 가능하지 않은 경우도 많다. 서버가 도로의 차로인 경우는 차로를 수시로 늘리거나 줄이는 것이 용이하지 않다.

이렇게 도착률이나 서비스율 등과 같은 대기시스템의 모수들이 시시각각 변화하는데 그때마다 새 모형 수립하고 분석하여 성능 값들을 도출하여 적용할 수 없으므로 안정상태 모형을 비롯하여 기존 모형을 다소 수정한 모형을 개발하고 실제로 적용할 때에는 해당 상황에 맞게 세부조절을 하는 것이 필요하다.

이 장에서는 대기 시스템의 모수들이 시간에 따라 변동할 수 있는 대기 시스템에서 안정상태 모형과 같은 복잡한 계산 과정을 거치지 않고 시스템의 성능 향상을 위해 즉시 적용할 수 있는 일종의 대기행렬 시스템의 운영을 위한 가이드라인을 제시한다. 특히 수식 보다는 그래프를 바탕으로 분석하여 문제 해결을 모색하므로 직관적으로 이해가 가능한 부분이 많이 있다. 이 장은 대부분 R. Hall(1990)의 제 6~9장의 내용을 따르고 있다.

7.1 비정상 포아송 도착과정

(1) 안정상태 분석을 위한 이완시간

지금까지 대기시스템에 대한 분석과 각종 수식들은 시스템이 안정상태에 있음을 가정하고 유도된 것이다. 시스템이 안정상태에 있기 위해서는 초기 상태의 영향을 받지 않을 정도의 시간이 경과해야 하는데, 이를 이완시간(relaxation time)이라고 하며 이 시간이 경과한 후에는 각종 상태확률들이 시간에 따라 변화가 없으므로 평형방정식 등을 통해서 안정상태 확률들을 구할 수가 있다.

참고 예를 들어 제 5장에서 보았던 그림 5.4에서는 $t=0.5$ 정도부터는 초기상태의 영향이 없어지고 확률들이 시간 경과에 따라 변화가 없다. 따라서 0.5의 시간이 이완시간에 해당한다.

대기행렬 시스템이 초기 상태의 영향에서 벗어나기까지의 이완시간 T_0를 구하는 방법은 고객들의 도착이 포아송 과정을 따르는 경우 Newell(1982)이 다음과 같이 제시하였다. 도착률 λ, 서비스율 μ, 서비스시간의 확률변수 S, 서버수 c인 모형에서 L을 안정상태에서의 시스템내 평균 고객수라고 하고 $L(0)$는 시스템 가동 초기에 시스템 내의 고객수라고 하자.

(i) $L(0) < L$ 인 경우:

$$T_0 = \frac{\rho + C^2(S)}{(1-\rho)^2}\frac{1}{c\mu},$$

또는 $c\mu T_0 = \dfrac{\rho + C^2(S)}{(1-\rho)^2}$ 명의 고객을 서비스한 후부터 안정상태라고 할 수 있다. 여기서 $\rho = \lambda/\mu$이고 $C^2(S)$는 서비스 시간의 변동계수이다.

(ii) $L(0) \geq L$ 인 경우:

$$T_0' = \frac{L(0) - L}{c\mu - \lambda} + T_0,$$

우변의 첫 항은 초기 고객수 $L(0)$가 L로 내려올 때까지의 평균 시간이다. 여기에 (i)의 T_0를 더해준 값이 이완시간이다.

예 7.1

$M/M/1$ 시스템의 경우 $c=1$, $C(S)=1$이므로 이완시간 동안 서비스 받는 고객수는 $T_0\mu = \dfrac{\rho+1}{(1-\rho)^2}$이다. 여러 ρ 값에 따라 $T_0\mu$를 계산해 보면 다음의 표와 같다. 표에서 보듯이 $\rho \to 1$에 따라 이완시간은 급격히 증가한다.

[표 7.1] 여러 ρ 값에 따른 이완시간의 변화

ρ	0.2	0.4	0.6	0.8	0.9	0.95	0.97
$T_0\mu$	1.9	3.9	10	45	190	380	2,189

예로써, 서비스 시간의 평균 $E(S)$가 2분이고 교통밀도가 $\rho=0.2$, 즉 도착률이 시간당 6명이라면 1.9명 × 2분 = 3.8분 만에 안정상태에 들어간다. 하지만 교통밀도가 $\rho=0.9$, 즉 도착률이 시간당 27명이면 190명 × 2분 = 380분, 즉, 6시간 20분 정도가 지나야 안정상태에 돌입한다고 본다. □

교통밀도가 높을 경우에는 안정상태에 돌입하는 시간이 오래 걸리는데, 그렇게 오랜 시간동안 도착률이 동일하게 유지되는 시스템은 흔하지 않다. 실제로 현실의 대부분의 대기행렬 시스템에서는 안정상태에 들어가는 일이 거의 없다고 볼 수 있다. 하지만 안정상태를 가정하면 시뮬레이션 등을 사용하지 않고 직접적인 분석이 가능해지며, 안정상태를 가정하여 얻은 해에 의해 일시적 상태에서의 성능값을 근사할 수도 있고, 일시적 상태에서의 시스템 분석의 실마리를 얻을 수도 있다.

시스템이 일시적 상태에 있을 때에 대한 직접적인 분석은 매우 어렵고 또 대부분 특정 시점에서의 시스템의 상태를 알고자 하는 경우가 많으므로, 일반해를 구하는 것이 그다지 유용하지 않기도 하다.

(2) 비정상 포아송 과정의 도착과정을 가지는 대기시스템

안정상태 분석에서는 고객들의 도착률을 상수로 가정하지만, 식당, 고속도로 톨게이트, 통신망 등 대부분의 현실 시스템에는 고객들의 도착률이 시간에 따라 달라지는 것이 일반적이다. 따라서 도착률 λ가 시간의 함수 $\lambda(t)$인 비정상 포아송 과정을 대기행렬 시스템의 도착과정으로 모형화하면 보다 현실과 부합한 대기행렬 시스템의 모형으로 만들 수 있다. 비정상 포아송 과정(nonstationary Poisson process, NSPP)의 정의와 여러 가지 성질들에 대해서는 제 2장을 복습하기 바란다.

비정상 포아송 과정은 도착률 함수 $\lambda(t)$로 특징지어지므로 시스템 모형을 위해서는 $\lambda(t)$를 결정하는 것이 필요하다.

(i) 도착률 함수의 추정

$\lambda(t)$를 모든 t에 대해서 구하는 것보다는 구간을 나누고 각 부분구간에서는 상수인 것으로 추정하는 것이 가장 손쉽고 널리 사용되는 방법이다. 시간구간 $[a,b]$에서의 도착 고객수를 m회 측정하고 그 평균을 $f_{[a,b]}$라고 하면 해당 구간에서의 도착률에 대한 점추정값은 다음과 같다.

$$\hat{\lambda}(t) = \frac{f_{[a,b]}}{b-a}, \quad a \le t \le b \ .$$

$100(1-\alpha)\%$ 신뢰수준(confidence level)의 구간추정을 하고자 한다면

$$1-\alpha = P\left(f_{[a,b]} - z_{\alpha/2}\sqrt{\frac{f_{[a,b]}}{m}} \le \lambda(t)(b-a) \le f_{[a,b]} + z_{\alpha/2}\sqrt{\frac{f_{[a,b]}}{m}}\right)$$

이므로 $\lambda(t)$의 $100(1-\alpha)\%$ 신뢰구간(confidence interval, C.I.)은 다음과 같다.

$$\frac{f_{[a,b]}}{b-a} \pm z_{\alpha/2} \frac{\sqrt{f_{[a,b]}/m}}{b-a}.$$

예 7.2

도착률 함수를 추정하기 위해 오전 11:30부터 12시까지 30분 동안 고객 도착수를 60회 측정하니 평균이 19명이었다. 이 시간 동안의 시간당 도착률 함수 $\lambda(t)$의 점추정값과 95% 신뢰구간을 구하라.

풀이

점추정값은 $\hat{\lambda}(t) = 19/0.5 = 38$,

95% 신뢰구간은 $\frac{19}{0.5-0} \pm 1.96 \frac{\sqrt{19/60}}{0.5-0}$, 즉 $35.8 \le \lambda(t) \le 40.2$. □

(ii) 준안정상태 근사법

도착과정이 NSPP이고 도착률의 변화가 크지 않으면서 또한 시스템이 그다지 바쁘지 않다면 (즉, 교통밀도가 낮다면) 안정상태에 있는 것과 유사하다고 보고 안정상태 분석에 의한 결과로 근사할 수 있다. 이를 준안정상태(quasi-steady state) 근사법이라고 한다.

Newell(1982)에 의하면 $NSPP/M/1$ 대기행렬 시스템에서, 시점 t에서의 모수가 각각 $\lambda(t), \mu(t)$이고 $\rho(t) = \lambda(t)/\mu(t)$라고 할 때, 시점 t에 시스템에 n명의 고객이 있을 확률 $P_n(t)$은 다음과 같이 근사한다.

$$P_n(t) \approx (1-\rho(t))\rho(t)^n, n = 0, 1, 2, \cdots,$$

그리고 $L(t) \approx \frac{\rho(t)}{1-\rho(t)}$.

이는 안정상태 $M/M/1$ 대기시스템에서의 결과를 시점 t에 $NSPP/M/1$ 대기시스템이 안정상태에 있는 것처럼 그대로 적용한 것이다. 위의 두 근사식이 타당할 조건은 아래와 같다.

$$\Delta \equiv \left|\frac{d\rho(t)}{dt}\right| \left(\frac{1}{\mu(t)}\right) \frac{1}{(1-\rho(t))^3} \ll 1,$$

즉, 모든 t에 대하여 $\rho(t) \ll 1$이고 $\rho(t)$의 변화가 매우 작아야 한다.

복수서버 $NSPP/M/c$ 대기시스템의 경우에도 안정상태 $M/M/c$ 대기시스템에서의 결과를 적용하며, 이 때 준안정상태 근사법이 타당할 조건은

$$\Delta = \left|\frac{d\tilde{\rho}(t)}{dt}\right| \left(\frac{1}{c(t)}\right) \frac{1}{(1-\tilde{\rho}(t))^3} \ll 1,$$

단, $\tilde{\rho}(t)=\lambda(t)/c(t)$이고 $c(t)$는 시점 t에서 제공되는 총 서비스 용량이다.

예 7.3

고객 도착률이 낮 12시에 최고점인 시간당 100에 이르며, 밤 12시에는 최저점 0인 사인(sine) 곡선을 그리는 도착률 함수가 있다면 이를 $\lambda(t)=100\sin(t\pi/24)$, $0 \le t \le 24$로 나타낸다. 총 서비스용량은 $1/c(t)=30$초, 즉 서비스 용량은 시간당 120명으로 일정하다. 이를 $NSPP/M/1$ 대기 시스템으로 모형을 만든다.

$\rho(t)=\dfrac{\lambda(t)}{c(t)}=\dfrac{100\sin(\pi t/24)}{120}=0.833\sin(\pi t/24)$,

그리고 $\dfrac{d\rho(t)}{dt}=0.833\dfrac{\pi}{24}\cos(\pi t/24)=0.109\cos(\pi t/24)$,

따라서 $\Delta=\left(\dfrac{1}{120}\right)\dfrac{|0.109\cos(\pi t/24)|}{(1-0.833\sin(\pi t/24))^3}$이다. $0\le t\le 24$에서 Δ는 $t=10, 14$일 때 최대 0.0315이므로 준안정상태 근사법이 타당하다.

평균적으로 낮 12시에는 시스템에 $L(12)=\dfrac{\rho(12)}{1-\rho(12)}=\dfrac{0.833\sin(\pi/2)}{1-0.833\sin(\pi/2)}=4.99\approx 5$명의 고객이 있고, 오후 5시에는 $L(17)=\dfrac{0.833\sin(17\pi/24)}{1-0.833\sin(17\pi/24)}=1.95$명이며, 오전 4시에 바쁠 확률은 $\rho(4)=0.42$이다. □

준안정상태 근사법은 안정상태에서의 분석 결과를 활용할 수 있다는 장점이 있지만 전체 기간 내내 $\rho(t)\ll 1$이어야 하고 $\rho(t)$의 변화량도 작아야 한다는 강한 제약이 있다.

(iii) 유체근사 모형

안정상태 분석에서 보았듯이 교통밀도 ρ가 아무리 작은 값이라고 해도, 즉 단위시간당 도착하는 고객수가 단위시간당 서비스해서 내보내는 고객수보다 현저하게 작아도 일시적으로 고객들이 대기하는 때가 있다. 이는 고객 도착과정과 서비스 과정의 불규칙성 때문인데, 이로 인해 누적 도착고객수 $A(t)$의 그래프는 그림에서 보는 것과 같이 부드러운 곡선이 아니다. 이처럼 확률적 행태에 의해 생기는 약간의 변동성을 랜덤변동(random variability)이라고 한다.

NSPP에서는 $A(t)$가 평균이 $\Lambda(t)$인 포아송 분포를 따름을 보인 바 있다. 즉,

$$E(A(t))=\Lambda(t),\quad 단\ \Lambda(t)=\int_0^t \lambda(s)ds,\quad d\Lambda(t)/dt=\lambda(t).$$

그림에서 $A(t)$와 이의 평균인 $\Lambda(t)$ 사이의 간격들이 랜덤변동을 나타낸다.

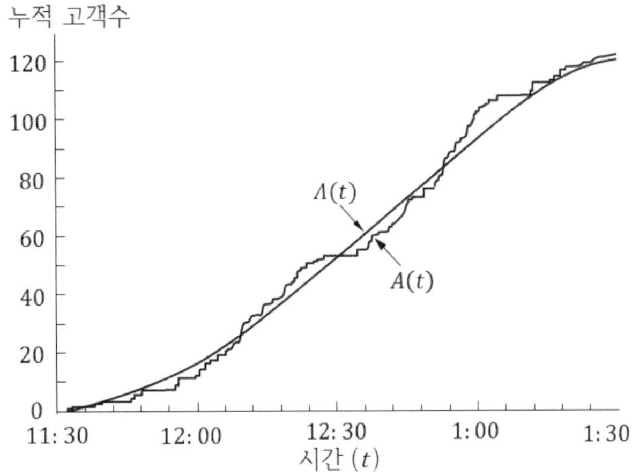

[그림 7.1] 랜덤변동

$A(t)$가 포아송 분포를 따르므로 $A(t)$의 분산 역시 $\Lambda(t)$이다. $A(t)$의 변동계수 $C(A(t))$는

$$C(A(t)) = \frac{\sqrt{Var(A(t))}}{E(A(t))} = \frac{1}{\sqrt{\Lambda(t)}},$$

그런데 $\Lambda(t)$는 증가함수이므로 $t \to \infty$ 이면 $C(A(t)) \to 0$이므로 $A(t)$의 랜덤변동은 무시할 정도가 되며 따라서 $A(t) \approx \Lambda(t)$라고 할 수 있다. 이는 그림에서 보는 랜덤변동이 있는 $A(t)$ 곡선을 랜덤변동이 없는 부드러운 $\Lambda(t)$ 곡선으로 근사할 수 있음을 의미한다.

대기행렬 모형에서 고객들은 이산적인 객체이지만 이를 유체(fluid)로 간주하고 고객도착을 유체의 흐름으로 모형화하면 분석이 단순해지고 이로써 시스템 속성과 시스템 성능 간의 관계를 보다 쉽게 이해할 수 있는 사례도 있다. 예를 들어 고속도로 톨게이트와 같이 교통밀도가 높고 고객수가 많은 시스템에서는 고객(차량)의 도착과 서비스(요금지불) 후 이탈(톨게이트를 빠져나감)하는 과정을 아래 그림과 같이 수조에 물을 받고 배수하는 것과 유사하게 생각할 수 있다.

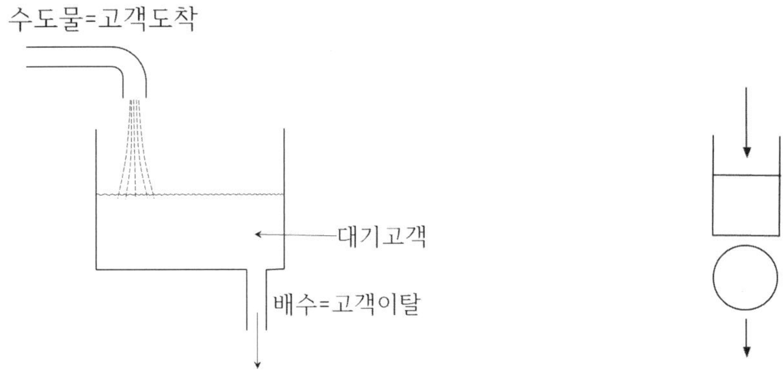

[그림 7.2] 유체흐름에 의한 근사 모형

유체근사 모형을 활용하여 고객들의 누적도착수 $A(t)$와 대기공간에서 이탈한(즉, 서비스가 개시된) 누적 고객의 수 $D_q(t)$의 예를 다음 그림에서 보이고 있다. 고객들의 도착률은 계속 증가하다가 감소하는 전형적인 비정상 도착과정이다.

랜덤변동이 없는 유체모형을 가정하므로 $A(t)=\Lambda(t)$이며, $D_q(t)$가 직선인 구간에서의 기울기는 총 서비스 용량 c이다. $A(t)-D_q(t)$, 즉 $A(t)$ 곡선과 $D_q(t)$ 직선과의 수직거리는 시점 t에서의 대기고객수를 나타내며, 두 곡선 사이의 면적은 총 누적대기시간을 표시하고 있다.

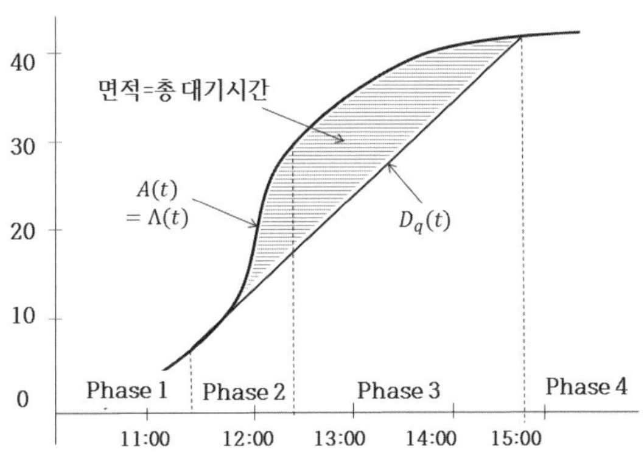

[그림 7.3] 유체흐름 모형에 의한 도착과정과 대기과정

각 구간별로 시스템의 특성을 보면 다음과 같다.

Phase 1: $\lambda(t)<c$, $A(t)=D_q(t)$. 도착률이 서비스율보다 작으므로 도착하는 고객들은 대기하지 않고 바로 서비스를 받는다.

Phase 2: $\lambda(t)\geq c$, $A(t)>D_q(t)$, $(d/dt)L_q(t)=\lambda(t)-c>0$. 이 구간에서는 도착률

이 서비스율보다 커서 대기고객이 쌓이기 시작하며 그 크기는 $\lambda(t)-c$의 속도로 늘어난다.

Phase 3: $\lambda(t)<c$, $A(t)>D_q(t)$, $(d/dt)L_q(t)=\lambda(t)-c<0$ 대기고객수가 최대점을 지나고 $\lambda(t)-c$의 속도로 감소한다. $\lambda(t)<c$이지만 아직 대기고객은 존재한다.

Phase 4: $\lambda(t)<c$, $A(t)=D_q(t)$. Phase 1에서와 같이 대기고객은 없다.

Phase 2와 3에서 보는 것과 같이, 대기고객수가 가장 많은 시점은 도착률 $\lambda(t)$가 최대인 시점이 아니라 $\lambda(t)=c$인 시점임에 유의하기 바란다.

7.2 서비스 과정의 제어를 통한 대기 성능의 향상

대기행렬 시스템의 성능을 높이기 위해서 가장 쉽게 할 수 있는 부분이 서버 또는 서비스 과정을 개선하는 것이라고 할 수 있다. 대부분 서버는 시스템 설계자 또는 운영자가 설계하고 제어할 수 있는 내생변수의 영역에 있기 때문이다.

우선 현재 운용중인 서버에 의해 서비스 품질을 손상시키지 않으면서도 서비스 시간을 줄일 수 있는가는 다음과 같은 점들을 체크해서 확인한다.

① 고객이 대기중일 때 서버는 서비스를 100% 제공하고 있는가?

즉, 서버는 유휴한데 고객들은 기다리고 있는 현상이 있다면 제거한다. 이를 위해 다음의 방법을 사용할 수 있다.

- ✓ ("one-team 서비스") 한 고객을 여러 서버가 서비스해도 무방하므로 유휴한 서버는 바쁜 서버를 돕는다.
- ✓ 성능이 보통인 다수의 서버 보다는 성능이 우수한 하나의 서버를 두는 것이 더 좋은 성능을 보였다 (예 $M/M/c$(c명의 서버×μ)와 $M/M/1$((1명의 서버×$c\mu$)의 성능비교 - 어느 것이 좋은가?)
- ✓ ("서버할당을 유연하게") 같은 서비스를 제공할 수 있는 서버들끼리 그룹을 만들어서 서비스를 제공한다.

② 서버는 최대 효율을 보이고 있는가?

즉, 서버가 서비스에 최선을 다하고 있는가를 확인한다. 기계는 최대성능을 발휘하도록 유지 보수되어야 하며, 지나치게 많은 서비스를 받는 고객이 있어서 낭비되는 서비스가 있는지 확인한다.

- ✓ ("서비스 과정의 자동화") 간단 · 단순한 서비스는 컴퓨터나 기계 등을 이용하여 자동화한다.

  예 슈퍼마켓의 바코드 스캔, 비행기 e-티켓, 고속도로 하이패스
- ✓ ("서비스 시간 중 고객에 의한 시간 단축") 서비스 도중에 고객이 해야 하는 시간(=서버의 대기시간)을 줄이기 위해 고객이 서버에게 오기 전에 서비스를 받을 준비를 하도록 한다.

  예 서버에게 제출할 필요한 서류를 미리 작성해 둠
- ✓ ("서비스 시간 중 일부를 고객에게 넘김") 서버의 서비스 시간 일부를 고객이 하게끔 한다. 단, 이는 고객에게 서비스를 전가해서 서버수를 줄이고자 하는 목적으로 수행해서는 안되며 대기시간 감축의 이익이 고객에게 돌아가도록 해야 한다.

  예 공항에서 고객이 KIOSK로 체크인을 하고 탑승권을 받게 함
- ✓ ("여러 고객을 한꺼번에 서비스") 여러 고객들을 동시에 서비스한다.

  예 한 고객이 물건을 둘러보고 있는 동안 다른 고객을 응대한다.
- ✓ ("유사 고객은 묶어서 서비스") 유사한 형태의 부품을 묶어서 생산함으로써 생산 준비 기간을 줄일 수 있다.
- ✓ ("서로 다른 형태의 고객을 번갈아가며 서비스") 자동창고 시스템(AS/RS)에서 저장(storage)과 불출(retrieval) 명령을 하나로 묶어서 처리함으로써 크레인의 이동 시간을 줄일 수 있다.

서버 혹은 서비스 과정에 대한 제어에 의해 성능을 향상시키기 위해서는
- 서비스율을 높이는 방법을 모색
- 집단 서비스 또는 묶음 서비스를 하는 방법

등 두 가지로 생각해 볼 수 있다.

(1) 서비스율 증가의 영향

서버의 형태가 "all-or-nothing", 즉 사람이나 도로의 차로 등과 같이 서버의 수를 자연수로만 표현할 수 있는 경우에는 대기 시스템의 서비스 용량을 시간당 서비스할 수 있는 고객의 수의 단위를 가지는 양으로 표현하지만, 통신 트래픽을 서비스해 주는 통신망의 대역폭(bandwidth)과 같이 실수로 표현할 수 있는 용량일 수도 있다. 이 경우에는 한 고객에게 부여되는 서비스 용량의 할당량이 많아질수록 그 고객에의 서비스 시간은 단축될 것이

며 이로써 전체 시스템의 서비스율(단위시간당 서비스를 제공해서 내보내는 고객수)은 올라가게 된다.

(i) 안정상태 시스템에서 서비스율 증가의 영향

서비스율이 높아짐에 따른 효과는 교통밀도가 높을수록 더 극적으로 나타난다. 안정상태 시스템의 경우를 우선 보자.

예 7.4

서비스율이 $\mu = 10$인 $M/M/1$ 대기시스템이 있다. 서비스율이 10% 늘어나서 $\mu = 11$이 될 때, L_q의 변화를 다양한 고객도착률 λ값에 따라 구해보면 다음과 같다.

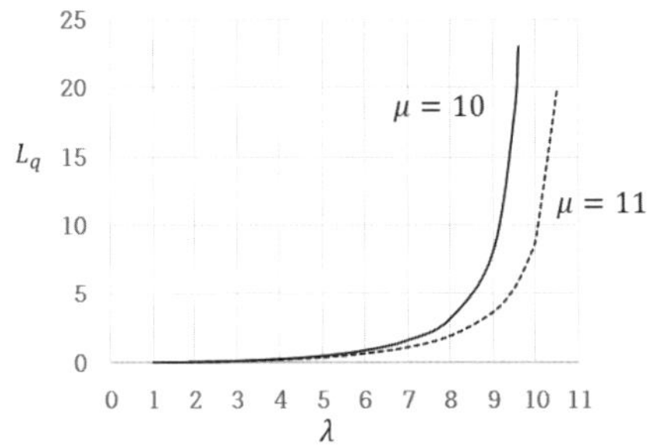

[그림 7.4] 서비스율 증가의 영향

서비스율 μ가 고정되고 λ가 증가할수록 교통밀도가 높아지므로 그림에서 x축은 교통밀도를 나타내기도 한다. 높은 교통밀도 영역에서 서비스율 μ의 증가에 의한 L_q에의 영향이 커지는데, 교통밀도 0.8 정도만 되어도 L_q는 절반 정도로 감소하고 있다. □

(ii) NSPP 도착인 대기시스템에서 서비스율 증가의 영향

랜덤변동이 없는 유체근사 모형의 경우를 보자. 즉 $A(t) = \Lambda(t)$이며 서비스율이 상수인 시스템이다.

예 7.5

다음 그림은 누적 도착고객수 $A(t)$와 누적 대기공간 이탈고객수 $D_q(t)$의 그래프이다. 직선으로 표시된 3개의 $D_q(t)$ 그래프의 기울기는 각각 μ_1, μ_2, μ_3인데, μ_2는 μ_1에서 서비스율이 25% 증가한 것이고 μ_3는 50% 증가한 것이다. $A(t)$와 직선 $D_q(t)$ 사이의 면적이 총 누적 대기시간이다.

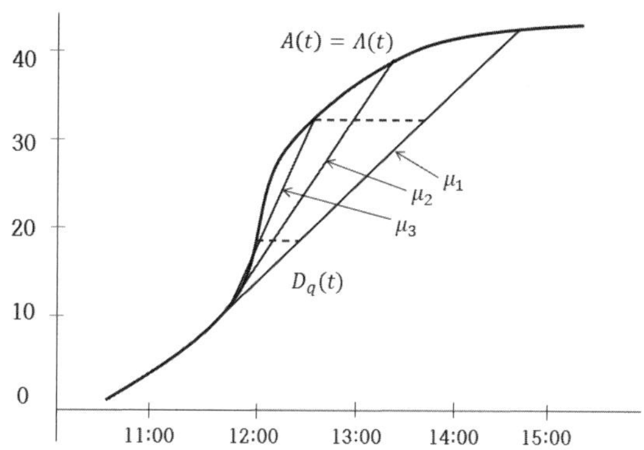

[그림 7-5] 유체근사 모형에서 서비스율 증가의 영향

서비스율이 늘어남에 따라, 즉 $D_q(t)$ 직선의 기울기가 높아짐에 따라, 대기고객수를 나타내는 $A(t)$와 직선 $D_q(t)$ 사이의 세로축상의 거리가 줄어들고 있다.
또한 특정 고객의 대기시간을 나타내는 $A(t)$와 직선 $D_q(t)$ 사이의 가로축상의 거리는 대기고객수가 많았던 때에 특히 많이 감소하고 있다. 즉, 대기고객이 가장 많은 12:30 경에 도착한 고객이 서비스율 변화에 따라 대기시간이 감소하는 양은 대기고객이 적은 12:00 경에 도착한 고객의 대기시간 감소량에 비해 훨씬 많다.
대기고객이 발생하는 총 시간도 서비스율이 μ_1일 때에는 11:50경부터 14:50경까지 3시간이나 지속되지만 서비스율 μ_2에서는 13:20까지 1시간 반 정도로, 서비스율 μ_3에서는 12:40경까지 약 50분 정도만 지속된다.
모든 고객들의 대기시간을 모두 합한 총 누적대시간은 서비스율이 25% 늘어나면(μ_2) 절반 이하로, 서비스율이 50% 증가하면(μ_3) 총 누적대기시간이 거의 없어지게 됨을 알 수 있다. □

위의 두 예에서 보는 것과 같이 서비스율을 약간이라도 높일 때 대기시스템의 성능에 미치는 효과는 예상외로 크며, 바쁜 시스템일수록 그 효과는 더욱 크게 나타난다.

(2) 서비스 용량을 늘림에 따른 비용분석

대기 시스템의 서비스 용량을 늘리면 고객들의 대기시간이 현저히 줄어들지만 여기에는 당연히 비용이 발생한다. 따라서 고객들의 대기시간 감소에 따른 효과를 이익으로 표현하고 서비스 용량을 늘리는 비용과 상호보완함으로써 적절한 서버 용량을 결정할 수 있다.

안정상태에서의 대기시스템 분석에서는 평균 고객수나 평균 대기시간 등 각종 성능척도들의 정확한 값 또는 근사값을 구할 수 있고 또 서버의 수도 정수값이므로 최적의 서버 용량(즉 서버의 수)을 결정하기 위한 절차가 상대적으로 용이하다. 하지만 NSPP 도착과정 또는 시간의존 도착률을 가지는 도착과정의 대기 시스템에서는 다른 방법을 사용해야 한다.

서버 용량이 c일 때 서비스에 의한 비용 C_{svc}은 다음과 같다: $C_{svc} = \alpha \times c$, 여기서 α는 서비스 용량당 비용이고 c는 시스템의 총 서비스 용량이다.

한편, 고객들의 대기비용 C_{wait}은 $C_{wait} = \beta \times W(c)$, 여기서 β는 고객들의 대기시간당 비용, $W(c)$는 서비스 용량이 c일 때 고객들의 총 대기시간을 의미한다.

예 7.6

총 5명의 서버를 두고 있는데, 각 서버들은 시간당 2명의 고객들을 서비스할 수 있다. 이들은 시간당 1명을 서비스할 때마다 5,000원의 인건비를 받는다. 그리고 총 40명의 고객들이 서비스를 받았으며 이들은 서비스를 받기 전에 평균 10분씩 대기하였다. 고객들의 인당 대기시간은 시간당 5천원의 가치를 가진다고 할 때, 서비스 비용과 고객 대기비용을 합한 총 비용을 구하라.

풀이

총 서비스 용량은 $c = 5 \times 2(\text{명}/\text{hr}) = 10(\text{명}/\text{hr})$이고 $\alpha = 5{,}000(\text{원}/(\text{명}/\text{hr}))$이므로 서비스 비용은 $C_{svc} = 5 \times 10{,}000 = 50{,}000(\text{원})$이다.
한편, $\beta = 5{,}000(\text{원}/(\text{명},\text{hr}))$이고 $W(c) = 40(\text{명}) \times (1/6)(\text{hr}) = 6.67(\text{명},\text{hr})$이므로 고객들의 총 대기비용은 $C_{wait} = 5{,}000 \times 6.67 = 33{,}333(\text{원})$이다.
따라서 총 비용은 $C = C_{svc} + C_{wait} = 50{,}000 + 33{,}333$(원)이다. □

총 비용은 $C = C_{svc} + C_{wait} = \alpha \times c + \beta \times W(c)$ 이고 이는 c의 함수이므로 최적해를 얻기 위한 필요조건은 다음과 같다.

$$\frac{dC}{dc} = \alpha + \beta \frac{dW(c)}{dc} = 0.$$

하지만 안정상태 모형이 아니므로 $W(c)$, 즉 모든 고객들의 총 대기시간을 c의 함수로 해석적으로 표현하는 것이 어려우므로 $(d/dc)W(c)$ 역시 c의 함수로 나타내기가 어렵다. 그래프에 의한 다음의 방법을 사용한다.

$T(c)$를 서비스 용량이 c일 때, 고객들의 대기 상황이 지속되는 시간(queue duration)이라고 하자. 그림의 삼각형 부분이 서비스 용량이 c에서 $c + \Delta c$로 늘어남에 따라 감소하는 총 대기시간의 근사값이므로,

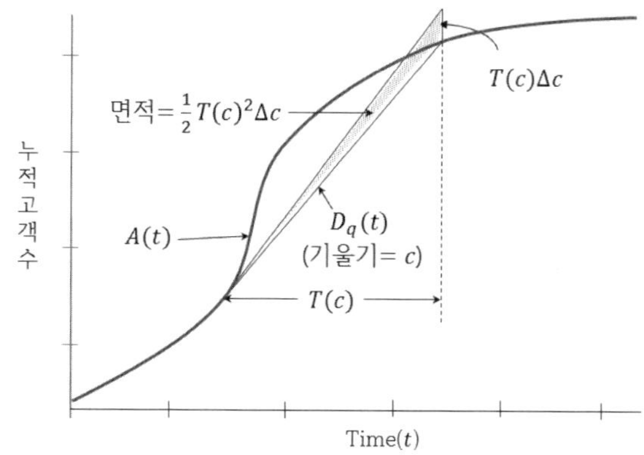

[그림 7-6] 최적 서버용량의 결정

$$W(c) - W(c+\Delta c) \approx \frac{1}{2}T(c) \cdot [\,T(c)\,\Delta c\,],$$

$$\frac{dW(c)}{dc} = \lim_{\Delta c \to 0} \frac{W(c+\Delta c) - W(c)}{\Delta c} \approx -\frac{1}{2}T(c)\,[\,T(c)\,],$$

따라서

$$\frac{dC}{dc} = \alpha + \beta\frac{dW(c)}{dc} = 0 \quad \text{이므로} \quad 0 = \alpha - \beta(1/2)\,T(c)^2,$$

$$\therefore T(c^*) = \sqrt{2\alpha/\beta}\,.$$

식에서 보듯이 α(서비스 비용)가 커지면 대기지속 시간을 길게 가져가고, β(고객들의 대기비용)가 높다면 대기지속 시간을 짧게 해야 한다. 이렇게 구한 c^* 값은 근사값이므로 실제로 적용할 때에는 적절하게 조절해야 한다.

참고 $T(c^*)$로부터 c^*를 구하는 것은 누적 도착고객수 $A(t)$ 그래프를 통해서 결정한다. 다음의 예를 참고하라.

예 7.7

위의 (예 7.6)을 다시 보자. 총 5명의 서버를 두고 있는데, 각 서버들은 시간당 2명의 고객들을 서비스할 수 있으며 이들의 서비스 용량당 비용이 5,000원이다. 고객들의 인당 대기시간은 시간당 5천원의 가치를 가진다. 서비스 용량을 얼마로 하는 것이 좋겠는가? 단, 누적 고객 도착수 $A(t)$는 다음 그림과 같다.

풀이

$\beta = 5{,}000(\text{원}/(\text{명,hr}))$이고 $\alpha = 5{,}000(\text{원}/(\text{명}/\text{hr}))$이었으므로

$T(c^*) = \sqrt{2\alpha/\beta} = \sqrt{2\times 5{,}000/5{,}000} = \sqrt{2} \approx 1.4(\text{hr}),$

즉 약 1.4 시간 또는 84분 정도 대기상황이 지속될 정도로 c를 결정한다.

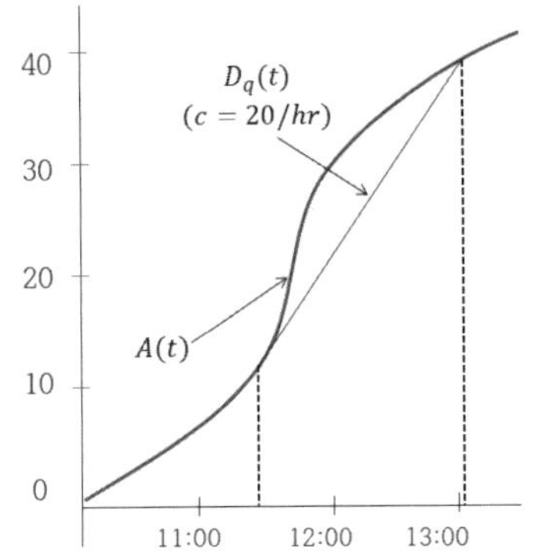

[그림 7-7] (예 7.7)에서의 최적서버 용량의 결정

그림에서 보듯이 $c=20$이면 11:30부터 13:00 까지 약 90분 동안 대기 상황이 지속되므로 $c=18$ 정도면 될 것이다. 각 서버들이 시간당 2명의 고객들을 서비스하므로 서버의 수를 9명 정도로 하는 것이 바람직하다. □

(3) 묶음 서비스 비용분석

고객당 제공되는 서비스 시간을 줄임으로써 서비스율을 높이는 손쉬운 방법 중의 하나는 가능하다면 묶음 서비스를 제공하는 것이다. 또한 이를 통해서 가동비용을 줄일 수도 있기 때문에 시스템 운용비용의 절감에도 기여하는 방법이다. 특히 가동비용은 묶음의 크기와 무관하므로 묶음의 크기가 클수록 고객당 서비스 비용을 줄여준다.

여기서는 특히 버스 배차간격 등과 같이 고객들을 묶어서 한꺼번에 서비스하는 시스템의 경우 묶음 서비스를 제공함으로써 서비스 비용을 최소로 하는 서비스 제공시점을 결정하는 방법을 알아보기로 한다.

(i) 한 주기당 한 번의 묶음 서비스를 제공하는 경우

도착과정의 패턴이 주기를 이룰 때, 한 주기에 한 번(예를 들어 하루에 한 번)의 서비스를 제공하는 시스템에서 서비스 제공 시점에 시스템에 대기중인 모든 고객들이 한꺼번에 서비스를 받는다. 한 주기 동안의 도착고객 패턴을 나타내는 $A(t)$를 알고 있을 때, 고객들의 대기시간을 최소로 하는 서비스 제공 시점을 결정한다.

다음 그림에서 보는 것과 같이 T를 한 주기의 길이, τ는 서비스를 개시하는 시점이라고 하자.

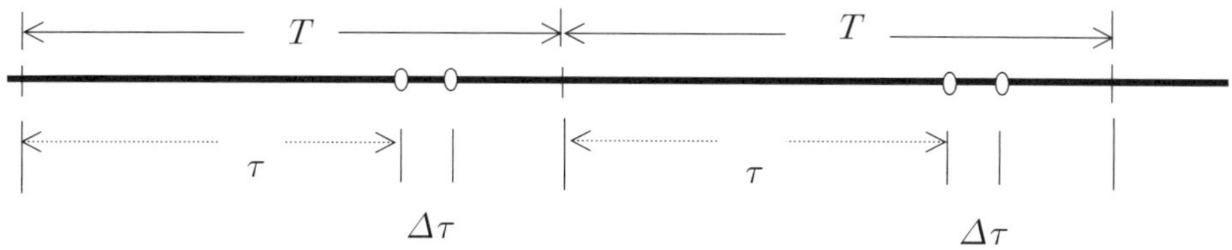

[그림 7-8] 묶음 서비스의 제공시점 결정

τ가 $\tau+\Delta\tau$로 미루어진다면,

ΔW_q (총 대기시간의 변화량)

$= \Lambda(T)$(이전 주기의 τ 부터 지금 주기의 τ 이전까지 도착 고객수)$\times\Delta\tau$(추가된 대기시간)

$\quad - [\Lambda(\tau+\Delta\tau)-\Lambda(\tau)]$ (이전 주기의 $\Delta\tau$ 동안의 도착 고객수)$\times T$ (절약된 대기시간)

$= \Lambda(T)\Delta\tau - [\lambda(\tau)\Delta\tau]\,T \;=\; (\Lambda(T)-\lambda(\tau)T)\,\Delta\tau.$

두 번째 등식의 우변에서는 $\Lambda(b)-\Lambda(a)=\int_a^b \lambda(t)dt$, 즉 $\Lambda(t+\Delta t)-\Lambda(t)\approx\lambda(t)\Delta t$임을 활용하였다. 이제 ΔW가 음수에서 양수로 바뀌는 때가 총 대기시간 W_q의 최소값이므로, 즉

$$\Delta W=(\Lambda(T)-\lambda(\tau)T)\Delta\tau\geq 0\ ,\ \ \lambda(\tau)\leq\frac{\Lambda(T)}{T},$$

따라서 $\lambda(\tau)$가 $\dfrac{\Lambda(T)}{T}$, 즉 한 주기내에서의 평균 도착률보다 크다가 작아지는 때가 최적이며 다음과 같이 쓸 수 있다.

$$\lambda(\tau^*)=\frac{\Lambda(T)}{T},\ \text{단}\ \lambda(\tau^*-0)\geq\frac{\Lambda(T)}{T}\text{이고}\ \lambda(\tau^*+0)\leq\frac{\Lambda(T)}{T}.$$

참고: τ^*-0과 τ^*+0은 각각 τ^* 직전과 직후 시점을 나타낸다.

한 주기 내에서는 $\lambda(\tau)=\Lambda(T)/T$이 성립하는 τ 시점이 여럿 있을 수 있으나 이들 가운데 $\lambda(t)$가 최고점을 지난 뒤인 한 주기의 거의 끝 지점에서 주로 최적 τ^*점이 나타난다. 다음 그림에서 예시하는 것처럼 $\lambda(t)=\Lambda(T)/T$인 지점은 t_1, t_2이지만 최적값은 t_2이다.

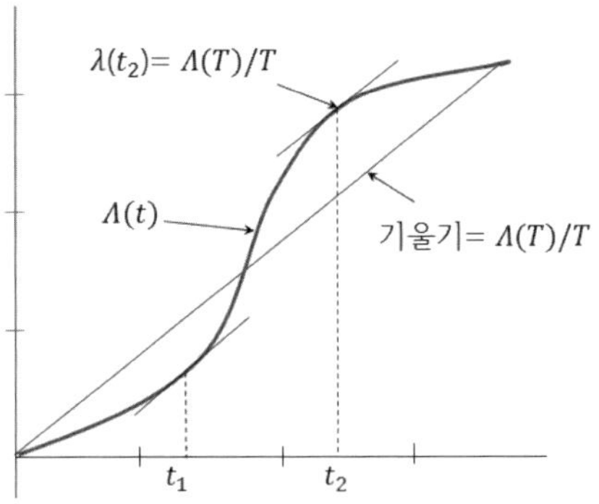

[그림 7-9] 한 주기 내에서 최적의 묶음서비스 제공시점의 결정

(ii) 도착과정이 주기적이지 않아서 주기가 존재하지 않는 경우

도착과정 $\Lambda(t)$이 주기적이지 않고 규칙적인 패턴을 가지지 않는다면 묶음 서비스를 제공해야 할 시점들도 일정한 간격을 가지지 않을 것이다.

τ_i를 i번째 묶음 서비스의 제공 시점이라고 하고 이 때 대기 중인 고객들을 한꺼번에 처리한다. Newell(1971)과 Bisbee 등(1968)에 의하면 최적의 τ_i는 다음과 같이 정한다. $\Lambda(\tau_0)=0$, 즉 시스템 시작시 시스템이 비어있음을 가정한다.

$$\lambda(\tau_i)=\frac{\Lambda(\tau_i)-\Lambda(\tau_{i-1})}{\tau_{i+1}-\tau_i},\quad i=1,2,\cdots,$$

또는

$$\tau_{i+1}=\tau_i+\frac{\Lambda(\tau_i)-\Lambda(\tau_{i-1})}{\lambda(\tau_i)},\quad i=1,2,\cdots.$$

즉, τ_{i+1}은, τ_i에서의 도착률로 고객들이 고객들이 온다고 가정할 때 이전 구간 $[\tau_{i-1,}\tau_i]$ 동안의 고객 도착에 소요되는 시간 만큼 시점 τ_i로부터 경과한 시점으로 잡는다. 현재의 도착률이 그대로 유지된다고 가정하고 앞으로 지금 처리한 고객수 만큼 왔을 때에 처리한다는 의미이다.

예 7.8

다음 그림에서 $\tau_1=10.75, \Lambda(\tau_1)=10$이고 시점 τ_1에서의 도착률이 $\lambda(\tau_1)=18$라고 하자. 다음 서비스 시점은 $\tau_2=10.75+\frac{10}{18}=11.3$이 적절하다. □

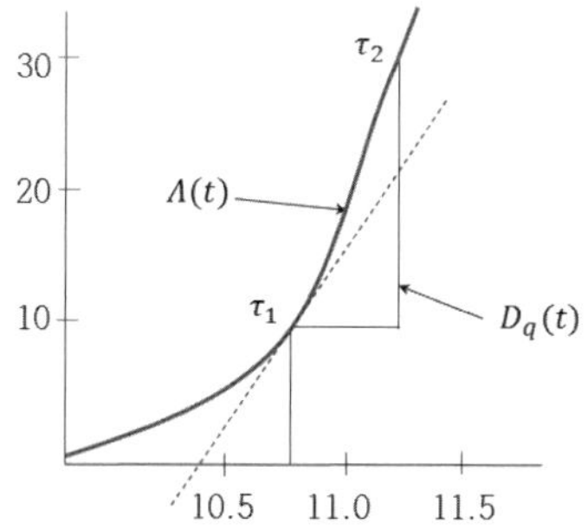

[그림 7-10] 비주기적 도착과정에서 최적의 묶음서비스 제공시점의 결정

(iii) 비용을 최적화하는 서비스 개시시점의 결정

이제 고객 대기비용과 서비스 비용을 고려한 최적의 묶음 서비스 개시시점을 결정하는 방법을 알아보기 위해 F를 묶음 서비스를 위한 1회 비용, β는 고객들의 대기시간에 대한 단위시간당 비용이라고 하자.

우선 고객 도착과정이 NSPP가 아니라 안정상태 정상(stationary, 또는 균질(homogeneous)) 포아송 과정인 $PP(\lambda)$로 시스템에 도착하는 경우를 보면, $\Lambda(t)=\lambda t$ 이므로

$$\tau_{i+1}-\tau_i=\frac{\lambda\tau_i-\lambda\tau_{i-1}}{\lambda}=\tau_i-\tau_{i-1},$$

즉 묶음 서비스 개시시점 간의 간격은 일정한 주기를 이룬다. 이 간격을 τ라고 하면, τ 동안 총 $\lambda\tau$명의 고객이 오므로 한 주기 내에 모든 고객들의 총 대기시간의 기댓값은 다음 그림과 같이 삼각형의 면적이므로 $\left(\frac{\tau}{2}\right)\lambda\tau=\frac{\lambda\tau^2}{2}$ 이다.

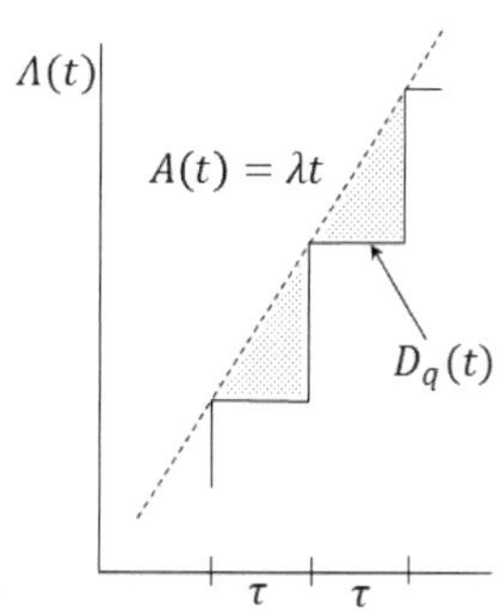

[그림 7-11] 정상 포아송 과정의 도착과정에서 대기시간의 기댓값

따라서 τ 동안 고객 1인당 비용을 다음과 같이 구하고 이를 최소화한다.

$$\min_{\tau}: \frac{\beta\left(\frac{\tau}{2}\right)\lambda\tau + F}{\lambda\tau} = \frac{\beta\tau}{2} + \frac{F}{\lambda\tau},$$

따라서 $\tau^* = \sqrt{\frac{2F}{\lambda\beta}}$ 이고 서버는 서비스를 시점 $\tau^*, 2\tau^*, 3\tau^*, \cdots$ 에서 제공한다. 이를 다음과 같이 NSPP를 포함한 비정상 도착과정의 근사값으로 잡는다(Newell 1971).

$$(\tau_{i+1} - \tau_i)^* \approx \sqrt{\frac{2F}{\lambda(\tau_i)\beta}}, \quad i = 1, 2, \cdots,$$

여기서 식 $\lambda(\tau_i) = \frac{\Lambda(\tau_i) - \Lambda(\tau_{i-1})}{\tau_{i+1} - \tau_i}$ 를 활용하면 다음의 최적 서비스 제공시점을 정하는 기준을 얻을 수 있다.

$$\beta\left[\frac{\left(\Lambda(\tau_i^*) - \Lambda(\tau_{i-1}^*)\right)^2}{2\lambda(\tau_i)}\right] = F.$$

그런데 위 식에서 [ ] 안의 값은 다음 그림에서 삼각형의 면적에 해당하며, 이 면적은 τ_{i-1}과 τ_i 동안 도착한 고객들의 총 대기시간의 근사값이기도 하다.

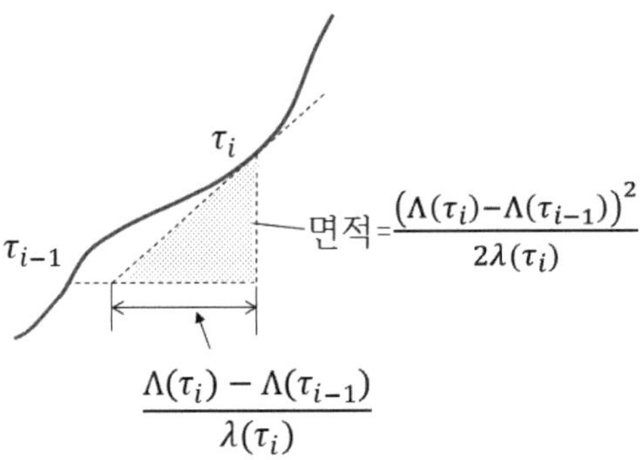

[그림 7-12] 비용을 최적화하는 서비스 개시시점의 결정

따라서 다음과 같이 고객들의 총 대기시간에 의한 비용과 묶음 서비스 비용이 같아지는 시점이 최적의 서비스 제공시점이 된다.

$$\beta \cdot \text{(total waiting time over interval)} = F,$$

또는 $\beta \cdot \int_{\tau_{i-1}}^{\tau_i} (\Lambda(t) - \Lambda(\tau_{i-1})dt) = F$.

예 7.9

어떤 버스 정류장에 도착하는 고객들을 수송하기 위해 버스의 배차 시점들을 결정해 보자. 고객들이 정류장에 도착하는 누적수 과정 $A(t)$가 다음 그림과 같다. 수송차량의 회당 운행비용은 100,000원이고 고객의 수송 지연 및 지연에 따른 고객손실 비용은 시간당 5,000원이다.
$A(t)$ 과정에 특별한 패턴이 보이지 않으므로 안정상태 모형보다는 비정상 도착과정 모형으로 보면 $A(t)=\Lambda(t)$로 근사한다.
$F=100{,}000$이고 $\beta=5{,}000$이므로 $F/\beta=100{,}000/5{,}000=20$, 즉 삼각형 면적이 20이 되도록 τ_i들을 만들어 준다. □

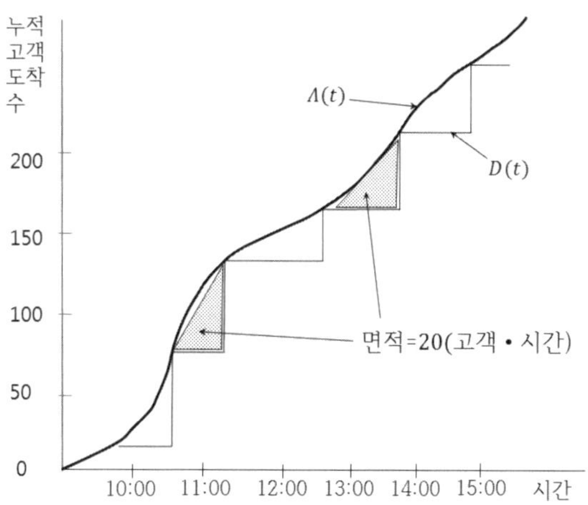

[그림 7-13] (예 7.9)의 서비스 개시시점의 결정

7.3 도착과정의 제어를 통한 대기 성능의 향상

그림 7.3에서 보는 것처럼 고객들의 총 대기시간은 $A(t)$와 $D_q(t)$ 그래프 사이의 면적이므로, $D_q(t)$를 $A(t)$ 쪽으로 가깝게, 즉 서비스율을 높임으로써 대기시간을 줄이고 이로써 대기 시스템의 성능을 개선할 수 있지만, 반대로 $A(t)$를 $D_q(t)$ 쪽으로 이동시킴으로써 대기 시스템의 성능을 향상시킬 수도 있다.

고객들의 도착과정을 제어함으로써 대기 시스템의 성능을 개선하는 방법은 서비스 과정을 제어하는 것보다 당연히 어려움이 따를 것이다. 하지만 고객이 사물이 아닌 인간인 경우에는 고객들도 시스템의 대기상황을 이해하고 합리적인 판단을 통해 협조를 한다면 보다

나은 성능을 달성할 수 있다.

하지만 고객들의 도착과정을 제어하는 데에는 예를 들어 예약시스템과 같이 고객에 대한 불편을 초래하는 경우가 많으므로 서비스 과정에 대한 제어를 우선 고려한 후에 적용하는 것이 좋다.

(1) 예약/약속 시스템

서비스 시간이 적어도 10분 이상으로 길 때, 즉 식당, 항공, 공연, 호텔 등의 서비스 시스템에서 예약(reservation)이나 약속(appointment) 시스템을 활용하고 있다. 하지만 예약 또는 약속을 잡기 위한 또 다른 대기상황이 고객들에게 발생하므로 대기를 없애는 것이 아니라 숨기는 역할, 또는 예측가능한 대기로 바꾸어 주는 역할을 한다고 볼 수 있다. 따라서 대기상황을 피할 수는 없지만 고객들이 예측가능하게, 편하게 만들어 주는 방편으로 사용해야 하며 단지 서버수를 줄여서 시스템 운영비용을 절감하기 위한 목적으로 사용하면 안된다.

예약시간을 결정할 때의 고려사항을 몇 가지 지적하면 다음과 같다.

- 서비스 형태에 따라 서비스에 소요되는 시간을 미리 알 수 있는 경우 시간을 블록(block) 단위로 편성하고 적절한 예약/약속 시간의 블록을 할당한다.
- 시간 블록은 같은 수의 배수로 하는 것이 좋다.
- 특별히 긴 시간을 필요로 하는 서비스 형태가 있는 경우 이들을 위한 시간대를 따로 둔다.

예 7.10

다음과 같은 세 가지 형태의 서비스를 제공하는 시스템이 있다. 소요시간은 평균값이다: A=8분, B=13분, C=26분. A 형태의 서비스가 6개, B가 3개, C가 3개 필요한 경우 이를 시간대에 편성해 보자.

우선 A=10분, B=15분, C=25분으로 반올림한 후 스케쥴을 5분 블록으로 나누어 A=2블록, B=3블록, C=5블록을 할당한다. 따라서 총 180분($6\times2+3\times3+3\times5=36\times5$)의 서비스 시간이 필요하다. 다음 그림 7.14(a)은 고객들이 원하는 시간대로 할당한 시간 스케쥴이다.

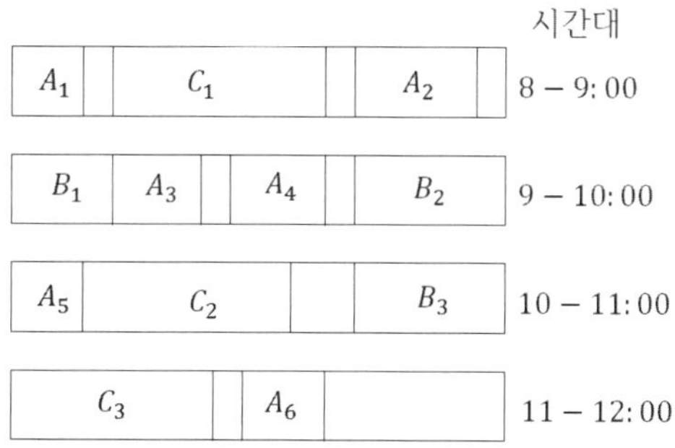

[그림 7.14(a)] 5분 블록에 의한 할당

이렇게 하면 총 4시간이 소요되는 스케쥴이다. 사용하지 않는 5분대 자투리가 많으며, 추가로 서비스를 더 할당할 수가 없다. 다음 그림에서는 A=10분, B=10분, C=30분으로 변경하여 모든 서비스를 10의 배수로 만들고 가장 오래 걸리는 C 서비스는 시간대의 후반부로 배치한다.

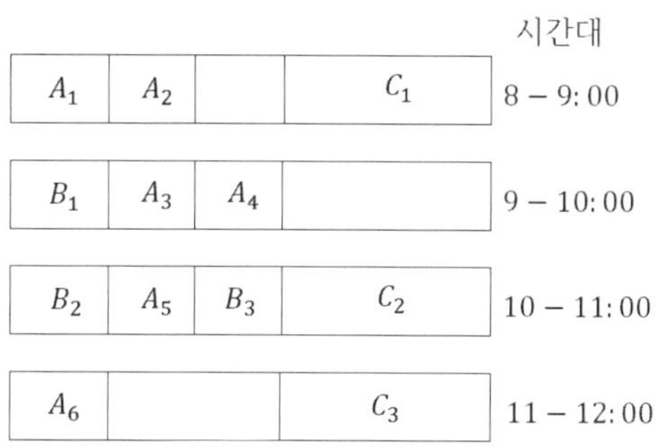

[그림 7.14(b)] 10분 블록에 의한 할당

이 역시 4시간이 소요되는 스케쥴이지만 유용한 자투리 시간이 많이 생겼으므로 추가로 더 서비스를 받을 여지가 있다. 고객들이 요구하는 시간대로 맞추어 줄 수 있는 가능성은 줄었으나 그래도 원하는 시간의 근처 1시간 이내로 할당할 수 있다.

이 방법에서는 각 서비스 형태별로 원래 소요되는 시간 A=8분, B=13분, C=26분을 A=10분, B=10분, C=30분으로 변경하여 스케쥴 배치를 하였다. 실제 운영에서 서버는 스케쥴에 맞추어 서비스 제공을 하려는 경향이 있으므로 서비스 시간이 불변이 아니고 예약/약속 시간에 의해 달라질 수 있다는 점을 고려하면 타당한 방법이라고 할 수 있다. ◻

(2) 묶음 서비스의 예약 시스템

항공기 좌석예약의 경우에는 서비스가 묶음으로 이루어지며 예약시간에 바로 서비스가 개시된다. 예약부도(“no-show”), 예약취소 등의 상황이 발생할 것으로 예상되는 경우에 총 좌석수보다 더 많은 승객의 예약을 받는 적정한 초과예약(overbooking) 정책이 필요한데, 이는 이중예약(bumping)이 된 고객에의 보상을 위한 비용과, 빈 좌석에 의해 발생하는 손해를 상호보완해야 한다.

C_b를 이중예약된 고객에의 보상비용, M은 예약수, R은 좌석당 이익이라고 하자. M^*가 최적의 예약수라고 하면 다음의 상호보완 관계식이 만들 수 있다.

$$C_b \cdot P(\text{reservationfull} \mid M^*) = R \cdot [1 - P(\text{reservationfull} \mid M^*)] \quad ,$$

따라서

$$P(\text{reservationfull} \mid M^*) = \frac{R}{R + C_b} \ .$$

> **예 7.11**
>
> $P(\text{reservationfull} \mid M^*) = 0.6$ 이라면 이는 최적의 예약수는 그 숫자대로 예약을 받을 때 예약이 완전히 찰 확률이 0.6이 될 때의 숫자라는 것을 의미한다. □

예약부도("no-show")는 예약시스템에서 가장 취약한 부분이므로 이를 방지하는 데에 주의를 기울여야 한다.

- SMS나 이메일 등의 방법으로 예약 상황을 계속 재확인한다.
- 예약시간에 서비스가 정시 시작됨을 보장한다.

(3) 가격 정책

고속도로 톨게이트에서 출퇴근 시간대에 지불하는 요금이 다른 시간대의 요금에 비해 비싼 경우가 있다. 공연의 무대 앞자리는 관람 환경이 매우 좋기 때문에 다른 좌석에 비해 많은 돈을 지불해야 하며, 유명 의사로부터 진료를 받기 위해서 특진료를 내기도 한다.

이처럼 고객들이 선호하는 도착 시간대나, 여러 대기행렬 가운데 고객들이 선호하는 대기행렬에서 서비스를 받고자 하는 고객들이 있다면 이들에게 비용을 부담하게 하는 것이 혼잡비용 부과(congestion pricing) 정책이다.

서비스의 품질을 향상시키기 위한 방안들은 대부분 큰 비용이 필요한 경우가 많으며 특히 서버가 사람이나 도로의 차로 등과 같이 "전부 또는 전무(all-or-nothing)" 형태의 서버인 경우에는 더욱 그러하다. 시스템 성능향상의 유용한 방법인 예약/약속 시스템은 고속도로 톨게이트를 통과하는 경우에는 적용할 수 없다. 이런 때에는 혼잡비용을 부과함으로써 도착과정을 제어하는 것이 매우 유용하고 또 거의 유일한 대안일 수 있다.

혼잡비용을 얼마로 책정할 것인가에 대해서는 다음의 원칙이 타당하다: "혼잡비용은 그 고객으로 인해 시스템내의 모든 고객들에게 부과되는 한계비용(marginal cost)과 같도록 한다." 여기서 한계비용이란 고객 한 명이 추가됨으로써 다른 모든 고객들에게 발생하는 비용의 변화량을 의미한다.

한계비용에 따른 혼잡비용 계산은 어느 서버를 선택하는가에 따른 차이(예 국도를 선택하지 않고 고속도로를 선택하여 이용함으로써 다른 모든 고객에게 주는 영향의 차이)와, 해당 고객의 도착 시간에 의한 차이(예 러시아워에 도로를 사용하는 경우와 한가한 시간에 고속도로를 이용하는 경우 다른 고객들에게 미치는 영향의 차이)로 구분해서 생각해 볼 수 있다.

(i) 서버 선택에 의한 혼잡비용

두 개 이상의 서비스 시스템 가운데 하나를 선택함으로써 그 시스템을 사용하는 모든 고객들의 대기 시간이 증가하므로 이에 따른 비용의 변화량을 혼잡비용으로 하는 것이 원칙이다. 이 원칙을 이해하기 위해 다음의 예를 고려하자.

두 개의 대기시스템이 있는데 시스템 1은 서비스를 받기까지 걸리는 시간이 작지만 서비스 시간은 오래 걸리며, 시스템 2는 서비스를 받기 위해 서버에 접근하기까지 추가시간이 걸리지만 서비스는 빠르게 진행된다. 각 시스템의 모수는 다음과 같다.

λ_1, μ_1 = 시스템 1로의 도착률과 서비스율,

λ_2, μ_2 = 시스템 2로의 도착률과 서비스율,

$\lambda = \lambda_1 + \lambda_2$ = 총 도착률,

τ = 서버 2로 가기 위해 추가로 소요되는 대기시간.

(a) 혼잡비용을 고려하지 않는 경우

비용을 고려하지 않는다면 고객들이 서버를 선택하는 기준은 예상되는 고객당 평균 대기시간일 것이다. 시스템 1 쪽의 대기시간이 짧을 것으로 예상되면 시스템 1로 고객들이 몰리게 되고 이에 따라 대기시간이 증가하며 이는 시스템 2에서의 대기시간 감소로 이어지며 다시 시스템 2로 고객 도착이 많아질 것이다. 결국 안정상태에서는 두 시스템의 평균 대기시간이 동일해지는 방향으로 두 시스템으로의 도착률이 결정된다. 이 때의 고객 도착률을 평형해(equilibrium solution)라고 하자.

두 대기시스템이 $M/M/1$ 시스템이라면 안정상태에서 평균 대기시간은 $W_q = \dfrac{\lambda}{\mu(\mu-\lambda)}$ 이므로 $W_{1,q} = W_{2,q}$로부터

$$\frac{\lambda_1}{\mu_1(\mu_1 - \overline{\lambda_1})} = \tau + \frac{\lambda_2}{\mu_2(\mu_2 - \overline{\lambda_2})},$$

단 $\overline{\lambda_1}, \overline{\lambda_2}$는 평형상태에서의 양 시스템으로의 도착률이다.

예 7.12

$\lambda=50,\ \mu_1=50,\ \mu_2=80,\ \tau=0.06$의 경우 평형해는 다음과 같다.

$\overline{\lambda}_1=36.5,\ \ \overline{\lambda}_2=50-\overline{\lambda}_1=13.5$, 이에 따라 $\overline{W}_1=\overline{W}_2=0.075$이다. □

(b) 혼잡비용을 고려하는 경우

위의 평형해는 최적해(optimal solution), 즉 모든 고객들의 대기시간의 합을 최소로 하는 해가 아니다. 최적의 λ_1^*과 λ_2^*는 모든 고객들의 총 대기시간(TW_q)을 최소로 하는 값이므로, 총 운용기간을 T라고 하면

$$TW_q=((\lambda_1/\lambda)W_{q,1}+(\lambda_2/\lambda)W_{q,2})(\lambda T)=(\lambda_1 W_{q,1}+\lambda_2 W_{q,2})T,$$

여기서 첫째 등식의 우변 괄호안의 식에서 λ_i/λ는 임의의 고객이 시스템 $i=1,2$를 선택할 확률이므로 $(\lambda_1/\lambda)W_{q,1}+(\lambda_2/\lambda)W_{q,2}$는 임의의 고객의 평균 대기시간이다. 여기에 총 도착고객수 λT를 곱하여 기간내 도착한 모든 고객들의 총 대기시간을 구할 수 있다.

참고 TW_q의 최소값을 구하는 데에 있어서 총 관측시간 T는 무관하므로 이하 식에서는 생략한다.

$$\begin{aligned}\frac{\partial TW_q}{\partial\lambda_1}&=\frac{\partial(\lambda_1 W_{q,1})}{\partial\lambda_1}+\frac{\partial(\lambda_2 W_{q,2})}{\partial\lambda_1}\\&=\frac{\partial(\lambda_1 W_{q,1})}{\partial\lambda_1}+\left(\frac{\partial\lambda_2}{\partial\lambda_1}\right)\frac{\partial(\lambda_2 W_{q,2})}{\partial\lambda_2}\\&=\frac{\partial(\lambda_1 W_{q,1})}{\partial\lambda_1}-\frac{\partial(\lambda_2 W_{q,2})}{\partial\lambda_2}=0,\end{aligned}$$

여기서 $MW_{q,i}\left(\equiv\dfrac{\partial(\lambda_i W_{q,i})}{\partial\lambda_i}\right)$ = 한계대기시간(marginal waiting time) = "서버 i로의 도착이 약간 늘어날 때 서버 i를 사용하는 모든 고객들의 총 대기시간의 변화량"이다.

이 식을 다시 쓰면 최적 조건은 다음과 같이 양 서버의 한계대기시간이 동일한 경우에 총 대기시간이 최적이다.

$$MW_{q,1}-MW_{q,2}=0.$$

혼잡비용은 시스템내의 모든 고객들에게 발생한 비용의 변화량과 같도록 하는 것이 원칙이므로, β = 고객의 시간당 대기비용, P_i를 서버 i를 사용함으로써 발생하는 추가비용, 즉 혼잡비용이라고 하면 다음과 같다.

$$P_i = \beta(MW_{q,i} - W_{q,i}).$$

두 대기시스템이 $M/M/1$ 시스템이라면 평균 대기시간 W_q는 $W_q = \lambda/\mu(\mu-\lambda)$이므로, $W_{q,1} = \dfrac{\lambda_1}{\mu_1(\mu_1-\lambda_1)}$, $W_{q,2} = \dfrac{\lambda_2}{\mu_2(\mu_2-\lambda_2)} + \tau$ 를 식에 대입하면 다음을 얻는다.

$$\frac{\lambda_1(2\mu_1-\lambda_1)}{\mu_1(\mu_1-\lambda_1)^2} - \left[\frac{\lambda_2(2\mu_2-\lambda_2)}{\mu_2(\mu_2-\lambda_2)^2} + \tau\right] = 0.$$

예 7.13

(예 7.12)를 다시 보자. 총 도착률이 시간당 $\lambda=50$, 시간당 서비스율이 각각 $\mu_1=50$, $\mu_2=80$이고 $\tau=0.06$시간인 두 $M/M/1$ 시스템이 있다. 총 대기시간을 최소로 하는 최적의 λ_1^*, λ_2^*는 다음과 같다.

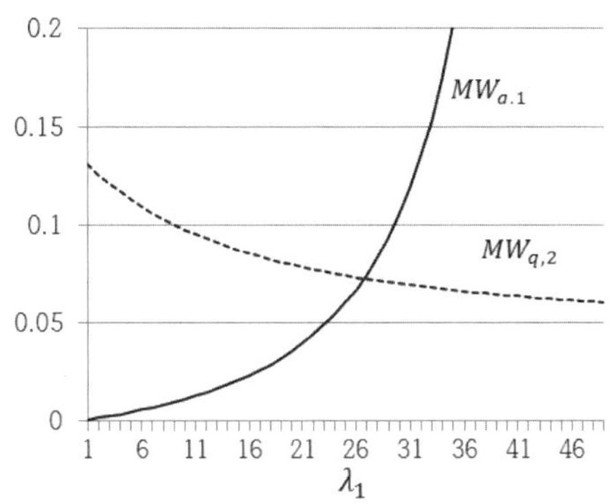

[그림 7-15] 혼잡비용 계산을 위한 한계대기시간의 그래프

TW_q가 최소인 점은 $\lambda_1^*=26.7$, $\lambda_2^*=23.3$이고, 이 때 대기시간의 평균은
$W_{q,1}^*=0.023$, $W_{q,2}^*=0.065$ 이며 $MW_{q,1}=MW_{q,2}=0.072$ 이다.
즉, 시스템 1에서의 고객의 평균 대기시간은 0.023이지만 시스템 1에 새로운 고객이 1명 늘어나면 전체 고객들의 대기시간은 0.072가 늘어난다.
따라서 고객의 인당 시간당 대기비용을 $\beta=500$(원/시간)이라고 하면 혼잡비용은 다음과 같다.
$P_1 = 500\times(0.072-0.023) = 24.5$(원), $P_2 = 500\times(0.072-0.065) = 3.5$(원),
또한 임의의 고객의 평균 대기시간은
$(\lambda_1/\lambda)W_{q,1} + (\lambda_2/\lambda)W_{q,2} = (26.7/50)\times 0.023 + (23.3/50)\times 0.065 = 0.043$,
즉 임의 고객의 평균대기시간은 최적해의 경우가 평형해보다 작다. □

(ii) 서버 사용시점에 의한 혼잡비용

고객이 대기 시스템에 합류하면 그 이후 도착하는 모든 고객들의 대기 시간에 영향을 준다. 즉, 고객 한 명이 추가로 오기 때문에 이후 모든 고객들의 총 대기시간의 합은 그 고객의 도착시점부터 대기상황이 종료될 때까지의 시간만큼 증가한다. 다음 그림을 참조하자.

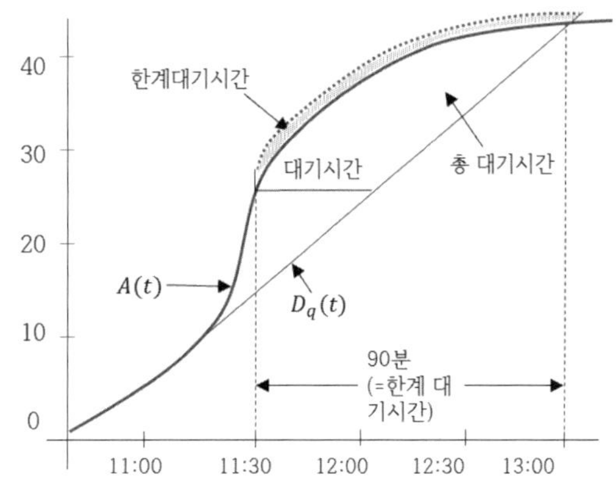

[그림 7-16] 고객의 합류에 의한 대기시간의 증가

11:30에 도착한 고객으로 인해 고객도착곡선 $A(t)$는 1만큼 위로 올라가며 그 형태는 13:00까지 지속된다. 이로써 고객들의 총 대기시간은 90분만큼 늘어난다. 고객이 11:30보다 더 일찍 오면 이 한계대기시간은 더 증가할 것이다.

다음 그림은 한계대기시간과 고객들의 대기시간 간의 그래프를 보이고 있다. 대기상황은 11:20부터 발생하므로 11:20에서의 한계대기시간은 100분으로 최대이며 이 값은 -1의 기울기로 감소하면서 13:00에 0이 된다.

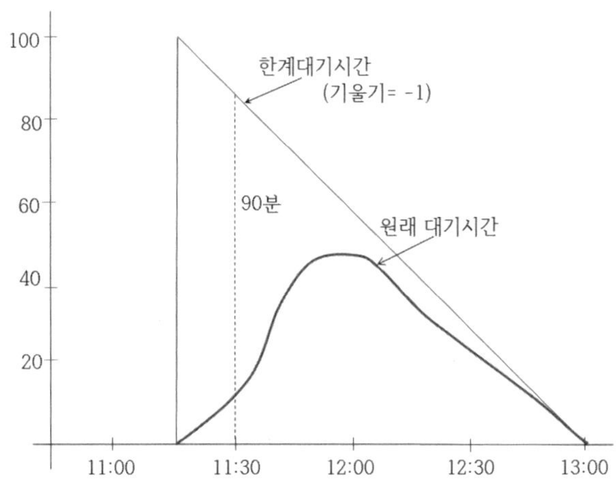

[그림 7-17] 도착시간과 한계대기시간

한계대기시간(MW)을 나타내는 직선과 원래 대기시간(W)을 나타내는 곡선 간의 차이가 다른 고객들에게 더해지는 총 대기시간의 증가분을 나타내므로, 혼잡비용을 부과하는 원칙에 의거하여 다음과 같이 혼잡비용을 결정한다.

$P = \beta(MW - W)$.

혼잡비용은 대기상황이 만들어지는 시작 부분에서 최대가 되고 종료 부분에서 0이므로 다음과 같은 결론을 얻는다.

- 대기상황의 시작 부분에서 도착하는 고객들이 총 대기시간에 가장 큰 영향을 준다
- 대기상황을 제어하는 핵심중의 하나는 대기 상황이 발생하는 시작 부분에서의 고객 도착을 제어하는 것이다
- 혼잡비용에 의해 고객들이 혼잡 구간에서 고르게 도착하도록 만드는 것이 중요하다

7.4 서비스 순서에 의한 대기 성능의 향상

랜덤변동이 없는 유체근사 모형의 경우에는 앞선 절에서의 여러 방법에 의해서 대기시간을 줄이는 등 성능을 향상시킬 수 있으나 도착과정 또는 서비스 시간에서의 랜덤변동에 의한 대기 상황은 서비스 순서를 변화함으로써 대기 성능을 개선할 수 있다.

서비스 순서는 일반적으로 가장 공정하다고 생각되는 선입선출(FCFS) 정책을 사용하지만 고객=사람이 아니라면 다른 정책도 고려해 볼 수 있다.

(1) 서비스 시간과 무관한 정책

서비스 시간과 무관한 서비스 순서 정책으로는 FCFS, LCFS, SRO(service in random order) 등이 있다. 이들 정책에 의해 서비스를 하는 경우에는

- 평균 대기시간은 동일하고
- 대기시간의 분산은 다르다. $M/G/1$ 시스템의 경우 $\sigma_q^2(\text{FCFS}) \le \sigma_q^2(\text{SRO}) \le \sigma_q^2(\text{LCFS})$으로, FCFS가 가장 작으며 LCFS가 가장 변동이 심하다. 일반적으로 FCFS 정책에서의 대기시간이 가장 작은 분산값을 가진다.
- $\rho \to 1$에 따라, 즉 바쁜 시스템일수록 서비스 정책에 따른 분산값의 차이는 크다.

(2) 서비스 시간에 영향을 받는 정책

(i) SST

SST (Shortest Service Time first)는 서비스 시간이 가장 짧은 고객에게 우선 서비스를 제공한다. 서비스 시간을 미리 알 수 있는 경우 가장 널리 사용되는 방법이다.

특히, 도착과정이 포아송 과정인 경우 SST가 평균 대기시간과 평균 체재시간을 가장 작게 하는 방법임이 알려져 있다. 그 원인을 다음 식을 통해 살펴보자. 시점 t에서의 고객수 $L(t)$는 다음과 같이 쓸 수 있다.

$L(t)=$ (잔여일량)/(시스템내 고객들의 평균 서비스시간)

SST 정책이라면 시스템내 고객들 중 서비스 시간이 작은 고객들을 우선적으로 서비스하므로, 남아있는 고객들은 잔여서비스 시간이 큰 고객들이다. 따라서 SST 정책하에서 분모가 가장 크고 이에 따라 $L(t)$가 작으므로 리틀의 정리에 의해 대기시간도 작아진다.

Conway 등(2003)의 연구에 의하면 SST는 FCFS 정책보다

- 평균 체재시간은 55% 이상 작고
- 표준편차는 30% 이상 작으며
- 90% 이상의 고객이 먼저 서비스를 마치고 이탈한다.

(ii) SWST

SWST (Shortest Weighted Service Time)는 고객이 요구하는 서비스의 중요도를 다음과 같은 우선순위 지수(priority index)로 표시하고 이 지수가 높은 고객부터 서비스를 한다.

$r=$ (서비스 시간)/(서비스 중요도).

예 7.14

크기가 N인 어떤 로트의 작업 시간이 $S=2+0.1N$이며, 로트의 중요성은 그 크기에 비례한다고 하자. SST에서는 크기가 가장 작은 로트가 우선적으로 선택되지만, SWST에서는 우선순위 지수가 $r=(2+0.1N)/N=2/N+0.1$이므로, 가장 큰 로트가 우선 서비스를 받는다.

SWST는 서비스 시간이 짧은 작업보다 중요한 작업을 우선시하는 정책으로, 중요도는 작업의 크기, 납기 잔여기간, 지연에 따른 페널티 비용 등에 의해 결정할 수 있다.

(iii) SRST

높은 우선순위를 가지는 고객(또는 작업)이 들어오면 현재 서비스중인 작업을 중단하고 새 서비스를 진행하는 것을 서비스 중단(service interruption)이라고 하며, 중단된 서비스가 다시 서비스를 계속할 때 중단된 시점부터 이어질 수도 있고(회복, resume) 이전 서비스는 없어지고 처음부터 다시 시작하는 (반복, repeat) 경우도 있다.

컴퓨터가 처리하는 작업의 경우 오랜 시간이 소요되지만 실시간 작업이 필요하지 않아서 우선순위가 낮은(예 파일전송) 작업은 짧은 시간이 걸리는 실시간 작업(예 메신저 대화)이 들어오면 손쉽게 서비스중단-회복 과정을 거치면 되나, 한꺼번에 많은 업무를 처리하는 사무직원은 중단된 업무를 다시 할 때 기억을 되살리기 위해 이전에 했던 내용을 다시 하는 반복 과정을 거쳐야 할 수도 있다.

SRST(shortest remaining service time)는 새 작업이 도착하면 현재 서비스중인 작업의 잔여 서비스 시간과 새 작업의 서비스 시간을 비교하여 작은 작업을 우선 처리한다. 이 방법은 단일서버 안정상태 대기 시스템에서 평균 체재시간을 가장 최소로 해 주는 서비스 원칙이다. 하지만 현실적으로 서비스 중인 작업을 중단하는 것은 혼돈을 유발할 수 있다.

(iv) EDD

EDD(Earliest Due Date First)는 납기가 가장 빠른 작업을 우선 처리하는 것이다. EDD는 최대 지연시간과 지체시간(lateness)을 최소로 해 주는 것으로 알려져 있다. 여기서 L (지체시간) = 작업완료시간 - 납기, T (지연시간) = $\max(L,0)$이다.

EDD는 다음과 같은 문제점을 가지고 있다:

- EDD는 평균 지연시간 또는 지연된 작업의 개수를 최소로 해 주지는 않는다.
- EDD는 납기가 급한 작업에 최선의 서비스를 제공하므로 이로 인해 다른 많은 작업들을 늦게 만드는 경향이 있다.
- 대개 고객들은 꼭 필요하지 않아도 납기를 일찍 요청하는 경향이 있어 이로써 서비스 순서에 혼란을 야기한다.

(v) 학습에 의한 서비스 중단

서비스를 개시하기 전에는 서비스 시간을 알지 못하지만 개시한 이후에 서비스 시간에 대한 정보를 얻고 나서 다른 (짧은 시간의) 서비스를 먼저 처리하기 위해 서비스 중단을 할 수도 있다. 서비스가 개시된 고객에게 질문 또는 필요한 서비스량 평가를 통해 총 서비스 시간을 추정할 수 있다.

일정시간 이상 서비스를 받았는데도 아직 종료되지 않은 작업이라면 서비스 시간이 아주 긴 작업일 가능성이 높다. $f(s)$를 서비스 시간의 확률밀도함수라고 할 때, 이미 x 동안 서비스를 받은 작업의 평균 잔여 서비스 시간 $R(x)$는 다음과 같다.

$$R(x) = E(S-x \mid S > x) = \frac{\int_x^\infty sf(s)ds}{\int_x^\infty f(s)ds} - x .$$

일반적으로 $R(x)$는 x에 대해 감소함수이지만 아닐 때도 있다. 다음의 예를 보자.

예 7.15

전체 작업의 50% 정도는 쉬운 작업으로, 서비스 시간이 [0, 5] 사이의 균일분포를 따르며 나머지 50%는 다소 어려운 작업으로서 [20, 30] 사이의 균일분포를 따른다고 하자.

$$f(s) = \begin{cases} \frac{1}{10}, 0 \le s < 5, \\ 0, \quad 5 \le s < 20, \\ \frac{1}{20}, 20 \le s \le 30, \end{cases}$$

이 때 $R(x)$는 다음과 같다.

$$R(x) = \begin{cases} \frac{275-x^2}{10-x} - x, \ 0 \le x \le 5, \\ 25-x, \qquad 5 \le x \le 20, \\ 15-0.5x, \qquad 20 \le x \le 30, \end{cases}$$

$R(x)$의 그래프는 다음 그림과 같다.

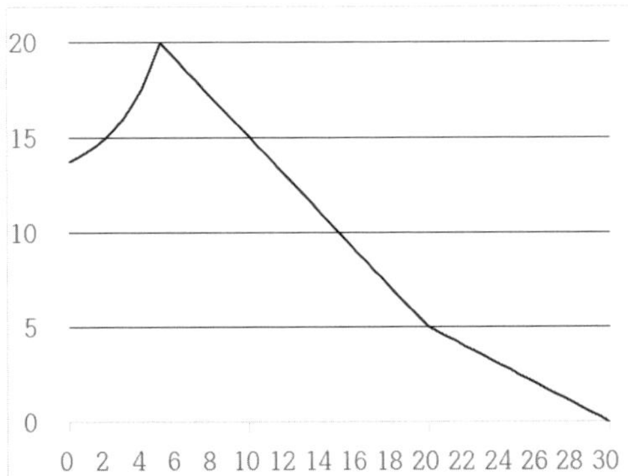

그림 7-18 (예 7.15)에서 $R(x)$의 그래프

그래프에서 보는 것과 같이, $0 \le x \le 5$에서는 평균 잔여 서비스 시간 $R(x)$이 오히려 증가하고 있다. 따라서 어느 정도 (예를 들어 4분) 서비스를 제공하였는데도 서비스가 종료되지 않는다면 그 서비스는 어려운 작업일 가능성이 높다. ㅁ

이와 같이 $R(x)$가 x에 대해 오히려 증가하는 상황에 대해 적용할 수 있는 서비스 원칙으로는 전진-후진(forward-backward) 방법이 있다. 이는 현재까지 받은 서비스의 양이 가장 작은 작업을 우선 선택하는 방법이다. 일정시간 이상 서비스를 제공하였는데 아직 종료되지 않은 작업이라면 서비스 시간이 아주 긴 작업일 가능성이 높다는 아이디어를 바탕으로 하고 있으며, 따라서 이미 많은 서비스를 받은 작업에게 낮은 우선순위를 준다.

(vi) 프로세서 공유

컴퓨터 작업에서와 같이 시간을 아주 작은 단위(quantum)로 잘게 나누고, 매 단위마다 돌아가면서 작업을 서비스하는 것으로, 라운드로빈(Round robin, RR) 방식이라고도 한다.

시간단위가 매우 작다면 서버의 서비스 용량을 모든 작업들이 동일하게 나누어 사용하는 형태, 즉 서버 공유(processor sharing, PS) 방식이다. 예를 들어 10개의 작업이 있다면 서버 용량을 1/10씩 나누어 서비스를 받는 것이다. 도착과정이 포아송 과정이고 서비스 원칙이 PS이라면

$$E(W_s) = \frac{s}{1-\rho}, \text{ 단 } s\text{는 서비스 시간}$$

임이 알려져 있다. 즉, $E(W_s) \propto s$이므로, 서비스 필요량이 적다면 시스템에도 오래 머물 이유가 없고 따라서 대기시간도 짧아지는 매우 공평한 방법이라고 할 수 있다. 만약 서비스 시간의 변동계수 $C(S) \geq 1$, 즉 서비스 시간의 변동이 심한 경우에는 $W_{s,RR} \leqq W_{s,FCFS}$이다.

7.5 일렬 대기행렬 네트워크의 효율적 운영

서비스 작업을 몇 개로 나누어 제공함으로써 서비스의 효율을 높이는 효과를 볼 수 있다. 필요로 하는 서비스의 종류가 고객에 따라서 다름에도 불구하고 모든 고객의 서비스를 하나의 서비스 시스템에서 제공한다면 고객들은 불필요한 대기시간을 보내야 한다. 하지만 서비스의 종류에 따라서 서비스 시스템을 여러 개로 나누어 설치하고, 고객이 필요로 하는 서비스를 받은 후에는 나머지 시스템은 방문하지 않고 중간에 이탈할 수 있도록 하면 고객이 시스템을 빠져나갈 때까지의 총 대기시간을 크게 줄일 수 있다.

다음과 같이 대기시스템이 일렬 형태로 연결되어 있으면 일렬(series or tandem) 대기 네트워크라고 한다.

[그림 7-19] 일렬 대기네트워크

하지만 일반적인 대기 네트워크에서는 한 대기 시스템에서 서비스를 마치고 이탈한 고객이 다른 대기 시스템으로 도착할 수도 있고 해당 대기 시스템을 재차 방문할 수도 있으며 시스템을 완전히 이탈할 수도 있다.

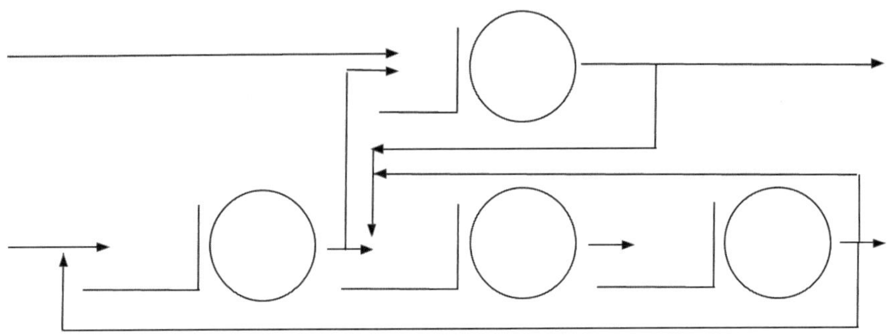

[그림 7-20] 일반적인 대기네트워크의 예

따라서 각 대기 시스템의 성능은 다른 대기 시스템의 확률적 움직임에 영향을 받지 않을 수 없으므로, 각 대기 시스템을 따로 떼어서 분석하는 것은 잘못된 결과를 얻기 쉽다.

또한 분석을 쉽게 하려고 전체 대기 시스템들을 마치 하나의 서버만 있는 것처럼 단순하게 모형화하면 각 대기 시스템들의 성능을 분석할 수가 없으므로 보다 정확하게 시스템 성능 개선을 위한 방안을 찾을 수가 없다. 즉, 구체적으로 어느 대기 시스템에서 병목현상(bottleneck)이 생겨서 전체 시스템의 성능을 저하하는가, 각 서버마다 어느 정도의 서비스 능력을 배분하는 것이 좋은가, 서비스 원칙은 어떤 것이 좋은가 등의 의사결정을 위해서는 개별 시스템에 대한 관점과 전체 시스템 관점을 동시에 가지고 분석해야 한다.

본격적인 대기 네트워크에 대한 분석은 다른 텍스트를 참고하고 이 절에서는 일렬 대기 네트워크의 여러 성능 척도 가운데 총산출(throughput)을 높이는 운영방안에 대해 살펴본다. 총산출이란 단위시간당 서비스를 마치고 대기네트워크 시스템을 이탈하는 고객의 수를 의미한다.

(1) 병목 시스템의 위치

일렬 대기 네트워크에서의 총산출 성능에 영향을 미치는 병목 시스템에 대해 알아보기 위해 다음과 같은 비정상 도착과정을 가지면서 랜덤변동이 없는 유체근사 모형을 다시 생각하자.

두 서비스 시스템으로 구성된 일렬 네트워크 시스템이며 서버 1에서의 이탈고객은 모두 서버 2로 이동하며 이동시간은 τ이다. 따라서 $A_2(t) = D_1(t-\tau)$이다. 서버 1,2의 서비스율은 각각 $c_1, c_2(c_1 > c_2)$이다. 빗금 친 두 영역의 합이 모든 고객들의 누적 대기시간의 합이다.

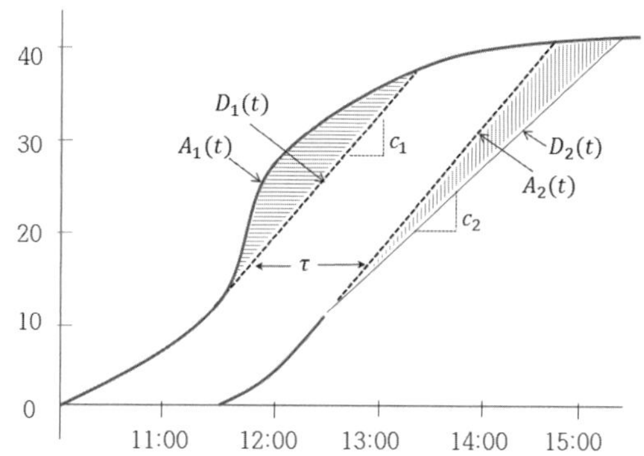

[그림 7-21] 서비스율이 다른 두 서버로 구성된 일렬 대기네트워크

여기서 만약 두 서버의 서비스 용량 c_1, c_2 가운데 하나를 선택해서 약간 높이고자 한다면 어느 서버의 용량을 늘리는 것이 좋을까? 서버 1에서의 대기 고객수가 많으며 총 대기시간도 서버 1이 많으므로 일견 서버 1의 서비스 용량을 늘리는 것이 타당해 보인다.

다음 그림 7-22는 서버 1의 용량을 $c_1 \rightarrow c_1 + \Delta$로 높인 경우이며 그림 7-23은 서버 2의 서비스 용량을 늘린 경우이다.

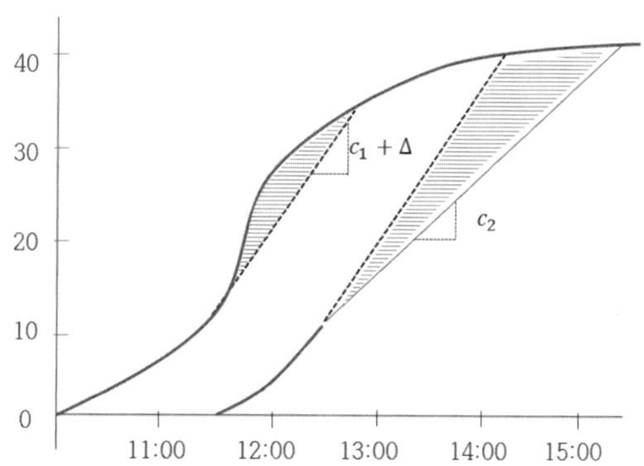

[그림 7-22] 서버 1의 용량을 늘린 경우

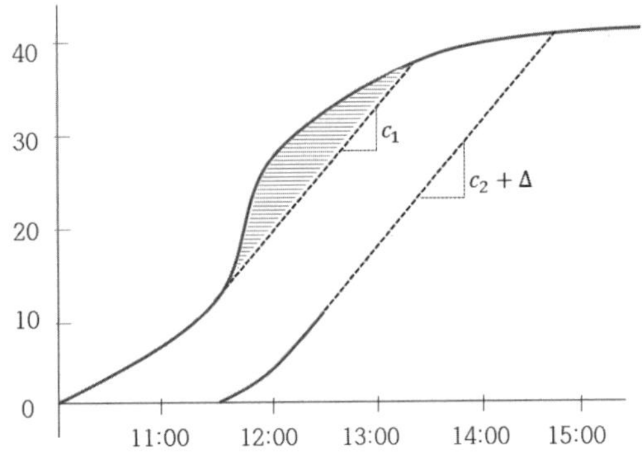

[그림 7-23] 서버 2의 용량을 늘린 경우

그림에서 보듯이 서버 1의 용량을 늘리면 서버 1에서의 대기시간은 감소하지만 서버 1에서 이탈한 고객들이 서버 2로의 도착이 증가하므로 서버 1에서 감소된 대기시간만큼 서버 2에서의 대기시간은 증가한다. 이로써 총 대기시간은 감소하지 않는다.

하지만 서버 2의 용량을 늘린 경우에는 서버 1에서의 대기시간은 변화가 없으나 서버 2에서의 대기시간은 사라졌으며 따라서 총 대기시간도 감소하였다.

따라서 두 서버 가운데 서비스 용량이 작은 서버 2가 병목(bottleneck) 서버이며 이 병목서버의 서비스 용량을 늘려야 시스템 전체의 성능이 향상됨을 알 수 있다.

이 예를 통해서 다음과 같은 결론을 얻을 수 있다.

- 대기고객이 가장 많은 서버라도 병목서버가 아닐 수 있다.
- 서비스 용량이 가장 작은 것이 병목서버이며 이는 고객들이 대기하게 되는 가장 마지막 서비스 시스템의 서버이다.
- 병목서버의 위치를 이동하면 대기열의 위치만 변할 뿐 총 대기시간은 변화가 없다.

병목서버를 밝히는 것이 중요한 이유는 병목서버가 고객들이 전체 시스템에 체재하는 총 시간을 결정하기 때문이다. 따라서 총 체재시간을 줄이기 위해서는 병목서버의 용량을 늘려야만 한다. 병목서버가 여럿일 경우에는 모두 늘려야 한다.

(2) 서버간 용량의 균형

서버들이 일렬로 작업을 하며 모든 서버들의 총 서비스 용량이 일정하다고 가정하자. 중간에 이탈하는 고객이 없다면 고객이 시스템에 머무는 총 대기시간은 모든 서버들의 서비스 용량이 동일할 때 최솟값을 가짐은 당연하다. 왜냐하면 한 서버의 용량을 늘리면 다른 서버의 용량이 감소해서 그 서버가 병목서버가 되며 이로써 이 서버에서의 대기시간이 늘어나기 때문이다.

따라서 일렬 대기네트워크 시스템에서는

- 모든 서버 간의 서비스 용량의 균형잡기(balancing)가 반드시 필요하며,
- 이렇게 함으로써 총 서비스 용량이 일시적으로 부족하여도 대기상황은 첫 번째 대기시스템에서만 발생하도록 하는 것이 좋다.

(3) 비병목고객 우선서비스 원칙

서버간 서비스 용량을 균형있게 만들어도 서비스 원칙에 따라서 성능이 달라질 수 있다. 다음의 예를 보자.

예 7.16

세 개의 일렬 서버로 구성된 대기 네트워크가 있으며 서비스 용량은 모두 $c_j = 100,\ j = 1,2,3$이다. 여기에 네 가지 형태의 고객이 도착하는데 도착률은 각각 $\lambda_1 = 40,\ \lambda_2 = 50,\ \lambda_3 = 60,\ \lambda_4 = 70$이며, 고객들의 도착과 이탈지점은 다음과 같다.

형태 1의 고객은 서버 1에서만 서비스를 받는다.
형태 2의 고객은 서버 2에서만 서비스를 받는다.
형태 3의 고객은 서버 3에서만 서비스를 받는다.
형태 4의 고객은 모든 서버로부터 서비스를 받는다.

이를 그림으로 표현하면 다음과 같다.

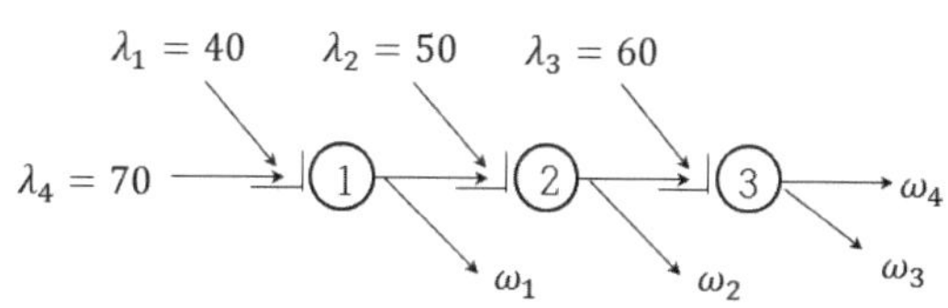

[그림 7-24] (예 7.16)의 네트워크

각 서버에서 FCFS로 서비스를 하는 경우, r_j =형태 4의 고객이 서버 j에게 가는 이탈률이라고 할 때,

$$\omega_1 = \frac{\lambda_1}{\lambda_1 + \lambda_4} \times c_1 = \frac{40}{40+70} \times 100 = 36,$$

$$r_2 = \frac{\lambda_4}{\lambda_1 + \lambda_4} \times c_1 = \frac{70}{40+70} \times 100 = 64,$$

$$\omega_2 = \frac{\lambda_2}{r_2 + \lambda_2} \times c_2 = \frac{50}{64+50} \times 100 = 44,$$

$$r_3 = \frac{r_{42}}{r_2 + \lambda_2} \times c_3 = \frac{64}{64+50} \times 100 = 56,$$

$$\omega_3 = \frac{\lambda_3}{r_3 + \lambda_3} \times c_3 = \frac{60}{56 + 60} \times 100 = 52,$$

$$\omega_4 = \frac{r_{43}}{r_3 + \lambda_3} \times c_3 = \frac{56}{56 + 60} \times 100 = 48.$$

각 형태고객별로 도착률과 이탈률의 변화($\lambda_i \to \omega_i$)를 비교해 보면,

(형태 1) 40→36, (형태 2) 50→44, (형태 3) 60→52, (형태 4) 70→64→56→48

이다. 즉 형태 4 고객으로 인해 서버 1,2,3에서 다른 형태의 고객들에게 지연이 생긴 것이다. 총산출을 최대로 하는 각 형태별 서비스율을 구하면

- 각 서버들은 형태 4의 고객을 서비스율을 40으로 하고 나머지 60의 서비스율을 형태 1, 2,3에게 제공한다.
- 이 경우 서버 1,2,3에서의 산출은 형태 1 고객의 40, 형태 2 고객의 50, 형태 3 고객의 60과 형태 4 고객의 40 등 총 산출률 40+50+60+40=190이다.
- 형태 1,2,3 고객은 전혀 대기를 겪지 않는다.
- FCFS는 모든 고객들을 공평하게 서비스하므로 상대적으로 도착률이 높은 형태 4의 고객에게 과도하게 우선권을 주는 셈이다.
- 대기상황을 맞는 마지막 서버는 서버 3이며 이것이 병목서버이고 이로 인해 어차피 형태 4는 지연이 발생할 것이므로 서버의 서비스 능력을 조절하여 오히려 우선권을 낮게 주는 것이 좋다. □

위의 예로부터 다음과 같은 서비스 원칙을 얻는다.

비병목고객 우선원칙: 병목 서버를 거치지 않는 고객들은 대기상황을 겪지 않도록 한다. 즉 향후 병목 서버를 거치지 않을 고객들에게 가장 높은 우선권을 부여하여 서비스한다.

이 비병목고객 우선원칙을 달성하기 위해서는 다음의 점들에 대해 유의하여야 한다.

(i) 투입제어 (Entry Control)

총 제공 서비스용량이 일시적으로 부족하여 고객들이 어쩔 수 없이 대기해야 한다면 그 대기열은 시스템 입구에서 (즉 첫 대기 시스템에서) 만들어지도록 한다. 그리고 일단 이 대기열을 통과한 후로는 전체 시스템을 이탈할 때까지 지연 없이 이동할 수 있도록 한다.

특히, 비병목고객 우선원칙에 의해 병목서버를 방문할 고객들만 시스템의 입구에서 대기하도록 하고 다른 고객들은 우선권을 주어서 입구를 통과하도록 한다. 이 원칙이 수행되려면 투입제어가 필요하다.

투입제어를 하고 있는 예는 주변에 많이 있다. 예를 들어

- 고속도로 진입로 신호등: 고속도로에 진입하는 램프에 신호등을 두어서 제어함으로써 주 도로인 고속도로의 주행 흐름에 방해되지 않게 한다.
- 컴퓨터 통신 시스템에서 네트워크로 패킷을 전송할 때 트래픽의 양을 제어하기 위한

토큰버킷(token bucket) 시스템: 아래 그림과 같이 전송하고자 하는 패킷들은 입력버퍼에 저장되어 있다가 토큰 풀에서 보내주는 토큰과 결합해야 전송이 가능하다. 전송하고자 하는 패킷이 아무리 급격히 많아져도 토큰의 발생을 제어함으로써 실제로 전송하는 패킷은 네트워크에 부하가 걸리지 않는 범위 내에서 전송할 수 있다.

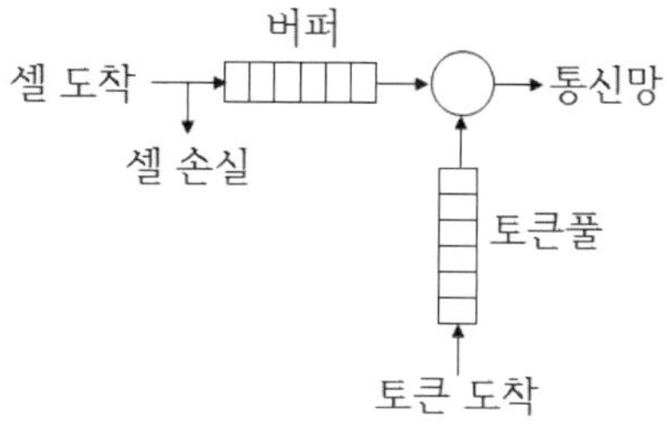

[그림 7-25] 토큰버킷 전송시스템

(ii) 종료근접작업 우선정책

반도체 공정과 같이 네트워크 내의 일부 서버들을 순환해서 반복 방문하는 공정의 경우에는 해당 서비스 시스템에 도착하는 작업들 가운데에는 처음 방문한 작업과, 반복해서 여러 차례 방문한 작업들이 혼재되어 있다. 이 때는 공정의 종료 시점이 가까운, 즉 더 많은 횟수로 방문한 작업들에게 우선권을 주는 것이 좋다. 이를 종료근접작업 우선정책 (Nearest Completion Discipline (NCD)이라고 하며 이 정책은 "일단 대기 네트워크 시스템에 들어온 작업은 네트워크 안에서 가급적 중단 (대기) 없이 진행하도록 한다"는 원칙에 부합한다.

(iii) 랜덤변동의 영향

위에서 지적한 것처럼 병목 서버를 거치지 않는 고객들에게 우선권을 주어 처리해야 한다. 하지만 비병목 고객들을 우선 처리해서 랜덤변동에 의해 병목 서버는 처리할 작업이 없어서 서비스할 고객들이 없는 고갈(starvation) 현상이 생길 수도 있다.

따라서 병목 서버 앞에는 반드시 대기공간을 두고 대기고객수가 0으로 떨어지는 일이 없도록 해야 한다. 병목 서버의 대기고객수가 자주 0으로 떨어진다면 병목 서버의 처리 능력을 넘어서는 정도로 대기네트워크로 투입(release)되는 작업의 수를 늘려야 한다.

그리고 병목 서버의 대기고객수가 적정 수준으로 올라가면 투입수를 다시 환원한다. 만약에 병목 서버의 대기고객수가 0이 되는 일이 전혀 없다면 투입량을 서버 용량 이하로 줄임으로서 대기 고객수를 감소하는 등 도착과정이나 서비스 과정의 변화에 따라 대기 네트워크 시스템으로의 투입량을 적절히 조절한다.

7.6 연습문제

01 다음 그림은 2장 연습문제에서 보았던 어떤 시스템에의 누적 고객도착수이다. 서비스율이 시간당 4,800이며 각 고객에 대한 서비스 시간이 충분히 짧다고 할 때, 유체근사를 사용하여 다음에 답하라.

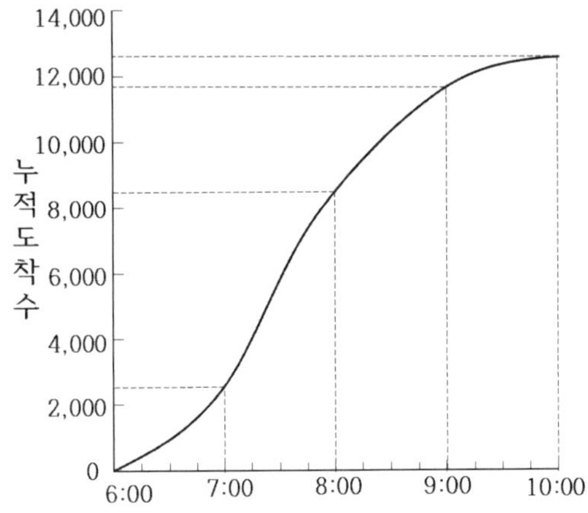

[그림 7-26] 누적 고객도착수

(a) 누적 이탈고객수 곡선을 그려라.
(b) 대기고객수가 최대인 시점이 어디이며 그 때 고객수는 얼마인가?
(c) 대기고객수가 가장 빠르게 증가하는 시점이 어디인가? 그 때의 증가율을 추정하라.
(d) 대기행렬이 언제 생기고 언제 없어지는지 밝혀라.
(e) 대기고객수를 시간의 함수로 표현해 보라.
(f) 고객들의 총 누적 대기시간을 추정해 보라.

02 단일 서버 시스템에서 서비스 시간이 평균 5분, 표준편차 2분의 정규분포이다. 도착과정은 비정상 포아송 과정이며 도착률 함수는 다음과 같다:

$$\lambda(t) = \frac{50e^{-0.5t}}{(100+e^{-0.5t})^2} \quad \text{(고객수/분)}$$

(a) 준안정상태 근사법을 사용하여 $L_q(t)$를 써라.
(b) $t=0$부터 $t=200$분 까지의 $L_q(t)$를 그려보라. 어느 시점에서 $L_q(t)$가 최대이며 이

때의 최대값은 얼마인가?

(c) 준안정상태 근사법이 모든 시간 동안 타당한 지 확인하라. 타당하지 않다면 실제 성능과 예측한 성능 간의 차이를 설명하라.

03 고속도로를 관리하는 부서에서 일부 구간에 대해 차로를 더 늘릴지 고민중이다. 차로 하나는 시간당 1800대를 통과시킬 수 있지만 건설비용이 100억 원인데 이를 일별로 분할상각하면 비용은 차로당 하루당 600만 원이다. 차량의 정체로 인한 비용은 시간당 10,000원이라고 보며, 정체를 해소할 길은 차로를 추가로 건설하는 것이 유일한 방법이라고 가정한다. 다음에 답하라.

(a) 그림 7-26의 누적 고객도착수가 아침 러시아워에서 차량의 통과량을 나타낸다고 하자. 그리고 차로의 수를 연속적인 값으로 간주한다면, 최적의 대기기간의 길이를 유도해라.

(b) 반올림을 이용하여 (a)에서의 결과를 가지고 차로의 수를 결정하라. 이 때 누적 이탈 차량대수의 곡선을 그려라.

(c) 이 때 하루당 총 비용을 구하라.

(d) 좀 더 비용을 줄일 수 있는 방법이 있겠는가? 차로를 추가로 만들지 않고 정체를 줄일 방법을 생각해 보라.

(e) 차량의 정체에 의한 비용이 다시 검토해 보니 시간당 6,000원이다. 위의 (a)-(c)를 다시 계산하라.

04 자동차 제조사가 한 공장에서 부품을 생산하고 다른 공장에서 조립을 한다. 부품은 생산공장에서 일당 1,000개씩 일정하게 생산하며, 조립공장에서도 일당 1,000개씩 사용된다. 생산공장에서 조립공장으로 수송하는데 하루가 걸리고 수송비용이 20만원이다. 부품의 재고비용은 개당 50원이다. 부품의 조립 다음에 답하라.

(a) 1회 주문량이 5,000개일 때, 15일 간의 다음 그래프를 그려라: 부품 생산 공장에서의 누적 부품생산량, 부품공장에서의 누적 상차(loading)량, 조립공장에서의 누적 하차(unloading)량, 조립공장에서의 누적 부품사용량

(b) 일당 재고비용과 수송비용을 구하라.

(c) 최적의 주문량과 일당 최적 비용을 구하여라.

05 전화 교환시스템이 통화중인 호(call)가 없는 상태에서 작업을 개시한다. 다음은 총 8분 동안 도착한 호, 대기종료 및 통화종료한 호의 수이다. 다음에 답하라.

시간(분)	1	2	3	4	5	6	7	8
도착 호	10	15	12	8	16	15	11	10
대기종료 호	10	13	12	10	13	13	12	13
통화종료 호	3	13	12	12	11	13	12	13

(a) 도착, 대기종료, 통화종료 호의 누적수의 그래프를 그려라.
(b) 평균 대기시간과 평균 시스템 체재시간을 구하라.
(c) 대기시간과 시스템 체재시간의 표준편차를 구하라.
(d) 현재 회선수는 몇 개인 것으로 추정할 수 있는가?

06 한 공연 기획사는 예약석을 따로 두지 않는 방식의 좌석배정을 계획하고 있다. 총 1,000명을 수용할 수 있는 극장이지만 많은 관객들이 입장권을 구매하고도 오지 않을 수 있기 때문에 이보다 많은 수의 표를 팔기도 한다. 따라서 객석이 다 찬 후에도 입장권을 가진 관객이 온다면 입장권 10,000원을 환불하고 또 이들의 불편을 보상하기 위해 20,000원을 추가로 얹어준다. 입장권을 구입한 관객이 실제로 공연을 보러 올 확률이 0.95이고 모두 독립적으로 행동한다면, 기획사가 판매할 총 입장권의 수 M^*를 구하라(힌트 : X를 실제로 공연을 보러오는 관객의 수라고 하면 X는 이항분포를 따른다. 이를 정규분포로 근사하고 이차방정식을 수립한다).

07 고객들의 도착과정은 시간당 15명 포아송 과정이며 두 명의 서버 1,2가 있다. 두 서버의 서비스 시간은 모두 평균 5분인데, 서버 1은 서비스 시간의 변동계수가 1이고 서버 2는 0.5이다. 서버 1은 사용하기가 다소 불편해서 접근하는 데에 3분의 시간이 더 걸린다.

(a) 두 서버 간에 평형점이 존재하여 평균 대기시간 + 이동시간이 동일하다고 하자. 각 서버로의 도착률의 평형해를 정수값으로 구하고 고객들의 평균 대기시간을 구하라.
(b) 한계대기시간 동일의 원리에 의해 각 서버로의 최적 도착률을 정수값으로 구하고 고객들의 최소 평균 대기시간을 구하라.
(c) 고객들의 대기시간이 시간당 1만원에 해당한다고 평가하면 (b)의 값을 얻기 위해서 얼마의 혼잡비용을 부과하여야 하는가?

08 상담실에 학생들이 면담을 오는데, 면담 시간은 6~12분이며 균일분포를 따른다. 총 25명의 학생 면담 스케쥴을 만들기 위한 다음 문항에 답하라.

(a) 모든 학생들이 약속된 시간을 정확히 지켜서 온다고 가정하여 보자. 면담 간격이 8분일 때 면담시간에 대한 시뮬레이션을 통해서 학생들의 평균 대기시간과 상담사의 평균 대기시간을 구해 보라. 면담 간격이 10분, 12분일 때의 학생들의 평균 대기시간과 상담사의 평균 대기시간을 구해 보라.

(b) (a)의 결과에 따르면 면담 간격은 얼마이어야 하는지 설명하라.

(c) 모든 학생들이 약속된 시간보다 평균 3분, 표준편차 3분의 시간만큼 일찍 도착한다고 가정하자. 이 때 학생들의 평균 대기시간과 상담사의 평균 대기시간은 어떻게 달라지는가?

(d) 학생들이 약속시간보다 평균 3분의 지수분포를 따르는 시간 만큼 일찍 도착한다고 하면 시뮬레이션을 통해서 학생들의 평균 대기시간과 상담사의 평균 대기시간이 얼마인지 구하라.

09 의사의 진료시간은 진료의 종류에 따라 다음과 같이 3가지로 나눌 수 있다.

도착률	진료 소요시간
시간당 평균 3명	5-10분이며 평균 7분
시간당 평균 1명	10-20분이며 평균 14분
시간당 평균 1/3명	20-30분이며 평균 23분

진료 예약을 배정하기 위한 스케쥴을 구성해 보라.

10 $M/G/1$ 시스템에서 서비스 시간의 변동계수가 1보다 클 때 프로세서 공유 방식의 서비스가 FCFS 방식보다 시스템 체재시간이 더 짧음을 보여라.

11 다음은 어떤 일련의 작업들의 도착시점, 서비스 시간, 희망완료시점을 나타낸다.

작업번호	도착시점	서비스 시간	희망 완료시점
1	5	11	50
2	7	6	60
3	13	15	30
4	30	21	62
5	31	2	60
6	32	10	65

(a) 다음의 각 서비스 순서의 정책에 대해 각 작업의 순서를 결정하라. 각 작업이 서비스를 받는 시점과 서비스가 완료되는 시점을 나타내라.

(i) FCFS (ii) SST (iii) EDD (iv) 최소여유(min slack)

(**참고** 최소여유 정책은 희망완료시점까지 남은 시간과 잔여서비스 시간의 차이가 가장 작은 작업을 우선 처리하는 정책이다)

(b) (a)에서의 각 정책에 대한 간트차트를 그려라.

12 네 단계의 직렬작업 A,B,C,D로 구성된 자동화 제조공장이 있다. 기계들의 구입비와 용량이 다음과 같다.

		용량(개/일)	비용(원/일)
단계 A	기계 1	100	20
	기계 2	200	50
단계 B	기계 3	500	20
단계 C	기계 4	25	10
	기계 5	700	40
단계 D	기계 6	200	10

표에 있는 것과 같이 단계 A,C에서는 사용할 수 있는 기계가 두 개인데, 반드시 둘 다 구입해야 하는 것은 아니다.

(a) x축은 범위가 1~600까지의 시스템의 용량(개/일)으로, y축은 비용으로 두고 그래프를 그려 보라. 기계의 대당 비용이 가장 작을 때의 용량은 얼마인가?

(b) 작업이 일당 225개의 일정한 비율로 도착하고 비용을 고려하기 전 이익이 대당 15,000원이라고 한다고 할 때, 몇 대의 기계를 구입해야 하며, 용량은 얼마이어야 하는지 계산하라.

(c) 판매가를 대당 5천원 할인함으로써 일당 500개를 더 팔 수 있다면 이렇게 하는 것이 좋은지 결정하라.

참고문헌

오일석 (2017) *기계학습*, 한빛아카데미.

이덕주, 양원모 (2004) DEA/OERA를 이용한 프로야구 선수들에 대한 성과 측정, *IE Interfaces*, 17(4), 440-449.

이호우 (2006) *대기행렬이론-확률과정론적 분석*, 시그마프레스.

Allen, A. O. (1978) *Probability, Statistics, and Queueing Theory with Computer Science Applications*, Academic Press, New York.

Bisbee, E. F., Devanney, J. W., Ward, D. E., Saal, R. J. von, and Kuroda, S. (1968) Dispatching Policies for Controlled Systems, *Fourth International Symposium on the Theory of Traffic Flow*, West Germany.

Çinlar, E. (1975) *Introduction to Stochastic Processes*, Printice-Hall, New Jersey.

Clarke, A. B. and Disney, R. L. (1985) *Probability and Random Processes: A First Course with Applications*, Wiley (허선 역(1997) *확률과정론*, 청문각).

Conway, R. W., Maxwell, W. L., and Miller, L. W. (2003) *Theory of Scheduling*, Dover Publications, Inc., New York.

Cooper, R. B. (1990) *Introduction to Queueing Theory*, CEEPress Books, Washingtan, D.C.

Cover, T. M. and Keilers, C. W. (1977) An Offensive Earned-Run Average for Baseball, *Operations Research*, 25(5), 729-740.

Erlang, A. K. (1909) The Theory of Probabilities and Telephone Conversations, *Nyt Tidsskrift for Matematik*, B(20) 33-39.

Feldman, R. M. and Valdez-Flores, C. (2010) *Applied Probability and Stochastic Processes*, Springer, Berlin.

Fuhrmann, S. W. and Cooper, R. B. (1985) Stochastic Decompositions in the M/G/1 Queue with Generalized Vacations, *Operations Research*, 33(5), 1117-1129.

Hall, R. (1991) *Queueing Methods: for Services and Manufacturing*, Prentice-all, New Jersey.

Newell, G. F. (1971) Dispatching Policies for a Transportation Route,

Transportation Science, 5(1), 91–105.

Newell, G. F. (1982) *Application of Queueing Theory*, Chapman and Hall, London.

Sergey B. S. and Page, L. (1998) The Anatomy of a Large–Scale Hypertextual Web Search Engine, *Computer Networks and ISDN Systems*, 30(1-7), 107–117.

Wolff, R. W. (1982) Poisson Arrivals See Time Averages, *Operations Research*, 30(2), 223–231.

Whitt, W. (2007) What You Should Know About Queueing Models To Set Staffing Requirements in Service Systems, *Naval Research Logistics*, 54(5), 476–484.

허선 서울대학교에서 학사·석사학위를, 미국 Texas A&M 대학교에서 산업공학 박사학위를 받았으며, 1995년부터 한양대학교 산업경영공학과 교수로 재직하고 있다. 응용확률론, 대기행렬이론과 응용 등이 연구 분야이며, 현재는 빅데이터 분석, 텍스트마이닝, 인공지능 등에 관심을 가지고 있다. 지은 책으로 『공학의 마에스트로 – 산업공학』(청문각, 2010)이 있고, 옮긴 책으로 『데이터마이닝』(시그마프레스, 2016), 『데이터과학입문』(한빛미디어, 2014), 『확률과정론』(청문각, 1997)이 있으며, SCI급 국제 저명 학술지에 40여 편, 국내 저명 학술지에 60여 편의 논문을 게재하였다. 현재 대한산업공학회, 한국산업경영시스템학회, 한국SCM학회 종신회원이다.

의사결정을 위한 확률모형

펴낸날 2019년 2월 25일 초판 1쇄

지은이 허선 ◦ **펴낸이** 이영무

펴낸곳 한양대학교출판부 ◦ **출판등록** 제4-7호(1972.2.29)

주소 서울 성동구 왕십리로 222 ◦ **전화** 02.2220.1432-4 ◦ **팩스** 02.2220.1435

홈페이지 press.hanyang.ac.kr ◦ **이메일** presshy@hanyang.ac.kr

표지 안광일 ◦ **편집·인쇄** 네오프린텍

ISBN 978.89.7218.610.6 (93530)